Froemer | **Praxisleitfaden Einnahmen- Überschuss-Rechnung**

Merkur

Verlag Rinteln

das Kompendium

herausgegeben von Christian Jaschinski

Verfasser:

Dipl.-Kfm. Eric Froemer

Lehrbeauftragter der Fernfachhochschule AKAD
für Rechnungswesen und Investitionsrechnung

* * * * *

4. Auflage 2010
© 2006 by MERKUR VERLAG RINTELN

Gesamtherstellung:

MERKUR VERLAG RINTELN
Hutkap GmbH & Co. KG, 31735 Rinteln

E-Mail: info@merkur-verlag.de   info@das-kompendium.de
          lehrer-service@merkur-verlag.de

Internet: www.merkur-verlag.de   www.das-kompendium.de

ISBN 978-3-8120-0649-1

Vorwort des Herausgebers

Liebe Leserin, lieber Leser,

Wirtschaftswissenschaft ist ein umfassendes und faszinierendes Fachgebiet. Wissenschaft und Praxis sollen einander befruchten und der Fortentwicklung des Wissens und somit dem wirtschaftlichen Erfolg zum Wohle aller dienen. Dem trägt die Buchreihe **das Kompendium** Rechnung, indem sie den Spagat zwischen wissenschaftlichem und praktischem Anspruch wagt.

Ausgerichtet auf eine generelle Anwendbarkeit ist der vorliegende Band umfassend und ausgewogen in seiner Themenabdeckung, gleichzeitig interessant aufgemacht und sicherlich ein Medium, das man regelmäßig und gern nutzen wird.

das Kompendium ist ein idealer Wegbegleiter für Studierende sowie für Praktikerinnen und Praktiker ein Manual der Wirtschaftswissenschaft, das für die tägliche Arbeit und qualifizierte Weiterbildung unverzichtbar ist – somit ein Tool, das man nicht mehr missen möchte.

Haben Sie Fragen, Anregungen oder Kritik – Lob und Tadel gleichermaßen –, lassen Sie es mich wissen. Nur so können wir die Bücher für Ihre Ansprüche weiter optimieren. Sie erreichen mich unter **info@das-kompendium.de**. Weitere Informationen auch zu anderen Bänden der Reihe finden Sie unter **das-kompendium.de**.

Ich wünsche Ihnen viel Erfolg bei der Arbeit mit diesem Buch!

Christian Jaschinski

Vorwort des Autors

Auf kaum einem anderen Gebiet ist der deutsche Gesetzgeber so aktiv wie im Bereich der Steuergesetzgebung. Das verlangt von den Unternehmern ständige Lernbereitschaft und Anpassung an die aktuelle Gesetzeslage. Auch kleinere Gewerbetreibende und Freiberufler, die nicht bilanzieren und ihren Gewinn mit der Einnahmen-Überschuss-Rechnung ermitteln, müssen eine Vielzahl von Regeln beachten, obwohl diese Art der Gewinnermittlung deutlich einfacher zu erlernen und anzuwenden ist als die Bilanzierung.

Bereits für das Geschäftsjahr 2004 sollte die Anlage EÜR verpflichtend werden. Die Finanzbehörden erhofften sich, durch Plausibilitätsprüfungen steuerunehrliche Unternehmer entdecken zu können. Es sollten unzählige Positionen, die in dieser Ausführlichkeit (wenn überhaupt) nur für bilanzierende Unternehmer relevant sind, abgefragt werden. Die mit den Steuerreformen ursprünglich geplante Entlastung kleiner Unternehmen und eine Vereinfachung der Gewinnermittlung konnte nicht annähernd erreicht werden.

Aufgrund vielfältiger und heftiger Kritik wurde die Anlage EÜR am Ende des Jahres 2004 zurückgezogen. Inzwischen liegt die fünfte Fassung der Anlage EÜR vor, die für den Veranlagungszeitraum 2010 gültig ist und den im Buch angeführten Praxisbeispielen zugrunde gelegt wird. Insbesondere die Gestaltung des Formulars wurde zugunsten der Übersichtlichkeit geändert, die Komplexität ist nahezu unverändert erhalten geblieben. Für den praktischen Umgang mit dem in diesem Buch verwendeten EÜR-Formular im Besonderen sowie den übrigen in die Beispiele eingebundenen Formularen im Allgemeinen ist zu berücksichtigen, dass der Aufbau der Formulare im Zeitablauf geringfügigen Änderungen unterliegt.

Dieses Buch führt Sie zuverlässig durch die Einnahmen-Überschuss-Rechung und erläutert alle relevanten Positionen der Anlage EÜR (Rechtsstand: 2010). Nach dem Studium der folgenden Kapitel werden Sie in der Lage sein, selbstständig Ihre Einnahmen-Überschuss-Rechnung zu erstellen, auch die Anlage EÜR wird nach entsprechender Übung keine Probleme bereiten. Auf rechtlich strittige Sachverhalte wird gesondert hingewiesen, hier ist im Zweifelsfall eine Absprache mit dem Finanzamt sinnvoll.

Bei der Bearbeitung des Buches und insbesondere bei Ihrer geschäftlichen Tätigkeit wünsche ich Ihnen viel Erfolg.

Viel Spaß und Erfolg bei Ihrer Arbeit.

Düsseldorf, Herbst 2010   Eric Froemer

Inhalt

1 | Grundlagen der Einnahmen-Überschuss-Rechnung

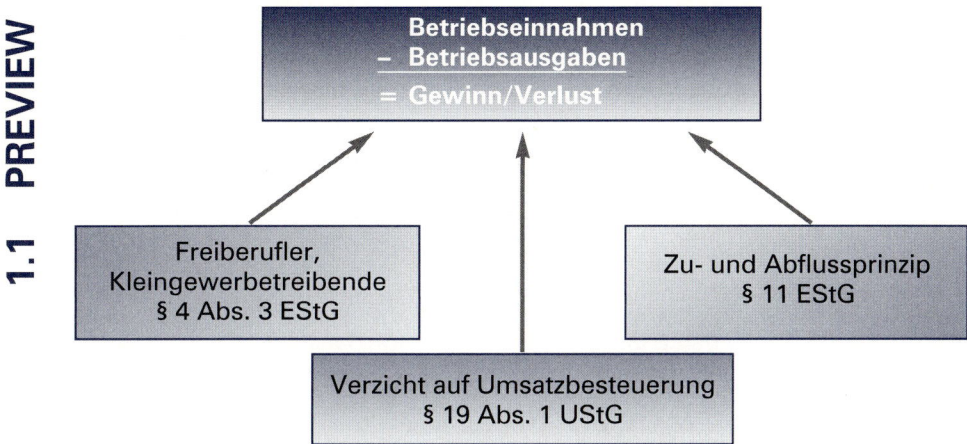

1.2 Rechtsgrundlagen

1.2.1 Grunddefinition

Die Einnahmen-Überschuss-Rechnung (§ 4 Abs. 3 Einkommensteuergesetz – EStG) ist eine Art der **steuerlichen Gewinnermittlung,** bei der der Gewinn als Überschuss der Betriebseinnahmen über die Betriebsausgaben festgestellt wird. Es handelt sich um eine **reine Geldflussrechnung,** zur Gewinnermittlung werden lediglich die Geldströme im Unternehmen für jeweils ein Geschäftsjahr aufgezeichnet. Das Geschäftsjahr entspricht dem Kalenderjahr. Eine Ausnahme gibt es bei Land- und Forstwirten, hier entspricht das Wirtschaftsjahr dem Zeitraum vom 01. Juli bis zum 30. Juni (abweichendes Wirtschaftsjahr). In den folgenden Lektionen entspricht das Wirtschaftsjahr dem Kalenderjahr.

Im Gegensatz zur kaufmännischen Buchführung (doppelte Buchführung) entfallen bei der Einnahmen-Überschuss-Rechnung folgende Pflichten:

- Durchführung der Inventur
- Erstellung des Inventars
- Erstellung der Bilanz

Der Unternehmer ist verpflichtet:

- die Geldzuflüsse aufzuzeichnen → Zuflussprinzip (z. B. bei Warenverkäufen),
- die Geldabflüsse aufzuzeichnen → Abflussprinzip (z. B. bei Wareneinkäufen)
- die dazugehörenden Belege zu sammeln und 10 Jahre aufzubewahren

Die Einnahmen-Überschuss-Rechnung stellt gegenüber der kaufmännischen Buchführung eine erhebliche Vereinfachung dar. Die Gewinnermittlung ist dadurch auch für Kleinunternehmer ohne Buchführungskenntnisse möglich. Durch die unterschiedlichen Ansätze zur Erfassung der **Betriebseinnahmen und der Betriebsausgaben (EÜR)** und der **Erträge und Aufwendungen (kaufmännische Buchführung)** kann die Höhe des Gewinns bei den beiden Gewinnermittlungsarten unterschiedlich ausfallen. Dieser Unterschied wird in den folgenden Jahren ausgeglichen, eine Steuerersparnis kann grundsätzlich nicht erzielt werden, eine Verschiebung der Steuerzahlungen ist möglich. Im Laufe der Jahre sind der Gesamtgewinn und die Steuerlast identisch, Ausnahmen können sich bei steigenden oder sinkenden Steuersätzen ergeben.

1.2.2 Berechtigter Personenkreis

Die Einnahmen-Überschuss-Rechnung (§ 4 Abs. 3 EStG) kann als Gewinnermittlungsart von Steuerpflichtigen, die nicht aufgrund der Vorschriften des Handelsgesetzbuches (HGB) und der Steuergesetze zur Buchführung verpflichtet sind, gewählt werden.

Das trifft zu bei:

■ **Gewerbetreibenden (Einzelunternehmen und die Gesellschaft bürgerlichen Rechts – GbR),** deren Umsatz 500.000,00 € **oder** deren Gewinn 50.000,00 € nicht übersteigt (§ 141 Abgabenordnung – AO).

Wird im Laufe der Geschäftstätigkeit eine dieser Grenzen überschritten, fordert das Finanzamt den Steuerpflichtigen auf, eine kaufmännische Buchführung einzurichten. Dieser Aufforderung muss der Unternehmer im folgenden Geschäftsjahr nachkommen. Kleingewerbetreibende mit einem Jahresumsatz von maximal 17.500,00 € können zudem auf die Erhebung der Umsatzsteuer verzichten.

■ Die Regelungen für die Einnahmen-Überschuss-Rechnung gelten ebenfalls für **Freiberufler ohne Umsatz- und Gewinngrenze.**

Zu den Freiberuflern gehören die Katalogberufe des § 18 EStG wie z. B. Ärzte, Anwälte, Steuerberater, beratende Volks- und Betriebswirte und Ingenieure.

Freiberufler haben gegenüber Gewerbetreibenden den Vorteil, selbst bei hohen Umsätzen und Gewinnen die Einnahmen-Überschuss-Rechnung beibehalten zu können, eine Buchführungspflicht entsteht nicht. Weiterhin unterliegen Freiberufler nicht der Gewerbesteuerpflicht.

Bei § 4 Abs. 3 EStG handelt es sich um eine Kannvorschrift. Freiberufler und auch Gewerbetreibende (bei Unterschreiten der Umsatz- und Gewinngrenze) können freiwillig eine kaufmännische Buchführung nach § 4 Abs. 1 EStG einrichten.

> ➤ **Bitte beachten Sie:**
>
> Bei der Gründung einer OHG, KG, GmbH oder einer AG kann auch bei Unterschreiten der Umsatz- und der Gewinngrenze keine Einnahmen-Überschuss-Rechnung durchgeführt werden, eine kaufmännische Buchführung ist verpflichtend.

1.3 Check-up

1.3.1 Im Überblick

Einnahmen-Überschuss-Rechnung		
Kriterien	**Umsatz**	**Gewinn**
Einzelunternehmen	bis 500.000,00 €	bis 50.000,00 €
Gesellschaft bürgerlichen Rechts	bis 500.000,00 €	bis 50.000,00 €
Freiberufler	ohne Grenze	ohne Grenze
OHG/KG/GmbH/AG	nicht möglich	nicht möglich

Einnahmen-Überschuss-Rechnung ohne Umsatzsteuer	
Kriterien	**Umsatz**
Einzelunternehmen	bis 17.500,00 €
Gesellschaft bürgerlichen Rechts	bis 17.500,00 €
Freiberufler	bis 17.500,00 €
OHG/KG/GmbH/AG	nicht möglich

✔ Die Einnahmen-Überschuss-Rechnung ist eine Geldflussrechnung.

✔ Für Gewerbetreibende gibt es eine Umsatzgrenze von 500.000,00 € und eine Gewinngrenze von 50.000,00 €.

✔ Wird die Umsatzgrenze oder die Gewinngrenze überschritten, fordert das Finanzamt den Steuerpflichtigen auf, eine kaufmännische Buchführung einzurichten.

✔ Freiberufler unterliegen keiner Umsatz- und Gewinngrenze, sie können ihren Gewinn immer mit der Einnahmen-Überschuss-Rechnung ermitteln.

✔ Eine kaufmännische Buchführung kann freiwillig eingerichtet werden.

1.3.2 Arbeitsaufgaben und Übungen

1. Herr Müller betreibt ein Sportgeschäft. Er hat im Jahr 2010 mit der Einnahmen-Überschuss-Rechnung einen Gewinn von 60.000,00 € ermittelt. Der Umsatz lag bei 290.000,00 €.

    Mit dem Einkommensteuerbescheid für 2010 vom 10.06.11 wird Herr Müller vom Finanzamt aufgefordert eine kaufmännische Buchführung einzurichten.

    Wann muss Herr Müller die kaufmännische Buchführung einrichten?

2. Der Anwalt Schmidt betreibt eine gut gehende Anwaltskanzlei. Für das Jahr 2010 hat er mit der Einnahmen-Überschuss-Rechnung einen Gewinn von 250.000,00 € ermittelt. Der Umsatz lag bei 420.000,00 €.

    Mit dem Einkommensteuerbescheid für 2010 vom 20.07.11 wird Herr Schmidt vom Finanzamt aufgefordert, eine kaufmännische Buchführung einzurichten.

    Wann muss Herr Schmidt die kaufmännische Buchführung einrichten?

3. Die Brüder Franz und Erwin Schnell gründen im Jahr 2010 eine Büchervertriebs-GmbH. Für die ersten vier Jahre liegt die Umsatzerwartung bei maximal 150.000,00 €, die Gewinnerwartung liegt bei maximal 20.000,00 €. Zur Gewinnermittlung wird die Einnahmen-Überschuss-Rechnung gewählt.

    Beurteilen Sie die Rechtslage.

4. Der Unternehmensgründer (PC-Vertrieb) Mutig erwartet für das erste Geschäftsjahr einen Umsatz von 300.000,00 € und einen Gewinn von 25.000,00 €. Bereits im zweiten Jahr sollen sich Umsatz und Gewinn verdoppeln. Mutig möchte daher bereits im ersten Geschäftsjahr eine kaufmännische Buchführung einrichten.

    Beurteilen Sie die Rechtslage.

5. Wie wird bei der Einnahmen-Überschuss-Rechnung der Gewinn/Verlust ermittelt?

➤ **Lösungen auf Seite 152**

2 | Das Zu- und Abflussprinzip

UNTERNEHMEN

Geldzufluss
Betriebseinnahme

Ausnahmen bei:
- Darlehen
- Anlagegütern
- Geldeinlagen und -entnahmen
- regelmäßigen Zu- und Abflüssen

Geldabfluss
Betriebsausgabe

2.2 Betriebseinnahmen und Betriebsausgaben

Betriebseinnahmen sind Geldzuflüsse, die rein betrieblich bedingt sind. Das sind insbesondere die Zuflüsse aus Warenverkäufen bei Gewerbetreibenden und die Zuflüsse aus der Leistungserbringung bei Anwälten, Ärzten u. Steuerberatern. Dazu gehören auch die Einnahmen aus dem Verkauf von nicht mehr benötigten betrieblichen Anlagegütern. Anlagegüter sind Güter, die dem Unternehmen langfristig dienen wie z. B. Grundstücke, Büromöbel, Computer oder Autos.

Zuflüsse im privaten Bereich sind nicht als Betriebseinnahmen zu berücksichtigen.

Beispiel
- Geldgeschenk der Eltern
- Gewinn aus dem Verkauf von Wertpapieren
- Verkauf eines gebrauchten privat genutzten Fahrrades

Betriebsausgaben sind Geldabflüsse, die rein betrieblich bedingt sind. Zu nennen sind die Abflüsse für Wareneinkäufe, die Mietzahlungen für Büro- und Lagerräume, der Kauf von Büromaterial, Lohn- und Gehaltszahlungen und Telefongebühren.

Ausgaben für die private Lebensführung sind nicht als Betriebsausgaben abzugsfähig.

Beispiel
- Kauf eines Bügeleisens
- Kinobesuch mit Freunden
- Lebensversicherungsbeitrag (Krankenversicherung) des Unternehmers
- Einkommensteuer (Kirchensteuer, Solidaritätszuschlag) des Unternehmers

Bei Anlagegütern, die sowohl betrieblich als auch privat genutzt werden, ist eine Aufteilung der Ausgaben in einen privaten und einen betrieblichen Teil erforderlich.

2.3 Abgrenzung des Zu- und Abflussprinzips zur kaufmännischen Buchführung

Bei der kaufmännischen Buchführung gilt das Prinzip der wirtschaftlichen Zugehörigkeit zu einem Wirtschaftsjahr (Kalenderjahr). Bei der Einnahmen-Überschuss-Rechnung ist der Zeitpunkt des Zu- bzw. des Abflusses der Geldmittel entscheidend.

Beispiel 1:

Warenverkauf am 15. 12. 10 für 5.000,00 €. Am 31. 12. 10 ist die Ware noch nicht bezahlt.

Bewertung:

→ Die kaufmännische Buchführung erfasst den Ertrag bereits im Jahr 2010, der Warenverkauf hat in diesem Jahr seine wirtschaftliche Begründung.

→ Bei der Einnahmen-Überschuss-Rechnung entsteht die Betriebseinnahme erst im Jahr 2011, wenn mit der Zahlung des Kunden das Geld zufließt.

Beispiel 2:

Wareneinkauf am 15. 12. 10 für 1.500,00 €, die Bezahlung erfolgt am 19. 12. 10. Bis zum 31. 12. 10 ist die Ware nicht verkauft (Lagerbestand).

Bewertung:

→ Der Aufwand wird bei der kaufmännischen Buchführung erst mit dem Verkauf der Ware im Jahr 2011 erfasst.

→ Die Betriebsausgabe entsteht bei der Einnahmen-Überschuss-Rechnung bereits mit dem Abfluss des Geldes im Jahr 2010. Lagerbestände werden **nicht** berücksichtigt.

Beispiel 3:

Die Kfz-Versicherung in Höhe von 600,00 € wird am 01. 10. 10 für ein Jahr im Voraus überwiesen.

Bewertung:

→ Die kaufmännische Buchführung erfasst im Jahr 2010 für die Monate Oktober bis Dezember einen Aufwand in Höhe von 150,00 €, die verbleibenden 450,00 € können erst im Jahr 2011 als Aufwand gebucht werden.

→ Bei der Einnahmen-Überschuss-Rechnung führt bereits der Geldabfluss im Oktober zu einer Betriebsausgabe für das Jahr 2010 in Höhe von 600,00 €.

➤ Praxistipp:

Ermittelt der Steuerpflichtige seinen Gewinn nach § 4 Abs. 3 EStG, kann er durch vorgezogene Warenkäufe seine Betriebsausgaben im alten Jahr erhöhen. Dies führt im alten Jahr zu einer Gewinnminderung und somit zu einem Sinken der Einkommensteuerlast. Dieser Vorteil wird im folgenden Jahr ausgeglichen, der Steuerpflichtige erlangt durch diese Steuerverschiebung einen Zinsvorteil.

2.4 Ausnahmen vom Zu- und Abflussprinzip

Das Zuflussprinzip und Abflussprinzip gilt nicht uneingeschränkt, es wird an einigen Stellen durchbrochen:

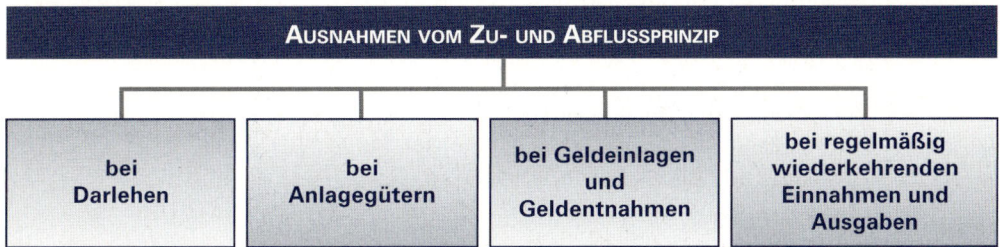

2.4.1 Ausnahme bei Darlehen

Nicht zu den Betriebseinnahmen gehören Geldzuflüsse, die aus der Aufnahme von Darlehen resultieren. Der Geldabfluss bei der Darlehenstilgung stellt keine Betriebsausgabe dar. In beiden Fällen handelt es sich um erfolgsneutrale Vorgänge.

Die für das Darlehen zu zahlenden Zinsen sind als Betriebsausgaben zu behandeln, es gilt in den meisten Fällen das Abflussprinzip.

2.4.2 Ausnahme bei Anlagegütern

2.4.2.1 Anschaffung von Anlagegütern (steuerrechtlich auch Wirtschaftsgüter des Anlagevermögens)

Anlagegüter (steuerrechtlich auch Wirtschaftsgüter des Anlagevermögens) können im Betrieb langfristig genutzt werden. Hierzu gehören z. B. Fahrzeuge, Maschinen, Büromöbel und Computer. Die Anschaffungskosten für diese Gegenstände dürfen nicht sofort im Jahr des Geldabflusses als Betriebsausgabe angesetzt werden, es erfolgt eine Verteilung auf die betriebsgewöhnliche Nutzungsdauer. Die betriebsgewöhnliche Nutzungsdauer für Anlagegüter wird von den Finanzbehörden in AfA-Tabellen festgesetzt. (AfA = Absetzung für Abnutzung).

> ➤ **Praxistipp**
>
> AfA-Tabellen finden Sie unter www.steuernetz.de, im Zweifel können Sie die Nutzungs-
> dauer für ein Anlagegut bei Ihrem Finanzamt erfragen.

Für einige wichtige Wirtschaftsgüter gelten folgende Nutzungsdauern:

PC, auch Laptop	3 Jahre
Frankiermaschinen	8 Jahre
Büromöbel	13 Jahre
Faxgeräte	6 Jahre
Pkw	6 Jahre
Wirtschaftsgebäude	33 Jahre
Wohngebäude	50 Jahre

2 Froemer - ISBN 978-3-8120-0649-1

Die Gesetzeslage für die Abschreibung von Gebäuden ändert sich häufig, die aktuellen Werte können Sie im EStG nachlesen, und zwar § 7 Abs. 4 und 5.

Betriebsausgabe ist die Absetzung für Abnutzung (AfA), im Handelsrecht auch (planmäßige) Abschreibung genannt, hier sind die Begriffe jedoch synonym zu verwenden. Die **lineare Abschreibung** (AfA) erhält man durch Division der Anschaffungskosten durch die Nutzungsdauer. Die Abschreibung beginnt ab dem Monat der Anschaffung.

Beispiel

Erwerb eines PCs am 10.01.10 für 1 200,00 € (die Umsatzsteuer wird hier noch vernachlässigt). Die Nutzungsdauer beträgt 3 Jahre:

$$\text{AfA(Abschreibung)} = \frac{\text{Anschaffungskosten}}{\text{Nutzungsdauer}}$$

$$\text{AfA(Abschreibung)} = \frac{1\,200,00\ \text{€}}{3} = 400,00\ \text{€}$$

Der Geldabfluss im Januar 2010 beträgt 1 200,00 €, als Betriebsausgabe dürfen im Jahr 2010 nur 400,00 € angesetzt werden. Die verbleibenden 800,00 € führen in den Jahren 2011 und 2012 ebenfalls zu einer Betriebsausgabe von jeweils 400,00 €.

Der **Buchwert** des PCs entwickelt sich folgendermaßen:

Anschaffungskosten 01/2010	1 200,00 €
– Abschreibung 2010	400,00 €
= Buchwert zum 31.12.10/01.01.11	800,00 €
– Abschreibung 2011	400,00 €
= Buchwert zum 31.12.11/01.01.12	400,00 €
– Abschreibung 2012	400,00 €
= Buchwert (fortgeführte AK) zum 31.12.12	0,00 €

(Der Buchwert wird auch als fortgeführte AK bezeichnet.)

Der PC hat am Ende des Jahres 2012 einen Buchwert von 0,00 €, im weiteren Verlauf der Nutzung ist eine Abschreibung nicht mehr möglich.

Wäre der PC erst im Juli angeschafft worden, hätte die Abschreibung im Jahr 2010 nur 200,00 € betragen (Juli – Dezember). Im Jahr 2011 und 2012 wären jeweils 400,00 € abgeschrieben worden, die verbleibenden 200,00 € erst im Jahr 2013.

Die Umsatzsteuer gehört grundsätzlich nicht zu den Anschaffungskosten, es sei denn, der Unternehmer verzichtet auf die Umsatzbesetzung nach § 19 Abs. 1 Umsatzsteuergesetz (siehe Kapitel 3).

Zu den **Anschaffungskosten** gehören sämtliche Ausgaben die notwendig sind, um das Anlagegut in einen betriebsbereiten Zustand zu versetzen. Dabei handelt es sich in der Regel um einmalig anfallende Posten, laufende (wiederkehrende) Ausgaben gehören nicht zu den Anschaffungskosten.

Beispiel

Ein Pkw wird für 20.000,00 € gekauft, für die Zulassung sind 100,00 € zu zahlen, für die Überführung fallen 500,00 € an. Die erste Tankfüllung kostet 60,00 €, die Kfz-Versicherung 300,00 € für ein halbes Jahr, die Kfz-Steuer 200,00 €.

Bewertung:

Die Anschaffungskosten betragen:

Pkw	20.000,00 €
+ Zulassung	100,00 €
+ Überführung	500,00 €
= Anschaffungskosten	20.600,00 €

Von 20.600,00 € ist die Abschreibung vorzunehmen, alle anderen Ausgaben haben laufenden Charakter und sind zum Zeitpunkt des Abflusses als Betriebsausgabe zu erfassen. Die Überführung und die Zulassung werden erst mit der Abschreibung zur Betriebsausgabe.

Die Anlagegüter sind in einem **Anlageverzeichnis** zu erfassen. Dort sind der Zeitpunkt der Anschaffung, die Anschaffungskosten, die Nutzungsdauer und die Höhe der Abschreibung anzugeben.

Anlagegüter mit Anschaffungskosten **bis 150,00 € (ohne Umsatzsteuer)** müssen sofort als **Betriebsausgabe** erfasst werden, eine Aufnahme in das Anlageverzeichnis ist nicht möglich. Voraussetzung für den Sofortabzug ist die Anschaffung von beweglichen, abnutzbaren und selbstständig nutzbaren Anlagegütern. Diese Anlagegüter (bis 150,00 € netto) werden als **geringwertige Wirtschaftsgüter (GWG)** bezeichnet.

Beispiel

Beispiel für ein Anlageverzeichnis*

Anlageverzeichnis für das Jahr 2010				
Nr.	Gegenstand/Hersteller	Erwerb/Anschaffungs-kosten	Nutzungsdauer/ gewöhnliche jährl. AfA/ AfA 2010	Buchwert zum 31.12.10
1	Schreibtisch/B & K	05.01.2010/1.300,00 €	13 J./100,00 €/100,00 €	1.200,00 €
2	PC komplett/Dell	08.04.2010/1.200,00 €	3 J./400,00 €/300,00 €	900,00 €
3	Büroschrank / B & K	20.10.2010/1.560,00 €	13 J./120,00 €/ 30,00 €	1.530,00 €
. . .	. . .	. . .	. . .	. . .

* Ein Anlageverzeichnis liegt auch der Anlage EÜR bei, dieses können Sie ebenfalls benutzen

Erläuterungen:

■ Der Schreibtisch wurde im Januar angeschafft, die Abschreibung kann für ein ganzes Jahr vorgenommen werden.

■ Der PC wurde im April 2010 angeschafft, die Abschreibung ist daher im Jahr 2010 nur anteilig für 9 Monate möglich (ab dem Monat der Anschaffung). In den Jahren 2011 und 2012 können jeweils 400,00 € abgeschrieben werden, die verbleibenden 100,00 € finden erst im Jahr 2013 Berücksichtigung.

■ Die Abschreibung für den Büroschrank ist nur für drei Monate möglich, die Anschaffung erfolgte erst im Oktober.

> **Bitte beachten Sie:**

Wird ein Anlagegut angeschafft, kann mit der Abschreibung auch dann begonnen werden, wenn die Bezahlung erst im nächsten Jahr erfolgt. Relevant für die **Abschreibung** ist der **Zeitpunkt der Anschaffung**, unabhängig vom Geldabfluss.

2.4.2.2 Anschaffung von Wirtschaftsgütern des Sammelpostens (Pool)

Für abnutzbare bewegliche und **selbstständig nutzbare** Wirtschaftsgüter des Anlagevermögens mit Anschaffungskosten von **mehr als 150,00 € bis zu 1.000,00 € (ohne Umsatzsteuer)** kann ein Sammelposten gebildet werden, der über einen Zeitraum von **5 Jahren** ab dem Anschaffungs-, Herstellungs- oder Einlagejahr abzuschreiben ist. Diese Pool-Abschreibung gilt für sämtliche Wirtschaftsgüter, unabhängig von der eigentlichen Nutzungsdauer. Somit ist ein Büroschrank im Wert von 500,00 € nicht über 13 Jahre, sondern über 5 Jahre abzuschreiben. Gleiches gilt für einen PC im Wert von 800,00 €, der ebenfalls über 5 Jahre abgeschrieben werden muss (anstatt über 3 Jahre).

Durch die Pool-Bildung werden alle dort erfassten Wirtschaftsgüter wie ein Wirtschaftsgut behandelt. Das führt dazu, dass Entnahmen, Zerstörung oder Diebstahl keinen Einfluss auf die Abschreibungshöhe haben. Folglich sind die Abschreibungen auch dann noch vorzunehmen, wenn sich die Wirtschaftsgüter nicht mehr im Bestand der Unternehmung befinden.

Die separate Aufnahme eines Wirtschaftsgutes des Sammelpostens in das Anlageverzeichnis ist nicht notwendig, mit der Erfassung in diesem Sammelposten (Pool) ist die Dokumentationspflicht erfüllt. Dieser Posten ist jahrgangsbezogen zu führen, z.B. Pool 2010, Pool 2011 ...

Beispiel

Im Laufe des Geschäftsjahres 2010 wurden folgende Wirtschaftsgüter erworben:

20.02.10   Ein Faxgerät für 399,00 €
15.06.10   Ein Schreibtisch für 498,00 €
03.09.10   Ein Bindegerät für 199,00 €
13.12.10   Ein PC für 798,00 €

Im Anlageverzeichnis wird die Position Pool 2010 eingefügt, die Anschaffungskosten aller Wirtschaftsgüter werden als ein Wert erfasst:

Anlageverzeichnis für das Jahr 2010				
Nr.	Gegenstand/Hersteller	Erwerb/Anschaffungs-kosten	Nutzungsdauer/gewöhnliche jährl. AfA/AfA 2010	Buchwert zum 31.12.10
1	Schreibtisch/B & K	05.01.2010/1.300,00 €	13 J./100,00 €/100,00 €	1.200,00 €
2	PC komplett/Dell	08.04.2010/1.200,00 €	3 J./400,00 €/300,00 €	900,00 €
3	Büroschrank / B & K	20.10.2010/1.560,00 €	13 J./120,00 €/ 30,00 €	1.530,00 €
4	Pool 2010	1.894,00 €	378,80 €	1.515,20 €

Von den gesamten Anschaffungskosten werden 20 % abgeschrieben, der Zeitpunkt der Anschaffung der einzelnen Wirtschaftsgüter findet keine Berücksichtigung.

2.4.2.3 GWG – Wahlrecht

Seit dem 01.01.2010 **können** die Anschaffungskosten für Anlagegüter (Wirtschaftsgüter des Anlagevermögens), deren Anschaffungskosten für das einzelne Wirtschaftsgut nicht mehr als 410,00 € netto betragen, im Jahr der Anschaffung in voller Höhe als Betriebsausgaben abgezogen werden. Die Anlagegüter müssen einer selbstständigen Nutzung fähig sein und sind, wenn deren (einzelner) Wert 150,00 € übersteigt, in ein besonderes, laufend zu führendes Verzeichnis (Anlageverzeichnis) aufzunehmen. Der Zeitpunkt der Anschaffung ist dabei irrelevant. Selbstständig nutzbar ist ein Anlagegut, wenn es nicht nur gemeinsam mit anderen Anlagegütern genutzt werden kann. Beispielsweise können ein PC und ein Monitor, die jeweils 300,00 € netto kosten, nicht als GWG behandelt werden, da sie in einem Nutzungszusammenhang zueinander stehen und die gemeinsamen Anschaffungskosten mehr als 410,00 € netto betragen.

Dieses Wahlrecht ist für alle in einem Wirtschaftsjahr angeschafften Anlagegüter einheitlich anzuwenden. Das bedeutet, die Anschaffungskosten **aller** Anlagegüter bis 410,00 € Anschaffungskosten werden in voller Höhe als Betriebsausgaben erfasst. Zusätzlich sind die Anlagegüter mit einem Wert über 150,00 € einzeln in das Anlageverzeichnis aufzunehmen. Anlagegüter mit Anschaffungskosten über 410,00 € werden dann über die betriebsgewöhnliche Nutzungsdauer lt. AfA-Tabellen abgeschrieben und ebenfalls einzeln im Anlageverzeichnis erfasst. Wird das Wahlrecht nicht genutzt, sind Anlagegüter mit Anschaffungskosten über 150,00 € bis zu 1.000,00 in den Sammelposten (Pool) einzustellen (siehe 2.4.2.2). Erst bei Anschaffungskosten über 1.000,00 € erfolgt die Abschreibung dann entsprechend den AfA-Tabellen.

Beispiel

Im Laufe des Jahres 2010 wurden folgende Wirtschaftsgüter erworben:

20.03.	Ein Faxgerät für 249,00 €
23.05.	Ein Schreibtisch für 399,00 €
13.10.	Ein Laptop für 900,00 €

Das Unternehmen möchte die ab 2010 gültige 410,00-€-Regel in Anspruch nehmen.

Bewertung:

Das Faxgerät und der Schreibtisch liegen unter der 410,00-€-Grenze und können sofort als Betriebsausgabe erfasst werden (648,00 €). Dann ist der Laptop über die betriebsgewöhnliche Nutzungsdauer lt. AfA-Tabelle (3 Jahre) abzuschreiben. Für das Jahr 2010 sind das 75,00 € (3 Monate). Insgesamt betragen die Betriebsausgaben 723,00 €.

2.4.2.4 Verkauf von Anlagegütern

Bevor Sie die weiteren Ausnahmen vom Zu- und Abflussprinzip kennenlernen, erhalten Sie einen Überblick über die Auswirkungen bei einem Verkauf von Anlagegütern aus dem Betriebsvermögen. Dabei kommt es zu einem Gewinn oder zu einem Verlust, wenn der Verkaufspreis vom Buchwert abweicht. Der Verkaufspreis wird als Betriebseinnahme, der Buchwert zum Zeitpunkt des Verkaufs als Betriebsausgabe erfasst. Um den Buchwert genau ermitteln zu können, muss die planmäßige Abschreibung (zeitanteilig) bis auf den vollen dem Verkauf vorhergehenden Monat vorgenommen werden.

Der Dell-PC (siehe Anlageverzeichnis) wird im April 2011 verkauft. Der Buchwert am 01.01.11 (= Buchwert zum 31.12.10) beträgt 900,00 €, für Januar bis März ist anteilig die planmäßige Abschreibung vorzunehmen und als Betriebsausgabe zu erfassen.

Der Buchwert im April beträgt somit:

Buchwert am 01.01.11	900,00 €
– Abschreibung Januar bis März	100,00 €
= Buchwert im Monat April	800,00 €

Alternative 1 – Verkaufpreis	800,00 €
⟶ Betriebseinnahme	800,00 €
Betriebsausgabe	800,00 €
Ergebnis	0,00 €
Alternative 2 – Verkaufspreis	900,00 €
⟶ Betriebseinnahme	900,00 €
Betriebsausgabe	800,00 €
Gewinn	100,00 €
Alternative 3 – Verkaufspreis	500,00 €
⟶ Betriebseinnahme	500,00 €
Betriebsausgabe	800,00 €
Verlust	300,00 €

Die planmäßige Abschreibung und der Restbuchwert entsprechen immer dem Buchwert zu Beginn des Jahres (100,00 € + 800,00 € = 900,00 €).

> ➤ **Bitte beachten Sie:**

Der Restbuchwert des Anlagegutes kann auch dann als Betriebsausgabe erfasst werden, wenn die Bezahlung erst im nächsten Jahr erfolgt. Die **Betriebsausgabe entsteht mit dem Ausscheiden des Anlagegutes.** Für die Betriebseinnahme gilt das Zuflussprinzip.

Der im Juni 2010 als Wirtschaftsgut des Sammelpostens erworbene Schreibtisch (Kapitel 2.4.2.2) wird am 12.05.2012 für 300,00 € verkauft und scheidet aus dem Unternehmen aus.

⟶ Verkaufpreis	300,00 €
Betriebseinnahme	300,00 €
Betriebsausgabe	0,00 €
Ergebnis	300,00 €

Das Ausscheiden des Tisches hat keine Auswirkung auf den Pool 2010, der Restbuchwert des Schreibtisches wird **nicht** wie im Beispiel 1 als **Betriebsausgabe erfasst.** Der Tisch, obwohl physisch nicht mehr vorhanden, wird mit den anderen Wirtschaftsgütern des Sammelpostens bis einschließlich zum Jahr 2014 mit jeweils 378,80 € abgeschrieben.

2.4.3 Ausnahme bei Geldeinlagen und Geldentnahmen

Eine Geldeinlage stellt keine Betriebseinnahme dar, eine Geldentnahme keine Betriebsausgabe. Es handelt sich um erfolgsneutrale Vorgänge.

2.4.4 Ausnahme bei regelmäßig wiederkehrenden Einnahmen und Ausgaben

Das Zuflussprinzip gilt nicht bei regelmäßig wiederkehrenden Einnahmen und Ausgaben, die kurze Zeit vor Beginn oder kurze Zeit nach Beendigung des Kalenderjahres, zu dem sie wirtschaftlich gehören, zu- oder abgeflossen sind (§ 11 EStG). Hier zieht der Gesetzgeber die wirtschaftliche Zugehörigkeit dem Zu- und Abflussprinzip vor.

Es handelt sich regelmäßig um Dauerschuldverhältnisse, d.h. Verträge, aus denen regelmäßig Leistungen geschuldet werden. Hierzu gehören Mieten, Pachten, Zinsen, Löhne und Gehälter, nicht die Leistungen aus regelmäßig abgeschlossenen Kaufverträgen.

Als kurze Zeit vor oder nach dem Jahreswechsel wird ein Zeitraum von **10 Tagen** angesehen.

Beispiel 1:

Die Zinsen für ein Darlehen über 5 Jahre werden jeweils am Quartalsende abgebucht, die Zinsen für das vierte Quartal 2010 am 06.01.11.

Bewertung:

Die Betriebsausgabe ist dem Jahr 2010 zuzurechnen, obwohl der Geldabfluss erst im Jahr 2011 erfolgt.

Beispiel 2:

Die Dezembermiete für die Geschäftsräume (Jahr 2010) wird erst am 03.01.2011 bezahlt.

Bewertung:

Der Geldabfluss erfolgt im Jahr 2011, die Betriebsausgabe ist aufgrund der 10-Tage-Regelung dem Jahr 2010 zuzurechnen.

Beispiel 3:

Die Januarmiete für die Geschäftsräume (Jahr 2011) wird bereits am 28.12.10 bezahlt.

Bewertung:

Der Geldabfluss liegt im Jahr 2010, die Betriebsausgabe ist dem Jahr 2011, dem Jahr der wirtschaftlichen Zugehörigkeit, zuzurechnen.

Beispiel 4:

Die Pacht für Dezember 2010 in Höhe von 2.200,00 € wird erst am 17.02.11 überwiesen.

Bewertung:

Der Geldabfluss liegt im Jahr 2011 außerhalb der 10-Tage-Grenze. Die Betriebsausgabe ist dem Jahr 2011 zuzurechnen.

2.5 Check-up

2.5.1 Im Überblick

Zuflussprinzip	Abflussprinzip	Ausnahmen
■ Warenverkäufe	■ Wareneinkäufe	■ Aufnahme von Darlehen
■ Leistungs-erbringung	■ Telefongebühren	■ Rückzahlung von Darlehen
■ Verkauf von Anlagegütern	■ Porto	■ Geldeinlagen
■ usw.	■ Büromaterial	■ Geldentnahmen
	■ Kauf von Anlagegütern bis 150,00 € netto (Pflicht) ■ Kauf von Anlagegütern bis 410,00 € netto (Wahlrecht) → Anlagegüter über 410,00 € netto werden dann über die betriebsgew. Nutzungsdauer abgeschrieben	■ Kauf von Anlagegütern über 150,00 € bis 1.000,00 € netto Pool-Abschreibung (5 Jahre) ■ Kauf von Anlagegütern über 1.000,00 € netto Abschreibung gemäß betriebsgewöhnlicher Nutzungsdauer
	■ Leistungen anderer Unternehmen	■ 10-Tage-Regelung, i. d. R. bei Dauerschuldverhältnissen

✔ Private Einnahmen und Ausgaben sind bei der Einnahmen-Überschuss-Rechnung nicht zu berücksichtigen, erfasst werden rein betriebliche Vorgänge.

✔ Das Zu- und Abflussprinzip wird durchbrochen bei Geldeinlagen und Geldentnahmen, bei der Aufnahme und der Tilgung von Darlehen, beim Erwerb von Anlagegütern und bei regelmäßig wiederkehrenden Einnahmen und Ausgaben kurz vor oder nach dem Jahreswechsel.

✔ Die Anschaffungskosten für Anlagegüter sind lt. AfA-Tabellen über die Laufzeit zu verteilen (betriebsgewöhnliche Nutzungsdauer). Die Anlagegüter müssen in einem Verzeichnis geführt werden.

✔ Die lineare Abschreibung (AfA) wird berechnet:

$$\text{AfA(Abschreibung)} = \frac{\text{Anschaffungskosten}}{\text{Nutzungsdauer}}$$

✔ Anlagegüter, die abnutzbar, beweglich und selbstständig nutzbar sind, müssen als Betriebsausgabe erfasst werden, wenn die Anschaffungskosten 150,00 € netto nicht übersteigen. Diese Anlagegüter werden als geringwertige Wirtschaftsgüter (GWG) bezeichnet.

✔ Anlagegüter, die abnutzbar, beweglich und selbstständig nutzbar sind, können in einem jahresbezogenen Pool erfasst werden, wenn die Anschaffungskosten über 150,00 € netto bis zu 1.000,00 € netto liegen. Dieser Sammelposten (Pool) ist über 5 Jahre abzuschreiben.

✔ Alternativ zum Sammelpostenverfahren können geringwertige Wirtschaftsgüter, deren Anschaffungskosten für das einzelne Wirtschaftsgut nicht mehr als 410,00 € netto betragen, im Jahr ihrer Anschaffung in voller Höhe als Betriebsausgaben abgezogen werden. Anlagegüter mit Anschaffungskosten von über 410,00 € netto werden dann über die betriebsgewöhnliche Nutzungsdauer abgeschrieben.

✔ Bei einem Verkauf von Anlagegütern wird die Abschreibung bis auf den vollen dem Verkauf vorhergehenden Monat vorgenommen. Der verbleibende Restbuchwert ist als Betriebsausgabe zu erfassen.

2.5.2 Arbeitsaufgaben und Übungen

1. Der Zahnarzt Dr. Dent verzeichnet im Jahr 2010 folgende „Einnahmen":

   Verkauf eines gebrauchten Fernsehers aus seiner Wohnung für 400,00 € gegen Barzahlung

   Rechnungen an verschiedene Patienten über 120.000,00 €; am 31.12.10 sind Rechnungen über 10.000,00 € noch nicht bezahlt

   Verkauf eines gebrauchten Behandlungsstuhls für 4.000,00 € gegen Barzahlung

   Aufgabe:

   Ermitteln Sie die Höhe der Betriebseinnahmen für das Jahr 2010.

2. Die Anwältin Anna Advokat hat für das Jahr 2010 eine Liste ihrer „Ausgaben" zusammengestellt:

   Rückzahlung eines Darlehens über 20.000,00 €

   Miete für ihre Büroräume monatlich 1.200,00 €; die Miete für Dezember überweist sie erst am 05.01.11

   Einkauf von Büromaterial für 250,00 € in bar

   Aufgabe:

   Ermitteln Sie die Höhe der Betriebsausgaben für das Jahr 2010.

3. Am 10.04.10 schafft die Unternehmerin Karin Kurz einen Pkw für 21.600,00 € an. Die betriebsgewöhnliche Nutzungsdauer beträgt 6 Jahre.

   Aufgabe:

   Ermitteln Sie die Abschreibung (Betriebsausgabe) für das Jahr 2010.

4. Im Mai 2010 verkauft Frau Kurz einen gebrauchten Büroschrank (bar), der am 01.01.10 mit einem Buchwert von 720,00 € (kein Wirtschaftsgut des Sammelpostens) geführt wurde. Der Verkaufspreis beträgt 900,00 €, die jährliche Abschreibung 180,00 €.

   Aufgabe:

   Ermitteln Sie die aus dem Verkauf resultierenden Betriebseinnahmen und Betriebsausgaben. Berücksichtigen Sie dabei auch die anteilige Abschreibung.

5. Der Kleinunternehmer Willi Bayer erzielt im Jahr 2010 Betriebseinnahmen aus Warenverkäufen in Höhe von 67.000,00 €. Betriebsausgaben sind in Höhe von 40.000,00 € angefallen.

   Noch nicht berücksichtigt sind:

   ■ der Kauf eines Laptops für 1.800,00 € am 20.06.10, die betriebsgewöhnliche Nutzungsdauer beträgt 3 Jahre

   ■ der Kauf eines Büroschranks für 390,00 € am 10.10.10, die betriebsgewöhnliche Nutzugsdauer beträgt 13 Jahre

   ■ der Kauf eines Taschenrechners für 25,00 € am 17.11.10

   Aufgabe:

   Ermitteln Sie den Gewinn für das Jahr 2010.

➤ **Lösungen ab Seite 152**

3 Die Einnahmen-Überschuss-Rechnung ohne Umsatzsteuer nach § 19 Abs. 1 Umsatzsteuergesetz (UStG)

3.1 PREVIEW

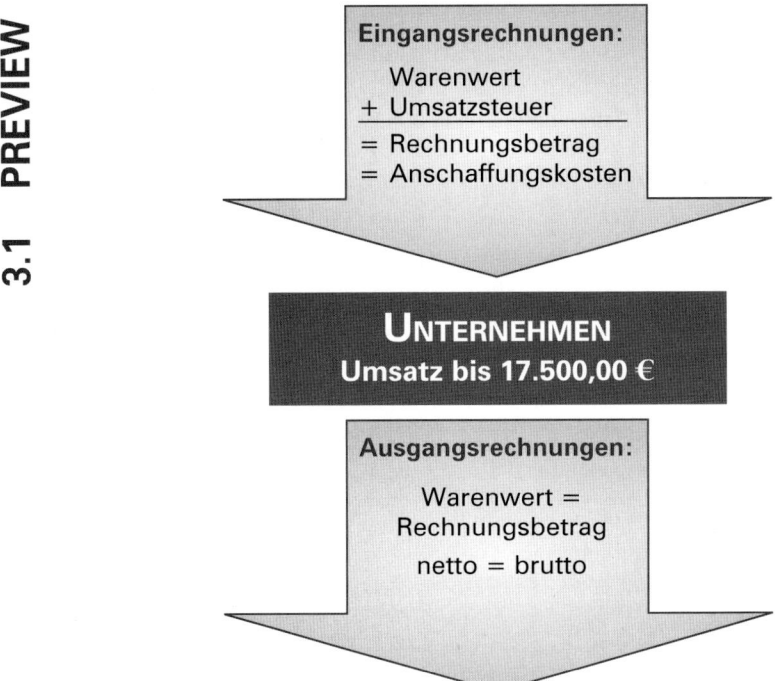

3.2 Darstellung des Prinzips

Eine selbstständige Tätigkeit, sei sie freiberuflich oder gewerblich, führt grundsätzlich zur Umsatzsteuerpflicht.

§ 19 Abs. 1 UStG sieht eine Sonderregelung für Kleinunternehmer vor. Demnach wird die geschuldete Umsatzsteuer nicht erhoben, wenn der **Umsatz** zuzüglich der darauf entfallenden Steuer im **vorangegangenen Kalenderjahr 17.500,00 € nicht überstiegen** hat und im laufenden Kalenderjahr voraussichtlich 50.000,00 € nicht übersteigen wird.

Ein Kleinunternehmer, der unter den Grenzen des § 19 Abs. 1 UStG liegt, kann freiwillig Umsatzsteuer in Rechnung stellen und ist dann vorsteuerabzugsberechtigt. An diese Wahlmöglichkeit ist er für die nächsten fünf Jahre gebunden. Verzichtet der Unternehmer auf die Umsatzbesteuerung, führt das zum Ausschluss der Vorsteuerabzugsberechtigung, die Vorsteuer gehört zu den Anschaffungskosten.

> **Bitte beachten Sie:**

Diese Art der Buchführung eignet sich insbesondere bei kleinen (nebenberuflichen) Unternehmen, wenn anfangs mit geringen Umsätzen zu rechnen ist.

Beispiel für eine Eingangsrechnung (Quittung):

Der Handwerker Hans Müller, der selbstständig auf Basis des § 19 Abs. 1 UStG Pkws pflegt und aufbereitet, erhält vom Zubehörhandel folgende Quittung:

```
* I H R E   Q U I T T U N G *
A.T.U - Auto-Teile-Unger
Ronsdorfer Str. 22
** Duesseldorf **
Mo - Fr 7.30 - 20.00 Uhr
Samstag 8.00 - 16.00 Uhr
Servicetel. 0180/52727429
(0,12 EUR/MIN)

429 02  04.12.2010  11:09:56

Verkäufer:    BLÖCK,MELANIE
Kassierer:    BLÖCK,MELANIE


DY0022 KEILRIEMEN
4010858780388              7,00
VE0004 WARNDREIECK
2193800001990              4,95
   2 *       6,95
TY0055 WARNWESTE
2006300000014             13,90
                      -----------
   NETTO     :            22,28
   BRUTTO    :            26,51
                      ===========

   BAR       :            50,00
   Rückgeld  :            23,49

DER BRUTTOBETRAG ENTHALT
MWST-19%          MWST- 7%
  4,23              0,00

Bei Rad - De-/Montage nach
50 km Radbolzen nachziehen

Betragsangaben in EUR
Steuer-Nr.  255-150-02505
Bitte beachten Sie unsere
Geschäftsbedingungen
** kein Umtausch ohne Bon **
```

Die im Rechnungsbetrag enthaltene Umsatzsteuer (4,23 €), die im Regelfall als Vorsteuer abzugsfähig ist, gehört bei Anwendung des § 19 Abs. 1 UStG zu den Anschaffungskosten des Materials. Die Betriebsausgabe für Wareneinkäufe beträgt somit 26,51 €.

Beispiel für eine Ausgangsrechnung:

Nachdem Herr Müller einen Auftrag ausgeführt hat, stellt er die Rechnung ohne Umsatzsteuer aus:

Hans Müller Fahrzeugaufbereitung

Aachener Str. 25
50420 Köln

Steuer-Nr. 2899/9908/0301

Hans Müller Fahrzeugaufbereitung · Aachener Str. 25 · 50420 Köln

Peter Meier
Halskestraße 22-24
40880 Ratingen

Tel./Fax: 0221 343434
Rechn.-Nr.: 2453
Kunden-Nr.: 1001

Rechnung

12. Dezember 20..

Art der Leistung	Anzahl	Einzelpreis in €	Preis gesamt in €
Fahrzeugpflege komplett lt. Angebot	1	120,00	120,00
Keilriemen	1	12,00	12,00
Warnweste	1	11,00	11,00
Warndreieck	1	10,00	10,00
			153,00

Leistung wurde am 9. Dezember erbracht.

Hans Müller Fahrzeugaufbereitung, Aachener Str. 25, 50420 Köln
Tel./Fax: 0221 343434   Steuer-Nr.: 2899/9908/0301
Bankverbindung: Deutsche Bank Köln, BLZ 300 400 00, Konto 2304560245

Durch den Verzicht auf die Umsatzbesteuerung kann Herr Müller dem Endverbraucher seine Leistung günstiger anbieten als andere Unternehmer. Die in Rechnungen enthaltene Umsatzsteuer geht sonst komplett zulasten des Endverbrauchers.

Die gesamte Vorgehensweise soll jetzt an einem **praxisnahen Beispiel** verdeutlicht werden:

Herr Brümmer hat seit einiger Zeit einen guten Kontakt zu einem Kfz-Zubehör-Groß- und Einzelhandel. Dort kauft er Zubehörteile ein und verkauft sie an Bekannte weiter. Diese Tätigkeit möchte er im Jahr 2010 gerne als Unternehmer intensivieren.

Dafür hat Herr Brümmer einige Dinge zu erledigen:

■ Am 02.01.2010 meldet er bei der zuständigen Gewerbebehörde ein Gewerbe an. Hierfür bezahlt er 30,00 €.

> **Bitte beachten Sie:**

Bei der Gründung eines **gewerblichen** Unternehmens ist die Anmeldung beim Gewerbeamt verpflichtend. Als Freiberufler genügt eine formlose Mitteilung an das zuständige Finanzamt. Dieses prüft, ob es sich tatsächlich um eine freiberufliche Tätigkeit handelt oder ob ein Gewerbe vorliegt.

■ Am 03.01.10 richtet er bei der Deutschen Bank in Köln ein Geschäftskonto ein, hierfür zahlt er ab Februar 2010 monatlich 10,00 € Grundgebühr zuzüglich Überweisungsgebühren.

■ Im Februar 2010 mietet Herr Brümmer eine Garage für die Lagerung der Zubehörteile, die monatliche Miete beträgt 60,00 €.

■ Am 10.02.2010 erhält Herr Brümmer einen Fragebogen des Finanzamtes Köln. Dort gibt er den geschätzten Umsatz für das Jahr 2010 mit ca. 10.000,00 € an, den voraussichtlichen Gewinn beziffert er mit Null. Er gibt an, nach § 19 Abs. 1 UStG keine Umsatzsteuer erheben zu wollen.

> **Praxistipp:**

Durch die Angabe, im ersten Geschäftsjahr voraussichtlich keinen Gewinn zu erzielen, verhindert der Unternehmer Einkommensteuervorauszahlungen, die sonst am 10. März, am 10. Juni, am 10. September und am 10. Dezember zu leisten wären. Die Einkommensteuer wird erst im nächsten Jahr nach Abgabe der Einkommensteuererklärung fällig. Der Unternehmer schont im ersten Geschäftsjahr seine Liquidität und erlangt einen Zinsvorteil.

Im Laufe des Jahres hat Herr Brümmer seine Betriebseinnahmen und seine Betriebsausgaben (inklusive der gezahlten Umsatzsteuer) sorgfältig in einer Tabelle erfasst und die dazugehörigen Quittungen, Rechnungen und Verträge abgeheftet.

Betriebseinnahmen 2010	
Monat	**Geschriebene Rechnungen**
Jan.	–
Febr.	600,00 €
März	1.200,00 €
April	1.500,00 €
Mai	800,00 €
Juni	1.000,00 €
Juli	900,00 €
Aug.	500,00 €
Sept.	1.300,00 €
Okt.	1.200,00 €
Nov.	950,00 €
Dez.	1.500,00 €
Gesamt	11.450,00 €

Monat	Gebühren	Lager	Geld-verkehr	Waren-einkauf	Porto	Kfz-Kosten	Telefon-gebühren
	**Ausgaben nach Abflussprinzip 2010**						
Jan.	30,00 €					15,00 €	50,00 €
Febr.		60,00 €	10,00 €	1.000,00 €	3,00 €	18,00 €	34,00 €
März		60,00 €	15,00 €	200,00 €	15,00 €	30,00 €	30,00 €
April		60,00 €	12,00 €	500,00 €	6,00 €	27,00 €	40,00 €
Mai		60,00 €	20,00 €	300,00 €	12,00 €	15,00 €	27,00 €
Juni		60,00 €	15,00 €	400,00 €	10,00 €	21,00 €	33,00 €
Juli		60,00 €	17,00 €	300,00 €	6,50 €	12,00 €	35,00 €
Aug.		60,00 €	12,00 €	0,00 €	10,00 €	9,00 €	28,00 €
Sept.		60,00 €	15,00 €	700,00 €	13,00 €	27,00 €	30,00 €
Okt.		60,00 €	13,50 €	650,00 €	9,00 €	30,00 €	42,00 €
Nov.		60,00 €	16,00 €	400,00 €	12,00 €	18,00 €	27,00 €
Dez.			14,00 €	1.500,00 €	10,00 €	15,00 €	30,00 €
Gesamt	30,00 €	600,00 €	159,50 €	5.950,00 €	106,50 €	237,00 €	406,00 €

Das erworbene Anlagevermögen hat Herr Brümmer direkt mit den Bruttopreisen (inkl. Umsatzsteuer) in einem Anlageverzeichnis erfasst. Der Bruttopreis ist maßgebend für den Abschreibungsbetrag, da die im Rechnungsbetrag enthaltene Umsatzsteuer nicht als Vorsteuer abziehbar ist.

Nr.	Gegenstand/Hersteller	Erwerb/Anschaffungs-kosten	Nutzungsdauer/gewöhnliche jährl. AfA/AfA 2010	Buchwert zum 31.12.10
	**Anlageverzeichnis der Firma Brümmer für das Jahr 2010**				
1	PC komplett/Medion	15.01.2010/1.200,00 €	3 J./400,00 €/400,00 €	800,00 €
2	Pool 2010 (Aktenvernichter/Philips)	249,00 €	49,80 €/49,80 €	199,20 €

Folgende Dinge sind zum Jahresende zu berücksichtigen:

■ Der Aktenvernichter wurde in den Sammelposten (Pool) eingestellt und über 5 Jahre abgeschrieben. Das ist auch dann möglich, wenn es sich um ein einzelnes Wirtschaftsgut handelt. Alternativ hätte auch die 410,00-€-Regel in Anspruch genommen werden können. Dann wären 249,00 € als Betriebsausgabe zu erfassen (Buchwert zum 31.12. = 0,00 €).

■ Von den im Dezember geschriebenen Rechnungen sind bis zum Jahresende 750,00 € noch nicht bezahlt. Unter Berücksichtigung des Zuflussprinzips belaufen sich seine Betriebseinnahmen auf 10.700,00 €.

■ Die Dezembermiete für die Garage überweist Herr Brümmer erst am 06.01.2011. Bei regelmäßig wiederkehrenden Ausgaben wird das Abflussprinzip durchbrochen, die Dezembermiete ist dem Jahr 2010 zuzuordnen, die Betriebsausgaben belaufen sich auf 660,00 €.

- Der Wareneinkauf vom Dezember liegt zum 31.12.10 noch komplett in der Garage. Es gilt das Abflussprinzip, die Betriebsausgaben betragen 5.950,00 €.

- Herr Brümmer hat seinen Privatwagen im Laufe des Jahres 790 km für betriebliche Zwecke genutzt. Hierfür kann er **pauschal 0,30 € je gefahrenen Kilometer** ansetzen. Die Gesamtfahrleistung liegt bei 15.000 km. Wahlweise können auch die tatsächlich angefallenen Kosten angesetzt werden (siehe Kapitel 5.3.2.1). Da das Verfahren (Fahrtenbuch) relativ aufwendig ist, empfiehlt sich für kleine Unternehmen, die hier dargestellte Pauschale als Betriebsausgabe anzusetzen.

- Von den erfassten Telefongebühren sind 20% betrieblich veranlasst. Die Betriebsausgaben belaufen sich auf 81,20 €. Die von Herrn Brümmer genutzte Telefonanlage befindet sich im Privatvermögen und hat zum 01.01.2010 einen Wert von 1.100,00 €. Die Restnutzungsdauer beträgt vier Jahre. Damit würde die jährliche Abschreibung 275,00 € betragen, wenn sich die Telefonanlage im Betriebsvermögen befinden würde. Gehört ein Wirtschaftsgut zum Privatvermögen, sind die Aufwendungen einschließlich der AfA, die durch die betriebliche Nutzung entstehen, Betriebsausgaben (siehe R 4.7 Abs. 1 Einkommensteuerrichtlinien). Damit sind 20% von 275,00 €, entsprechend **55,00 € als Betriebsausgabe** zu erfassen.

- Im August 2010 hebt Herr Brümmer für seinen Urlaub 2.000,00 € vom Geschäftskonto ab. Hierbei handelt es sich um einen Geldabfluss, der nicht als Betriebsausgabe zu erfassen ist (private Lebensführung).

> **➤ Praxistipp:**

Mit einer EXCEL-Tabelle lassen sich die Betriebseinnahmen und die Betriebsausgaben leicht zusammenstellen und mit einer Verknüpfung in das folgende Dokument übertragen. Alternativ kann die Erfassung mit einem speziellen Programm erfolgen, erhältlich ab ca. 50,00 €.

Die **Abrechnung gegenüber dem Finanzamt** könnte so aussehen:

Einnahmen-Überschuss-Rechnung nach § 4 Abs. 3 EStG, § 19 Abs. 1 UStG für 2010:
Frank Brümmer, Handel mit Kfz-Zubehör
Aachener Str. 200
50210 Köln   Steuer-Nr. 167/4030/0521

A)	**Betriebseinnahmen**		
	laufende Einnahmen	10.700,00 €	
		10.700,00 €	10.700,00 €
B)	**Betriebsausgaben**		
	Wareneinkäufe	5.950,00 €	
	Kfz-Kosten	237,00 €	
	Porto	106,50 €	
	Lager	660,00 €	
	Gebühren	30,00 €	
	Kosten des Geldverkehrs	159,50 €	
	Telefongebühren 20 % betrieblich	81,20 €	
	AfA PC	400,00 €	
	Pool 2010	49,80 €	(249,00 €)*
	Telefonanlage	55,00 €	
		7.729,00 €	7.729,00 € (7.928,20 €)*
	Gewinn		2.971,00 € (2.771,80 €)*

Erstellt nach Aufzeichnungen und Belegen.

Köln, 31.05.11

* Werte in Klammern mit 410,00-€-Wahlrecht

Die Daten der Einnahmen-Überschuss-Rechnung sind seit dem Veranlagungszeitraum 2005 grundsätzlich in die amtliche **Anlage – EÜR –** (siehe S. 34 ff.) zu übernehmen.

Ab dem Jahr 2011 ist die Anlage EÜR elektronisch an die Finanzbehörden zu übermitteln. Die erforderliche Software finden Sie unter www.elster.de. Auf Antrag kann das Finanzamt zur Vermeidung unbilliger Härten auf eine elektronische Übermittlung verzichten.

> **Bitte beachten Sie:**

Wenn die Betriebseinnahmen unter der Grenze von 17.500,00 € (Kleinunternehmer) liegen, wird es nicht beanstandet, wenn anstelle der Anlage EÜR der Steuererklärung eine formlose Gewinnermittlung beigefügt wird (wie oben dargestellt).

Herr Brümmer nimmt in der **Anlage EÜR** (freiwillig) folgende Eintragungen vor:

- **Zeile 5:** Zuerst muss Herr Brümmer Angaben zu der Art des Betriebes machen, er trägt Handel mit Kfz-Zubehör ein. Im Feld 105 ist eine 3 für Gewerbebetrieb einzutragen. (Siehe Anleitung zur Anlage EÜR.)

- **Zeile 7:** Eine 2 ist einzutragen.

- **Zeile 8 (Feld 111):** Als Kleinunternehmer trägt er hier seine Betriebseinnahmen ein, 10.700,00 €.

- **Zeile 20:** Die Summe der Betriebseinnahmen ist einzutragen, in diesem Fall ebenfalls 10.700,00 €.

- **Zeile 23:** Hier werden die Wareneinkäufe deklariert (5.950,00 €).

- **Zeile 28:** Die Abschreibungen ohne den Sammelposten in Höhe von 455,00 € sind in dieser Zeile zu erfassen.

- **Zeile 34:** Die Abschreibungen für den Sammelposten müssen hier dargelegt werden (49,80 €). Wird das GWG-Wahlrecht in Anspruch genommen, sind die Anschaffungskosten des Aktenvernichters (249,00 €) in der **Zeile 33** als Betriebsausgabe zu erfassen.

- **Zeile 36:** Herr Brümmer trägt hier die Garagenmiete ein (660,00 €).

- **Zeile 39:** Die Telefonkosten sind anzugeben.

- **Zeile 47:** Hier erfolgt die Erfassung der übrigen Betriebsausgaben; Gebühren 30,00 €, die Kosten des Geldverkehrs 159,50 € und das Porto 106,50 €.

- **Zeile 54:** Die Kfz-Kosten (237,00 €) sind hier nachzuweisen.

- **Zeile 57:** Die Summe der Betriebsausgaben ist anzugeben (7.729,00 €).

- **Zeile 61:** Hier werden die gesamten Betriebseinnahmen erfasst, **in Zeile 62** die gesamten Betriebsausgaben. **In Zeile 72** wird der Gewinn in Höhe von 2.971,00 € eingetragen.

- **Zeile 78:** Die Geldabhebung vom Geschäftskonto (2.000,00 €) ist hier zu erfassen. Es ergibt sich keine Auswirkung auf die Einnahmen-Überschuss-Rechnung. Relevant sind diese Angaben bei der Bewertung des Schuldzinsenabzugs (siehe Kapitel 5.10.2).

In der **Zeile 9 (Feld 119)** sind die Umsätze anzugeben, die das Umsatzsteuergesetz grundsätzlich von der Umsatzsteuer befreit, u.a.: Vermietung von Grundstücken und Gebäuden, Umsätze aus der Tätigkeit als Arzt und als Zahnarzt.

> **➤ Bitte beachten Sie:**
>
> - Der Gewinn (Verlust) der Einnahmen-Überschuss-Rechnung muss auch in die **Anlage G (Zeile 4)** übernommen werden (nicht abgebildet).
>
> - Freiberufler verwenden die **Anlage S** und tragen den Gewinn (oder Verlust) ebenfalls in der **Zeile 4** ein (nicht abgebildet).

3 Froemer - ISBN 978-3-8120-0649-1

Die Einnahmen-Überschuss-Rechnung (mit den Anlagen EÜR und G bzw. S) muss dem Finanzamt mit der Einkommensteuererklärung bis zum **31. 05. des folgenden Jahres** eingereicht werden. Auf formlosen Antrag gewährt das Finanzamt eine Fristverlängerung bis zum 30. 09.

2010

1	Name/Gesellschaft/Gemeinschaft/Körperschaft	**Anlage EÜR**
	Brümmer	
2	Vorname	Bitte für jeden Betrieb eine gesonderte Anlage EÜR einreichen!
	Frank	
3	(Betriebs-)Steuernummer 167/4030/0521	77	10	1

Einnahmenüberschussrechnung
nach § 4 Abs. 3 EStG für das Kalenderjahr 2010   Beginn   Ende   99 | 15

| 4 | davon abweichend 131 | 2 0 1 0 132 |

| 5 | Art des Betriebs | Zuordnung zur Einkunftsart (siehe Anleitung) |
| | 100 Handel mit Kfz-Zubehör | 105 3 |

| 6 | Wurde im Kalenderjahr/Wirtschaftsjahr der Betrieb veräußert oder aufgegeben? (Bitte Zeile 67 beachten) 111 | | Ja = 1 |
| 7 | Wurden im Kalenderjahr/Wirtschaftsjahr Grundstücke/grundstücksgleiche Rechte entnommen oder veräußert? | 120 | 2 | Ja = 1 oder Nein = 2 |

1. Gewinnermittlung   99 | 20

Betriebseinnahmen   EUR   Ct

8	Betriebseinnahmen als umsatzsteuerlicher **Kleinunternehmer** (nach § 19 Abs. 1 UStG) 111	1 0.7 0 0,0 0
9	davon aus Umsätzen, die in § 19 Abs. 3 Nr. 1 und 2 UStG bezeichnet sind 119	,	(weiter ab Zeile 15)
10	Betriebseinnahmen als **Land- und Forstwirt**, soweit die Durchschnittssatzbesteuerung nach § 24 UStG angewandt wird	104	. . ,
11	**Umsatzsteuerpflichtige Betriebseinnahmen**	112	. . ,
12	Umsatzsteuerfreie, nicht umsatzsteuerbare Betriebseinnahmen sowie Betriebseinnahmen, für die der Leistungsempfänger die Umsatzsteuer nach § 13b UStG schuldet	103	. . ,
13	davon Kapitalerträge 113	. . ,
14	Vereinnahmte Umsatzsteuer sowie Umsatzsteuer auf unentgeltliche Wertabgaben	140	. . ,
15	Vom Finanzamt erstattete und ggf. verrechnete Umsatzsteuer	141	. . ,
16	Veräußerung oder Entnahme von Anlagevermögen	102	. . ,
17	Private Kfz-Nutzung	106	. . ,
18	Sonstige Sach-, Nutzungs- und Leistungsentnahmen	108	. . ,
19	Auflösung von Rücklagen, Ansparabschreibungen für Existenzgründer und/oder Ausgleichsposten (Übertrag aus Zeile 77)		. . ,
20	**Summe Betriebseinnahmen**	159	. 1 0.7 0 0,0 0

99 | 25

Betriebsausgaben   EUR   Ct

21	Betriebsausgabenpauschale für **bestimmte Berufsgruppen** und/oder Freibetrag nach § 3 Nr. 26 und 26a EStG	190	. . ,
22	Sachliche Bebauungskostenpauschale (für Weinbaubetriebe)/ Betriebsausgabenpauschale für **Forstwirte**	191	. . ,
23	**Waren, Rohstoffe und Hilfsstoffe einschl. der Nebenkosten**	100	. 5.9 5 0,0 0
24	Bezogene Fremdleistungen	110	. . ,
25	Ausgaben für eigenes Personal (z.B. Gehälter, Löhne und Versicherungsbeiträge)	120	. . ,

Absetzung für Abnutzung (AfA)

26	AfA auf unbewegliche Wirtschaftsgüter (ohne AfA für das häusliche Arbeitszimmer)	136	. . ,
27	AfA auf immaterielle Wirtschaftsgüter (z.B. erworbene Firmen-, Geschäfts- oder Praxiswerte)	131	. . ,
28	AfA auf bewegliche Wirtschaftsgüter (z.B. Maschinen, Kfz)	130	. . 4 5 5,0 0

| | Übertrag (Summe Zeilen 21 bis 28) | | . 6.4 0 5,0 0 |

2010AnlEÜR801   – Juni 2010 –   2010AnlEÜR801

			EUR	Ct
(Betriebs-)Steuernummer 167/4030/0521				
Übertrag (Summe Zeilen 21 bis 28)			6 405	0 0
31	Sonderabschreibungen nach § 7g EStG	134		
32	Herabsetzungsbeträge nach § 7g Abs. 2 EStG (Erläuterung auf gesondertem Blatt)	138		
33	Aufwendungen für geringwertige Wirtschaftsgüter nach § 6 Abs. 2 EStG	132		
34	Auflösung Sammelposten nach § 6 Abs. 2a EStG	137		4 9,8 0
35	Restbuchwert der ausgeschiedenen Anlagegüter	135		

Raumkosten und sonstige Grundstücksaufwendungen (ohne häusliches Arbeitszimmer)

36	Miete/Pacht für Geschäftsräume und betrieblich genutzte Grundstücke	150		6 60,0 0
37	Miete/Aufwendungen für doppelte Haushaltsführung	152		
38	Sonstige Aufwendungen für betrieblich genutzte Grundstücke (ohne Schuldzinsen und AfA)	151		

Sonstige unbeschränkt abziehbare Betriebsausgaben

39	Aufwendungen für Telekommunikation (z.B. Telefon)	280		8 1,2 0
40	Fortbildungskosten	281		
41	Rechts- und Steuerberatung, Buchführung	194		
42	Schuldzinsen zur Finanzierung von Anschaffungs- und Herstellungskosten von Wirtschaftsgütern des Anlagevermögens	232		
43	Übrige Schuldzinsen	234		
44	Gezahlte Vorsteuerbeträge	185		
45	An das Finanzamt gezahlte und ggf. verrechnete Umsatzsteuer	186		
46	Rücklagen, stille Reserven und/oder Ausgleichsposten (Übertrag aus Zeile 77)	183		
47	Übrige unbeschränkt abziehbare Betriebsausgaben	183		2 96,0 0

Beschränkt abziehbare Betriebsausgaben und Gewerbesteuer

			nicht abziehbar EUR	Ct		abziehbar EUR	Ct
48	Geschenke	164			174		
49	Bewirtungsaufwendungen	165			175		
50	Verpflegungsmehraufwendungen				171		
51	Aufwendungen für ein häusliches Arbeitszimmer (einschl. AfA und Schuldzinsen)	162			172		
52	Sonstige beschränkt abziehbare Betriebsausgaben	168			177		
53	Gewerbesteuer	217			218		

Kraftfahrzeugkosten und andere Fahrtkosten

54	Tatsächliche Kraftfahrzeugkosten und andere Fahrtkosten (laufende und feste Kosten ohne AfA und Zinsen)	140		2 37,0 0
55	Kraftfahrzeugkosten für Wege zwischen Wohnung und Betriebsstätte; Familienheimfahrten (pauschaliert oder tatsächlich)	142 −		
56	Mindestens abziehbare Kraftfahrzeugkosten für Wege zwischen Wohnung und Betriebsstätte (Pendlerpauschale); Familienheimfahrten	176 +		
57	**Summe Betriebsausgaben**	199		7 729,0 0

2010AnlEÜR802   2010AnlEÜR802

(Betriebs-)Steuernummer 167/4030/0521

Ermittlung des Gewinns

			EUR	Ct
61	Summe der Betriebseinnahmen (Übertrag aus Zeile 20)		1 0.7 0 0,0 0	
62	abzüglich Summe der Betriebsausgaben (Übertrag aus Zeile 57)	—	7.7 2 9,0 0	
	zuzüglich			
63	– Hinzurechnung der Investitionsabzugsbeträge nach § 7g Abs. 2 EStG (Erläuterung auf gesondertem Blatt)	188 +		
64	– Gewinnzuschlag nach § 6b Abs. 7 und 10 EStG	123 +		
	abzüglich			
65	– erwerbsbedingte Kinderbetreuungskosten nach § 9c EStG	184 —		
66	– Investitionsabzugbeträge nach § 7g Abs. 1 EStG (Erläuterung auf gesondertem Blatt)	187 —		
67	Hinzurechnungen und Abrechnungen bei Wechsel der Gewinnermittlungsart	250		
68	Korrigierter Gewinn/Verlust	290	2.9 7 1,0 0	

		Gesamtbetrag		Korrekturbetrag	
69	Bereits berücksichtigte Beträge, für die das Teileinkünfte-verfahren bzw. § 8b KStG gilt	261	262		

			EUR	Ct
70	Steuerpflichtiger Gewinn/Verlust vor Anwendung des § 4 Abs. 4a EStG	293		
71	Hinzurechnungsbetrag nach § 4 Abs. 4a EStG	271 +		
72	**Steuerpflichtiger Gewinn/Verlust**	219	2.9 7 1,0 0	

2. Ergänzende Angaben   99 │ 27

Rücklagen, stille Reserven und Ansparabschreibungen

			Bildung/Übertragung				Auflösung	
			EUR	Ct			EUR	Ct
73	Rücklagen nach § 6c i.V.m. § 6b EStG, R 6.6 EStR	187				120		
74	Übertragung von stillen Reserven nach § 6c i.V.m. § 6b EStG, R 6.6 EStR	170						
75	Ansparabschreibungen für Existenzgründer nach § 7g Abs. 7 und 8 EStG a.F.					122		
76	Ausgleichsposten nach § 4g EStG	191				125		
77	Gesamtsumme	190				124		
			Übertrag in Zeile 46				Übertrag in Zeile 19	

Entnahmen und Einlagen   99 │ 29

			EUR	Ct
78	Entnahmen einschl. Sach-, Leistungs- und Nutzungsentnahmen	122	2.0 0 0,0 0	
79	Einlagen einschl. Sach-, Leistungs- und Nutzungseinlagen	123		

2010AnlEÜR803   2010AnlEÜR803

3.3 Zuordnung von beweglichen Anlagegütern zum Privatvermögen oder Betriebsvermögen

3.3.1 Allgemeines und praktisches Beispiel

Herr Brümmer hat im Jahr 2010 einen PC für seinen Betrieb angeschafft. Durch die Erfassung im Anlageverzeichnis werden diese Anlagegüter dem Betriebsvermögen zugeordnet. Der Pkw und das Telefon gehören zum Privatvermögen, durch entsprechende Aufzeichnungen wird der betriebliche Nutzungsanteil ermittelt und als Betriebsausgabe erfasst.

Die Zuordnung eines Anlagegutes zum Privat- oder zum Betriebsvermögen darf nicht beliebig erfolgen. Entscheidend hierfür ist der Anteil der betrieblichen Nutzung:

Anteil der betrieblichen Nutzung	Zuordnung zum Privatvermögen	Zuordnung zum Betriebsvermögen
< 10 %	vorgeschrieben	verboten
≧ 10 %, ≦ 50 %	möglich	möglich
> 50 %	verboten	vorgeschrieben

Beträgt die betriebliche Nutzung eines Anlagegutes weniger als 10 %, ist eine Zuordnung zum Privatvermögen (**notwendiges Privatvermögen**) zwingend erforderlich. Die betriebliche Nutzung über 50 % führt zwingend zu einer Erfassung als Betriebsvermögen (**notwendiges Betriebsvermögen**). Ein Wahlrecht hat der Steuerpflichtige, wenn die betriebliche Nutzung zwischen 10 % und 50 % liegt. Er kann das Anlagegut im Privat- oder im Betriebsvermögen führen. Wird das Anlagegut dem Betriebsvermögen zugeordnet, spricht man auch vom **gewillkürten Betriebsvermögen**.

> ➤ **Bitte beachten Sie:**
>
> Die Übernahme eines Pkws in das gewillkürte Betriebsvermögen ist nicht möglich, wenn der Anteil der Privatnutzung mit der 1 %-Regelung ermittelt werden soll. Bei Anwendung dieser Regelung muss der Pkw zum notwendigen Betriebsvermögen gehören (betriebliche Nutzung über 50 %). Die Zugehörigkeit zum notwendigen Betriebsvermögen ist durch den Steuerpflichtigen nachzuweisen (Gesetz zur Eindämmung missbräuchlicher Steuergestaltungen). Gewillkürtes Betriebsvermögen bei Pkws ist folglich nur möglich, wenn der Anteil der Privatnutzung mit einem Fahrtenbuch erfasst wird (siehe hierzu Kapitel 5.3.2).

Herr Brümmer hat seinen Pkw bei einer Gesamtfahrleistung von 15.000 km 790 km für betriebliche Zwecke genutzt. Der Anteil der betrieblichen Nutzung liegt unter 10 %, der Wagen ist als notwendiges Privatvermögen zu behandeln. Die Telefonanlage befindet sich im Privatvermögen, eine Überführung in das Betriebsvermögen wäre zum 01. 01. 2010 möglich gewesen, da die betriebliche Nutzung bei 20 % liegt. Bei einer Restnutzungsdauer von vier Jahren und einem steuerlich anzusetzenden Wert von 1.100,00 € hätte das Anlageverzeichnis folgendes Aussehen:

Anlageverzeichnis der Firma Brümmer für das Jahr 2010				
Nr.	Gegenstand/Hersteller	Erwerb/Anschaffungs-kosten	Nutzungsdauer/ gewöhnliche jährl. AfA/ AfA 2010	Buchwert zum 31.12.10
1	PC komplett/Medion	15.01.2010/1.200,00 €	3 J./400,00 €/400,00 €	800,00 €
2	Pool 2010	249,00 €	49,80 €/49,80 €	199,20 €
3	Telefonanlage Sharp (aus Privatvermögen übernommen)	01.01.2010/1.100,00 €	4 J./275,00 €/275,00€	825,00 €

> **Bitte beachten Sie:**
>
> Befindet sich ein Anlagegut im Privatvermögen, unterliegt ein aus dem Verkauf resultierender Gewinn in der Regel nicht der Einkommensteuer. Allerdings werden dann auch Verluste im Zuge eines Verkaufs steuerlich nicht berücksichtigt.

Die Überführung des Telefons in das Betriebsvermögen verändert die Einnahmen-Überschuss-Rechnung in folgenden Punkten:

- Die gesamten laufenden Telefonkosten in Höhe von 406,00 € sind Betriebsausgaben, der Anteil der Privatnutzung in Höhe von 324,80 € (80 % von 406,00 €) führt zu einer Betriebseinnahme (Differenz 81,20 €).

- Die Abschreibung für die Telefonanlage führt zur Betriebsausgabe (275,00 €), der Privatanteil in Höhe von 220,00 € (80 % von 275,00 €) ist als Betriebseinnahme zu erfassen.

Die Einnahmen-Überschuss-Rechnung hat dann folgendes Aussehen:

Einnahmen-Überschuss-Rechnung nach § 4 Abs. 3 EStG, § 19 Abs. 1 UStG für 2010:
Frank Brümmer, Handel mit Kfz-Zubehör
Aachener Str. 200
50210 Köln   Steuer-Nr. 167/4030/0521

A)	**Betriebseinnahmen**				
	laufende Einnahmen	10.700,00 €			
	Private Telefonnutzung	**544,80 €**			
		11.244,80 €	**11.244,80 €**		
B)	**Betriebsausgaben**				
	Wareneinkäufe	5.950,00 €			
	Kfz-Kosten	237,00 €			
	Porto	106,50 €			
	Lager	660,00 €			
	Gebühren	30,00 €			
	Kosten des Geldverkehrs	159,50 €			
	Telefongebühren	**406,00 €**			
	AfA PC	400,00 €			
	Telefonanlange	**275,00 €**			
	Pool 2010	49,80 €	(249,00 €)*		
		8.273,80 €	**8.273,80 €**	(8.473,00 €)*	
	Gewinn		**2.971,00 €**	(2.771,80 €)*	

Erstellt nach Aufzeichnungen und Belegen.

Köln, 31.05.11

* Werte in Klammern mit 410,00-€-Wahlrecht

Auch in der Anlage – EÜR – gibt es entsprechende Änderungen:

- **Zeile 18:** Hier ist die private Telefonnutzung zu erfassen (324,80 € + 220,00 € = 544,80 €).
- **Zeile 20 und Zeile 61:** Die gesamten Betriebseinnahmen betragen 11.244,80 €.
- **Zeile 28:** Die Abschreibungen steigen auf 675,00 €.
- **Zeile 39:** Die Ausgaben für Telefongebühren summieren sich jetzt auf 406,00 €.
- **Zeile 57 und Zeile 62:** Die gesamten Betriebsausgaben belaufen sich auf 8.273,80 €.
- **Zeile 79:** Die Einlage des Telefons ist anzugeben.

Der Gewinn ist unverändert geblieben.

┌   **2010** ┐

1	Name/Gesellschaft/Gemeinschaft/Körperschaft **Brümmer**	**Anlage EÜR**
2	Vorname **Frank**	Bitte für jeden Betrieb eine gesonderte Anlage EÜR einreichen!
3	(Betriebs-)Steuernummer **167/4030/0521**	**77** **10** **1**

Einnahmenüberschussrechnung   **99**   **15**
nach § 4 Abs. 3 EStG für das Kalenderjahr 2010   Beginn   Ende

4   **davon abweichend**   131   T T M M **2 0 1 0** 132   T T M M J J J J

	Art des Betriebs		Zuordnung zur Einkunfts-art (siehe Anleitung)
5	**100** Handel mit Kfz-Zubehör		**105** 3

6   Wurde im Kalenderjahr/Wirtschaftsjahr der Betrieb veräußert oder aufgegeben? (Bitte Zeile 67 beachten)   **111**   Ja = 1

7   Wurden im Kalenderjahr/Wirtschaftsjahr Grundstücke/grundstücksgleiche Rechte entnommen oder veräußert?   **120**   2   Ja = 1 oder Nein = 2

1. Gewinnermittlung   **99**   **20**

	Betriebseinnahmen		EUR	Ct
8	Betriebseinnahmen als umsatzsteuerlicher **Kleinunternehmer** (nach § 19 Abs. 1 UStG)	**111**	1 0.7 0 0,0 0	
9	davon aus Umsätzen, die in § 19 Abs. 3 Nr. 1 und 2 UStG bezeichnet sind	**119**	(weiter ab Zeile 15)	
10	Betriebseinnahmen als **Land- und Forstwirt,** soweit die Durchschnittssatz-besteuerung nach § 24 UStG angewandt wird	**104**		
11	**Umsatzsteuerpflichtige Betriebseinnahmen**	**112**		
12	Umsatzsteuerfreie, nicht umsatzsteuerbare Betriebseinnahmen sowie Betriebsein-nahmen, für die der Leistungsempfänger die Umsatzsteuer nach § 13b UStG schuldet	**103**		
13	davon Kapitalerträge **113**			
14	Vereinnahmte Umsatzsteuer sowie Umsatzsteuer auf unentgeltliche Wertabgaben	**140**		
15	Vom Finanzamt erstattete und ggf. verrechnete Umsatzsteuer	**141**		
16	Veräußerung oder Entnahme von Anlagevermögen	**102**		
17	Private Kfz-Nutzung	**106**		
18	Sonstige Sach-, Nutzungs- und Leistungsentnahmen	**108**	5 4 4,8 0	
19	Auflösung von Rücklagen, Ansparabschreibungen für Existenzgründer und/oder Ausgleichsposten (Übertrag aus Zeile 77)			
20	**Summe Betriebseinnahmen**	**159**	1 1 2 4 4,8 0	

                                              99   **25**

	Betriebsausgaben		EUR	Ct
21	Betriebsausgabenpauschale **für bestimmte Berufsgruppen** und/oder Freibetrag nach § 3 Nr. 26 und 26a EStG	**190**		
22	Sachliche Bebauungskostenpauschale (für Weinbaubetriebe)/ Betriebsausgabenpauschale für **Forstwirte**	**191**		
23	**Waren, Rohstoffe und Hilfsstoffe einschl. der Nebenkosten**	**100**	5 9 5 0,0 0	
24	Bezogene Fremdleistungen	**110**		
25	Ausgaben für eigenes Personal (z.B. Gehälter, Löhne und Versicherungsbeiträge)	**120**		
	Absetzung für Abnutzung (AfA)			
26	AfA auf unbewegliche Wirtschaftsgüter (ohne AfA für das häusliche Arbeitszimmer)	**136**		
27	AfA auf immaterielle Wirtschaftsgüter (z.B. erworbene Firmen-, Geschäfts- oder Praxiswerte)	**131**		
28	AfA auf bewegliche Wirtschaftsgüter (z.B. Maschinen, Kfz)	**130**	6 7 5,0 0	
	Übertrag (Summe Zeilen 21 bis 28)		6 6 2 5,0 0	

└   2010AnlEÜR801   – Juni 2010 –   2010AnlEÜR801   ┘

(Betriebs-)Steuernummer **167/4030/0521**

			EUR	Ct
	Übertrag (Summe Zeilen 21 bis 28)		6 625	0 0
31	Sonderabschreibungen nach § 7g EStG	134		
32	Herabsetzungsbeträge nach § 7g Abs. 2 EStG (Erläuterung auf gesondertem Blatt)	138		
33	Aufwendungen für geringwertige Wirtschaftsgüter nach § 6 Abs. 2 EStG	132		
34	Auflösung Sammelposten nach § 6 Abs. 2a EStG	137	4 9	8 0
35	Restbuchwert der ausgeschiedenen Anlagegüter	135		

Raumkosten und sonstige Grundstücksaufwendungen (ohne häusliches Arbeitszimmer)

36	Miete/Pacht für Geschäftsräume und betrieblich genutzte Grundstücke	150	6 600	0 0
37	Miete/Aufwendungen für doppelte Haushaltsführung	152		
38	Sonstige Aufwendungen für betrieblich genutzte Grundstücke (ohne Schuldzinsen und AfA)	151		

Sonstige unbeschränkt abziehbare Betriebsausgaben

39	Aufwendungen für Telekommunikation (z.B. Telefon)	280	4 0 6	0 0
40	Fortbildungskosten	281		
41	Rechts- und Steuerberatung, Buchführung	194		
42	Schuldzinsen zur Finanzierung von Anschaffungs- und Herstellungskosten von Wirtschaftsgütern des Anlagevermögens	232		
43	Übrige Schuldzinsen	234		
44	Gezahlte Vorsteuerbeträge	185		
45	An das Finanzamt gezahlte und ggf. verrechnete Umsatzsteuer	186		
46	Rücklagen, stille Reserven und/oder Ausgleichsposten (Übertrag aus Zeile 77)	183		
47	Übrige unbeschränkt abziehbare Betriebsausgaben	183	2 9 6	0 0

Beschränkt abziehbare Betriebsausgaben und Gewerbesteuer

			nicht abziehbar EUR	Ct		abziehbar EUR	Ct
48	Geschenke	164			174		
49	Bewirtungsaufwendungen	165			175		
50	Verpflegungsmehraufwendungen				171		
51	Aufwendungen für ein häusliches Arbeitszimmer (einschl. AfA und Schuldzinsen)	162			172		
52	Sonstige beschränkt abziehbare Betriebsausgaben	168			177		
53	Gewerbesteuer	217			218		

Kraftfahrzeugkosten und andere Fahrtkosten

54	Tatsächliche Kraftfahrzeugkosten und andere Fahrtkosten (laufende und feste Kosten ohne AfA und Zinsen)	140	2 3 7	0 0
55	Kraftfahrzeugkosten für Wege zwischen Wohnung und Betriebsstätte; Familienheimfahrten (pauschaliert oder tatsächlich)	142 −		
56	Mindestens abziehbare Kraftfahrzeugkosten für Wege zwischen Wohnung und Betriebsstätte (Pendlerpauschale); Familienheimfahrten	176 +		
57	**Summe Betriebsausgaben**	199	8 273	8 0

2010AnlEÜR802   2010AnlEÜR802

41

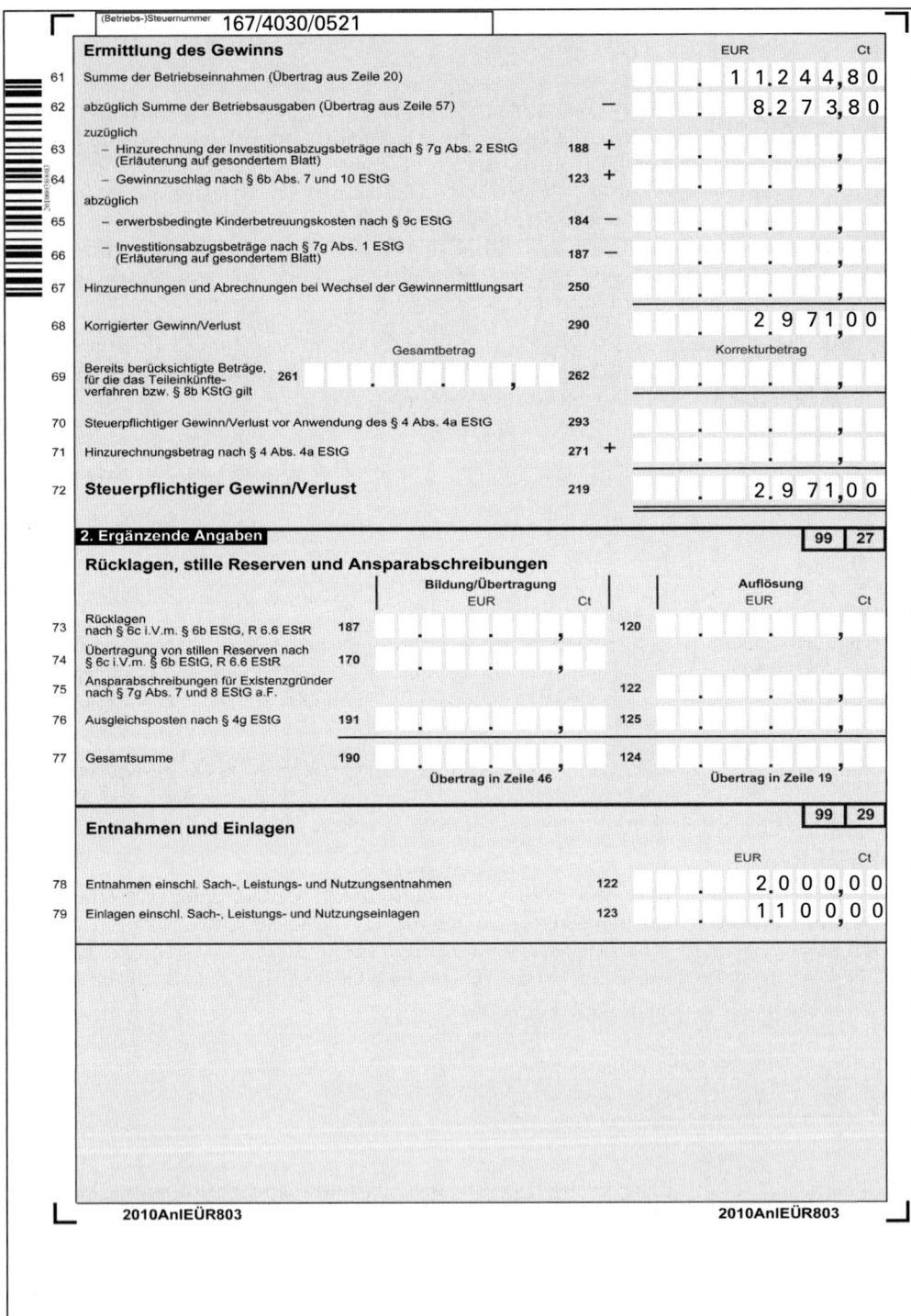

3.3.2 Ermittlung des anzusetzenden Betrages bei Einlagen

3.3.2.1 Grundsatz

Bei einer Einlage von Anlagegütern aus dem Privatvermögen in das Betriebsvermögen sind die Regelungen des § 6 Abs. 1 Nr. 5 EStG zu beachten. Demnach sind die **Einlagen grundsätzlich zum Teilwert** vorzunehmen. Der Teilwert ist ein steuerrechtlicher Begriff und entspricht dem Wert, zu dem der Gegenstand zum Zeitpunkt der Einlage anderweitig erworben werden könnte (aktueller Marktwert). Bei der Einlage eines Pkws erhält man den Marktwert z. B. aus der Schwacke- oder der DAT-Liste. Den Marktwert (Teilwert) für andere Anlagegüter kann man dem lokalen Anzeigenteil entnehmen. Es empfiehlt sich, einige Anzeigen zum Zwecke des Nachweises gegenüber dem Finanzamt zu sammeln.

Beispiel

Ein bislang privat genutzter Pkw wurde vor 5 Jahren angeschafft. Der Kaufpreis betrug 20.000,00 € + 3.200,00 € Umsatzsteuer. Der Pkw soll in das Betriebsvermögen eingelegt werden. Der aktuelle Wert beträgt laut Schwacke-Liste 6.500,00 €.

Bewertung:

Der Pkw ist mit 6.500,00 € in das Anlagevermögen zu übernehmen, dem Teilwert zum Zeitpunkt der Einlage.

3.3.2.2 Einlage innerhalb von drei Jahren nach der Anschaffung

Werden dem Betriebsvermögen Anlagegüter zugeführt, die innerhalb der letzten drei Jahre vor dem Zeitpunkt der Zuführung angeschafft oder hergestellt worden sind, ist als Einlagebetrag der Teilwert, höchstens jedoch der Anschaffungswert vermindert um die zeitanteilige lineare Abschreibung (theoretischer Buchwert), anzusetzen.

Beispiel

Ein Unternehmer legt zum 01.01.10 einen privat genutzten PC in das Betriebsvermögen ein. Der PC wurde im Januar 2008 für 1.722,41 € + 275,59 € Umsatzsteuer = 1.998,00 € erworben. Der aktuelle Marktwert (Teilwert) beträgt ca. 850,00 €.

Bewertung:

Der PC wurde für insgesamt 1.998,00 € angeschafft. Die Umsatzsteuer war nicht als Vorsteuer abziehbar, die zeitanteilige Abschreibung ist von 1.998,00 € vorzunehmen. Somit beträgt der theoretische Buchwert zum 01.01.10 666,00 €. Im Anlageverzeichnis ist der PC mit 666,00 € anzusetzen, da der Teilwert mit 850,00 € über dem Buchwert liegt.

	1.998,00 €	Anschaffungskosten
−	666,00 €	Abschreibung 2008
−	666,00 €	Abschreibung 2009
=	666,00 €	Buchwert zum 01.01.10

> ➤ **Praxistipp:**
>
> Relevant für die Einlage ist immer der niedrigere Wert.

3.4 Check-up

3.4.1 Im Überblick

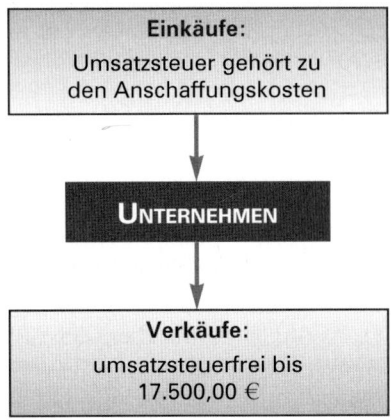

✔ Nach § 19 Abs. 1 UStG bleiben Umsätze bis zu 17.500,00 € umsatzsteuerfrei.

✔ Die in Eingangsrechnungen ausgewiesene Umsatzsteuer gehört zu den Anschaffungskosten (kein Vorsteuerabzug).

✔ In Ausgangsrechnungen wird keine Umsatzsteuer berechnet.

✔ Der Unternehmer kann auf die Umsatzsteuerfreiheit verzichten (Wahlrecht).

✔ Seit dem Veranlagungszeitraum 2005 muss grundsätzlich die amtliche Anlage EÜR ausgefüllt werden, bei Kleinunternehmern reicht eine formlose Gewinnermittlung. Ab 2011 ist die elektronische Übermittlung verpflichtend.

✔ Die Zuordnung eines Anlagegutes zum Privatvermögen oder zum Betriebsvermögen erfolgt abhängig vom Anteil der betrieblichen Nutzung.

Anteil der betrieblichen Nutzung	Zuordnung
< 10 %	notwendiges Privatvermögen
≧ 10 %, ≦ 50 %	Wahlrecht
> 50 %	notwendiges Betriebsvermögen

✔ Pkws müssen zum notwendigen Betriebsvermögen gehören, wenn der Anteil der Privatnutzung mit der 1 %-Regelung ermittelt werden soll. Gewillkürtes Betriebsvermögen bei Pkws ist nur zulässig bei Ermittlung des privaten Anteils durch Fahrtenbuch.

✔ Die Einlage eines Anlagegutes in das Betriebsvermögen ist grundsätzlich mit dem Teilwert vorzunehmen.

✔ Bei einer Einlage in das Betriebsvermögen innerhalb der ersten drei Jahre nach der Anschaffung ist das Anlagegut ebenfalls mit dem Teilwert anzusetzen, höchstens jedoch mit den Anschaffungskosten abzüglich der linearen Abschreibung.

✔ Bei betrieblicher Nutzung des privaten Pkws können pauschal 0,30 € je gefahrenen Kilometer als Betriebsausgabe angesetzt werden. Wahlweise können auch die tatsächlichen (nachgewiesenen) Kosten als Betriebsausgabe angesetzt werden.

3.4.2 Arbeitsaufgaben und Übungen

1. Frau Meier verkauft nebenberuflich Diätprodukte. Sie erhebt nach § 19 Abs. 1 UStG keine Umsatzsteuer. Sie erwartet auch für die Zukunft Umsätze von maximal 15.000,00 €.

   Im Jahr 2010 (01.01. – 31.12.) hat Frau Meier folgende Geschäftsfälle aufgezeichnet:

   Einnahmen:

   Im Laufe des Geschäftsjahres hat sie Produkte für 14.000,00 € gegen Rechnung verkauft. Am 31.12.10 ist eine Rechnung über 1.200,00 € noch nicht bezahlt.

   Ausgaben (sämtliche Beträge sind Bruttobeträge):

   Wareneinkäufe werden in Höhe von 12.300,00 € getätigt. Davon befinden sich Waren im Wert von 1.000,00 € am 31.12.10 im Lager.

   Frau Meier nutzt ihren Pkw 620 km für betriebliche Fahrten. Die Gesamtfahrleistung beläuft sich auf 17.000 km.

   Die Telefonkosten für 2010 betragen 750,00 €. Die betriebliche Nutzung beträgt 25 %. Die Telefonanlage mit einem Wert von 1.200,00 € (am 01.01.10) hält Frau Meier im Privatvermögen. Die Restnutzungsdauer beträgt 5 Jahre.

   Die Miete für einen kleinen Lagerraum beträgt monatlich 40,00 €. Die Dezembermiete überweist Frau Meier erst am 08.01.11.

   Im März 2010 kauft Frau Meier neue Büromöbel für 1.300,00 € (keine GWG bzw. Wirtschaftsgüter des Sammelpostens), im September kauft sie einen PC für 1.500,00 €.

   Für Porto hat sie 110,00 € bar bezahlt.

   Die Hausbank berechnet für das Führen des Geschäftskontos 85,00 €.

   Aufgaben:

   1.1 Erstellen Sie die Einnahmen-Überschuss-Rechnung für das Jahr 2010. Übernehmen Sie die Daten in die Anlage EÜR.

   1.2 Erstellen Sie eine zweite Einnahmen-Überschuss-Rechnung. Hierbei soll die Telefonanlage zum 01.01.10 in das Betriebsvermögen überführt werden. Die Restnutzungsdauer beträgt fünf Jahre. Übernehmen Sie die Daten in die Anlage EÜR.

   1.3 Der Pkw soll am 01.01.11 in das Betriebsvermögen überführt werden. Prüfen Sie die Rechtslage.

2. Herr Rübsamen ist Kleinunternehmer (PC-Vertrieb) im Sinne des § 19 Abs. 1 UStG.

   Im Jahr 2010 verzeichnet er folgende Einnahmen:

   Warenverkäufe im Wert von 17.000,00 €; davon sind am 31.12.10 Rechnungen in Höhe von 15.200,00 € bezahlt.

   Verkauf eines gebrauchten PCs am 10.07.10 für 250,00 €. Der Buchwert am 01.01.10 beträgt 500,00 €, die jährliche Abschreibung ist mit 500,00 € anzusetzen (Anschaffungskosten 1.500,00 €).

Ausgaben sind im Jahr 2010 angefallen (Bruttobeträge):

Der Wareneinkauf (auf Rechnung) beträgt 6.000,00 €, davon sind bis zum 31.12.10 5.000,00 € bezahlt. Im Lager befinden sich am 31.12.10 Waren im Wert von 1.200,00 €.

Die Miete für einen Lagerraum in Höhe von 75,00 € pro Monat ist für das Jahr 2010 komplett bezahlt. Zusätzlich hat Herr Rübsamen die Lagermiete für Januar bis Juni 2011 am 15.12.10 im Voraus bezahlt.

Der Pkw, der 800 km für betriebliche Fahrten genutzt wird, befindet sich im Privatvermögen.

Für Porto zahlt er 95,00 € in bar.

Das Büromaterial für 120,00 € wird mit der Girokarte bezahlt.

Am 05.10.10 kauft Herr Rübsamen einen Laptop für 1.800,00 €. Vereinbarungsgemäß zahlt er den Kaufpreis erst im März 2011.

Für den Lagerraum erwirbt er am 12.03.10 einen Teppich für 800,00 €, die betriebsgewöhnliche Nutzungsdauer beträgt 8 Jahre.

Aufgabe:

Erstellen Sie die Einnahmen-Überschuss-Rechnung für das Jahr 2010. Füllen Sie die Anlage EÜR aus.

3. Der Unternehmer Breuer möchte am 01.01.10 zwei Gegenstände aus seinem Privatvermögen in das Betriebsvermögen überführen. Die zukünftige betriebliche Nutzung wird jeweils 10 % übersteigen.

   a) Einen Büroschrank, angeschafft im Juli 2008 für 1.100,00 € + 176,00 € USt, betriebsgewöhnliche Nutzungsdauer 13 Jahre. Ein vergleichbarer Schrank könnte zurzeit für 650,00 € erworben werden.

   b) Ein Faxgerät, angeschafft im Januar 2009 für 300,00 € + 57,00 € USt, betriebsgewöhnliche Nutzungsdauer 6 Jahre. Ein vergleichbares Gerät könnte zurzeit für 320,00 € erworben werden.

Aufgabe:

Ermitteln Sie die Werte, mit denen die beiden Gegenstände in das Betriebsvermögen übernommen werden müssen.

➤ **Lösungen ab Seite 154**

4 | Die Einnahmen-Überschuss-Rechnung mit Umsatzsteuer

1. QUARTAL

Wareneinkauf:

Nettopreis	500,00 €
+ 19 % USt	95,00 €
= Bruttopreis	595,00 €

Warenverkauf:

Nettopreis	1.000,00 €
+ 19 % USt	190,00 €
= Bruttopreis	1.190,00 €

Unternehmer erhält vom Kunden   190,00 € USt
Unternehmer zahlt an seinen Lieferer (Vorsteuer)   95,00 € USt
Differenz ist an das Finanzamt abzuführen   95,00 €
(Zahllast)

2. QUARTAL

Wareneinkauf:

Nettopreis	700,00 €
+ 19 % USt	133,00 €
= Bruttopreis	833,00 €

Warenverkauf:

Nettopreis	400,00 €
+ 19 % USt	76,00 €
= Bruttopreis	476,00 €

Unternehmer erhält vom Kunden   76,00 € USt
Unternehmer zahlt an seinen Lieferer (Vorsteuer)   133,00 € USt
Differenz wird vom Finanzamt erstattet   57,00 €
(Vorsteuerüberhang)

4.2 Einführung in das System der Umsatzsteuer

Bei Überschreiten der Grenzen des § 19 Abs. 1 UStG besteht **Umsatzsteuerpflicht.** Der Unternehmer muss in seinen Rechnungen Umsatzsteuer ausweisen, die eine Verbindlichkeit gegenüber dem Finanzamt darstellt. Die Berechnung der Umsatzsteuer wird vom Nettobetrag der Ware (oder Leistung) vorgenommen (Allphasen-Nettoumsatzsteuer). Preisnachlässe wie z. B. Skonti vermindern die Bemessungsgrundlage für die Umsatzsteuer.

Kauft der Unternehmer Waren und Leistungen, entsteht durch die im Rechnungsbetrag enthaltene und an den Lieferer gezahlte Umsatzsteuer eine Forderung gegenüber dem Finanzamt.

Durch diese als **Vorsteuerabzug** bezeichnete Regelung wird der Unternehmer nicht mit Umsatzsteuer belastet, sie wird vollständig vom privaten Endverbraucher getragen.

Der Unternehmer muss in regelmäßigen Abständen eine **Umsatzsteuer-Voranmeldung** (bis zum 10. des dem Voranmeldungszeitraum folgenden Monats) beim Finanzamt abgeben. Hier verrechnet er die Forderungen mit den Verbindlichkeiten. Der verbleibende Betrag ist an das Finanzamt zu überweisen **(Zahllast)**. Sollten in einem Abrechnungszeitraum die Vorsteuerbeträge höher sein als die Umsatzsteuerbeträge, wird der Differenzbetrag an den Unternehmer erstattet **(Vorsteuerüberhang)**. Im Zuge der Umsatzsteuervoranmeldung, die abhängig von der Höhe der Steuerschuld des Vorjahres monatlich oder vierteljährlich abzugeben ist, muss der Unternehmer die Zahllast pünktlich **bis zum 10. des folgenden Monats** an das Finanzamt abführen.

Die **Umsatzsteuerschuld entsteht** im Regelfall nicht erst mit der Bezahlung der Rechnungen, sondern bereits **zum Zeitpunkt der Leistungserbringung.** Man spricht von einer Besteuerung nach **vereinbarten Entgelten** (Sollbesteuerung), § 16 Abs. 1 Satz 1 UStG. Die Sollbesteuerung durchbricht das Zu- und Abflussprinzip und stellt auf die wirtschaftliche Zugehörigkeit ab. Das Finanzamt kann auf Antrag gestatten, dass der Unternehmer die Steuer nach **vereinnahmten Entgelten** (Istbesteuerung) berechnet, wenn der Gesamtumsatz im vorangegangenen Kalenderjahr nicht mehr als 500.000,00 € (ab 01. 01. 2012 voraussichtlich 250.000,00 €) betragen hat. Die Antragsmöglichkeit besteht ebenfalls, wenn Umsätze aus der Tätigkeit als Angehöriger eines freien Berufes ausgeführt werden (ohne Umsatzgrenze), § 20 Abs. 1 UStG. Das Zu- und Abflussprinzip gilt dann auch für die Umsatzsteuer.

Der **Regelsteuersatz** beträgt zurzeit **19 % der Bemessungsgrundlage** (Nettowert der Ware oder Leistung), gem. § 12 Abs. 1 UStG. Der Unternehmer ist verpflichtet, die Steuer zu fakturieren und für die Finanzbehörden einzubehalten. Der **ermäßigte Steuersatz** beträgt 7 % des Nettowertes. Ihm unterliegen insbesondere der Verkauf von Grundnahrungsmitteln (außer zum Verzehr an Ort und Stelle) und Umsätze aus dem Verkauf von Büchern und Zeitschriften. Die vollständige Liste der ermäßigt besteuerten Waren und Leistungen finden Sie im Anhang zum § 12 Abs. 2 UStG. Weiterhin gibt es **Waren und Leistungen,** die zwar grundsätzlich **steuerbar, aber steuerbefreit** sind. Der Endverbraucher soll aus meist sozialpolitischen Gründen nicht mit Umsatzsteuer belastet werden. Zu nennen sind die Leistungen der Ärzte und Zahnärzte, der Heilpraktiker, die Lieferungen und Leistungen der Kleinunternehmer (§ 19 Abs. 1 UStG), Ausfuhrlieferungen (Förderung des deutschen Exports), Mietzahlungen für Gebäude und Wohnungen und die Umsätze im Geld- und Kapitalverkehr. Diese Nullbesteuerung führt beim Leistungserbringer zum Ausschluss des Vorsteuerabzuges nach § 15 Abs. 1 UStG (nicht bei Ausfuhrlieferungen).

> **▶ Bitte beachten Sie:**
>
> Voranmeldungszeitraum für die Umsatzsteuer ist grundsätzlich das Kalendervierteljahr (§ 18 Abs. 2 UStG).

Beträgt die **Umsatzsteuerschuld** für das vorangegangene Kalenderjahr **mehr als 7.500,00 €,** ist der Kalendermonat Voranmeldungszeitraum (§ 18 Abs. 2 UStG).

Beträgt die **Umsatzsteuerschuld** für das vorangegangene Kalenderjahr **nicht mehr als 1 000,00 €, kann** das Finanzamt den Unternehmer von der Verpflichtung zur Abgabe der Voranmeldungen und Entrichtung der Vorauszahlungen befreien (§ 18 Abs. 2 UStG). Der Unternehmer muss dann lediglich eine Umsatzsteuererklärung bis zum 31. 05. des folgenden Jahres abgeben.

Nimmt der Unternehmer seine berufliche oder gewerbliche Tätigkeit auf (Betriebseröffnung), ist im laufenden und im folgenden Kalenderjahr der Kalendermonat Voranmeldungszeitraum (seit dem 01.01.2002, § 18 Abs. 2 UStG).

Der Unternehmer hat die Voranmeldung auf elektronischem Wege zu übermitteln (§ 18 Abs. 1 UStG). Die erforderliche Software können Sie unter www.elster.de herunterladen. Auf Antrag kann das Finanzamt auf eine elektronische Übermittlung zur Vermeidung von unbilligen Härten verzichten.

Beispiel

Der Handwerker Hans Müller (siehe auch Kapitel 3.2) fakturiert jetzt mit Umsatzsteuer. Er hatte im Autozubehörhandel nebenstehende Quittung erhalten.

Die im Rechnungsbetrag enthaltene Umsatzsteuer gehört **nicht** zu den Anschaffungskosten des Materials. Die Betriebsausgaben für das Material belaufen sich auf 22,28 €. Die gezahlte Umsatzsteuer in Höhe von 4,23 € stellt als Vorsteuer eine Forderung gegenüber dem Finanzamt dar.

```
* I H R E   Q U I T T U N G *
A.T.U - Auto-Teile-Unger
Ronsdorfer Str. 22
** Duesseldorf **
Mo - Fr 7.30 - 20.00 Uhr
Samstag 8.00 - 16.00 Uhr
Servicetel. 0180/52727429
(0,12 EUR/MIN)

429 02  04.12.2010  11:09:56

Verkäufer:    BLÖCK,MELANIE
Kassierer:    BLÖCK,MELANIE

DY0022 KEILRIEMEN
4010858780388          7,00
VE0004 WARNDREIECK
2193800001990          4,95
   2 *      6,95
TY0055 WARNWESTE
200630000014          13,90
                   ---------
   NETTO    :         22,28
   BRUTTO   :         26,51
                   =========

   BAR      :         50,00
   Rückgeld :         23,49

DER BRUTTOBETRAG ENTHALT
  MWST-19%        MWST- 7%
   4,23             0,00

Bei Rad - De-/Montage nach
50 km Radbolzen nachziehen

Betragsangaben in EUR
Steuer-Nr.  255-150-02505
  Bitte beachten Sie unsere
  Geschäftsbedingungen
** kein Umtausch ohne Bon **
```

4 Froemer - ISBN 978-3-8120-0649-1

In der Ausgangsrechnung weist Herr Müller Umsatzsteuer aus:

Hans Müller Fahrzeugaufbereitung

Aachener Str. 25
50420 Köln

Steuer-Nr. 2899/9908/0301

Hans Müller Fahrzeugaufbereitung · Aachener Str. 25 · 50420 Köln

Peter Meier
Halskestraße 22-24
40880 Ratingen

Tel./Fax: 0221 343434
Rechn.-Nr.: 2453
Kunden-Nr.: 1001

Rechnung   10. Dezember 20..

Art der Leistung	Anzahl	Einzelpreis in €	Preis gesamt in €
Fahrzeugpflege komplett lt. Angebot	1	120,00	120,00
Keilriemen	1	12,00	12,00
Warnweste	1	11,00	11,00
Warndreieck	1	10,00	10,00
			153,00
		+ 19 % USt	**29,07**
		Gesamt	182,07

Leistung wurde am 9. Dezember erbracht.

Hans Müller Fahrzeugaufbereitung, Aachener Str. 25, 50420 Köln
Tel./Fax: 0221 343434   Steuer-Nr.: 2899/9908/0301
Bankverbindung: Deutsche Bank Köln, BLZ 300 400 00, Konto 2304560245

Unterstellen wir, dass Herr Müller im 4. Quartal 2010 keine weiteren Geschäftsfälle zu verzeichnen hatte. Er rechnet am Ende des Quartals mit dem Finanzamt ab:

erhaltene USt aus Leistungen	29,07 €
gezahlte USt aus Einkäufen	4,23 €
an das Finanzamt zu zahlen	24,84 €

> **Bitte beachten Sie:**

Ein Unternehmer kann den Vorsteuerabzug aus einer Rechnung nur geltend machen, wenn die Rechnung alle in § 14 UStG erforderlichen Angaben enthält:

- Name und Anschrift des Leistungsempfängers
- Name und Anschrift des leistenden Unternehmers
- fortlaufende Rechnungsnummer
- Ausstellungsdatum der Rechnung
- Zeitpunkt der Lieferung (Leistungserbringung)
- Steuernummer oder Umsatzsteueridentifikationsnummer
- Menge und Bezeichnung des Liefergegenstandes (der Leistung)
- Entgelt nach Steuersätzen aufgeschlüsselt (7 % und 19 %)
- Steuerbetrag
- Steuersatz
- eventuell gewährte Entgeltminderungen (z. B. bei Skontogewährung)

Die Rechnung (Quittung) des Autozubehörhandels enthält nicht alle erforderlichen Angaben. Hier gelten die Regelungen für **Kleinbetragsrechnungen bis zu einem Gesamtbetrag von 150,00 €**. Eine Kleinbetragsrechnung muss die folgenden Angaben enthalten (§ 33 Umsatzsteuerdurchführungsverordnung – UStDV):

- Name und Anschrift des leistenden Unternehmers
- Ausstellungsdatum der Rechnung
- Menge und Bezeichnung des Liefergegenstandes (der Leistung)
- das Entgelt und den darauf entfallenden Steuerbetrag sowie den anzuwendenden Steuersatz

> **Praxistipp:**

Enthält eine Rechnung nicht alle gesetzlichen Angaben, steht dem zum Vorsteuerabzug berechtigten Rechnungsempfänger ein Zurückbehaltungsrecht zu, wenn ohne die fehlenden Angaben die Gefahr besteht, dass der Vorsteuerabzug vom Finanzamt nicht anerkannt wird.

Wird ein Anlagegut dem Privatvermögen zugeordnet und teilweise dem Unternehmen überlassen, können die im Zusammenhang mit dem Betrieb des Gegenstands anfallenden Vorsteuern im Verhältnis der unternehmerischen zur nichtunternehmerischen Nutzung abgezogen werden. Hierzu gehören beispielsweise die Vorsteuerbeträge, die aus dem Betrieb und der Wartung eines nicht dem Unternehmen zugeordneten Kraftfahrzeugs resultieren. Vorsteuerbeträge aus Reparaturaufwendungen infolge eines Unfalls während einer unternehmerisch veranlassten Fahrt können (sofern die sonstigen Voraussetzungen vorliegen) in voller Höhe abgezogen werden.

Wenn die Ausgaben für die betriebliche Kfz-Nutzung (Kfz befindet sich im Privatvermögen) mit der Pauschale von 0,30 /km ermittelt werden, ist ein Vorsteuerabzug nicht möglich.

4.3 Darstellung an einem praktischen Beispiel

Frau Wild arbeitet als angestellte Bürokauffrau bei der X-AG. Mit dem Vertrieb von Kosmetika will sie sich am Anfang des Jahres 2010 ein zweites Standbein schaffen.

Sie richtet sich in ihrer Wohnung ein Arbeitszimmer ein und übernimmt bereits vorhandene Büromöbel, einen PC und ein Bindegerät aus dem Privatvermögen in das Betriebsvermögen. Das Arbeitszimmer dient ihr gleichzeitig als Lager. Sie plant nur einen geringen Lagerbestand, da sie die Waren überwiegend erst auf Bestellung einkaufen will (just in time).

Das Anlageverzeichnis hat folgendes Aussehen (die Werte entsprechen den gesetzlichen Bestimmungen):

Anlageverzeichnis der Firma Wild für das Jahr 2010				
Nr.	Gegenstand/Hersteller	Aus Privatvermögen übernommen	Restnutzungsdauer/ gewöhnliche jährl. AfA/ AfA 2010*	Buchwert zum 31.12.10
1	PC komplett/Nixdorf	01.01.2010/ 1.100,00 €	2 Jahre	
2	Büromöbel	01.01.2010/ 1.200,00 €	10 Jahre	

* Die Abschreibungen werden erst zum Jahresende vorgenommen.

Im Januar beginnt Frau Wild mit ihrer Geschäftstätigkeit. Sie rechnet in Zukunft mit steigenden Umsätzen und stellt von Beginn an Umsatzsteuer in Rechnung.

Eigentlich müsste Frau Wild aufgrund ihrer Unternehmensneugründung monatliche Umsatzsteuervoranmeldungen abgeben. In diesem Beispiel erfolgt eine Beschränkung auf die quartalsmäßige Abrechnung gegenüber dem Finanzamt, systematisch ergeben sich zur monatlichen Abrechnung keine Unterschiede.

Im ersten Quartal hat Sie folgende Betriebseinnahmen erzielt (jeweils bar erhalten):

Betriebseinnahmen		
Monat	Einnahme netto	Umsatzsteuer
Januar	2.000,00 €	380,00 €
Februar	3.000,00 €	570,00 €
März	1.200,00 €	228,00 €
Gesamt	6.200,00 €	1.178,00 €

Folgende Betriebsausgaben wurden von Frau Wild getätigt (komplett bezahlt):

Betriebsausgaben							
Monat	Warenein-kauf netto	USt	Büromaterial netto	USt	Telekom = 40% betrieblich	USt	KFZ
Jan.	1.800,00 €	342,00 €	300,00 €	57,00 €	40,00 €	7,60 €	90,00 €
Febr.	3.200,00 €	608,00 €	150,00 €	28,50 €	30,00 €	5,70 €	120,00 €
März	1.000,00 €	190,00 €	80,00 €	15,20 €	25,00 €	4,75 €	60,00 €
Gesamt	6.000,00 €	1.140,00 €	530,00 €	100,70 €	95,00 €	18,05 €	270,00 €

(Auf die weitere Darstellung von Betriebsausgaben wird hier verzichtet, das Prinzip der Abrechnung bleibt erhalten.)

Frau Wild hat die betrieblichen Fahrten mit ihrem Privatwagen durchgeführt. Je gefahrenen Kilometer kann sie pauschal 0,30 € als Betriebsausgabe ansetzen. In diesem Fall besteht kein Anspruch auf Vorsteuerabzug. Die Telefonanlage hält Frau Wild ebenfalls im Privatvermögen (Wahlrecht bei 40% betrieblicher Nutzung). Die Abschreibung beträgt jährlich 500,00 €. Damit entfallen auf die betriebliche Nutzung 200,00 € (40% von 500,00 €).

Bis zum 10.04.10 muss Frau Wild die Umsatzsteuer-Voranmeldung beim Finanzamt eingereicht haben. Sie rechnet ab:

Erhaltene USt aus Verkäufen	1.178,00 €
gezahlte USt aus Einkäufen (Leistungen)	1.258,75 €
vom Finanzamt zu erstatten	80,75 €

Frau Wild hat im 1. Quartal 2010 mehr Umsatzsteuer an ihre Lieferanten gezahlt, als sie selbst eingenommen hat. Es ist ein Vorsteuerüberhang entstanden, den sie vom Finanzamt erstattet bekommt.

Die ermittelten Werte sind im **amtlichen Formular Umsatzsteuer-Voranmeldung** zu erfassen:

- **Zeile 8**: Das erste Kalendervierteljahr ist anzukreuzen.

- **Zeile 27**: Erfassung der Nettoumsätze 6.200,00 € (links) und der Umsatzsteuer 1.178,00 € (rechts) und Übertrag in **Zeile 43** und in **Zeile 45**.

- **Zeile 53**: Hier ist die Summe der Umsatzsteuerbeträge auszuweisen, bei Frau Wild ergeben sich keine Veränderungen zu **Zeile 45**.

- **Zeile 55**: Die abziehbare Vorsteuer 1.258,75 € ist einzutragen und in **Zeile 62** zu übertragen.

- **Zeile 65**: Hier ergibt sich der Überschuss in Höhe von 80,75 €. Dieser ist in **Zeile 67** zu übernehmen und mit einem Minus (immer bei Überhängen) zu kennzeichnen.

- **Zeile 85**: Datum und Unterschrift.

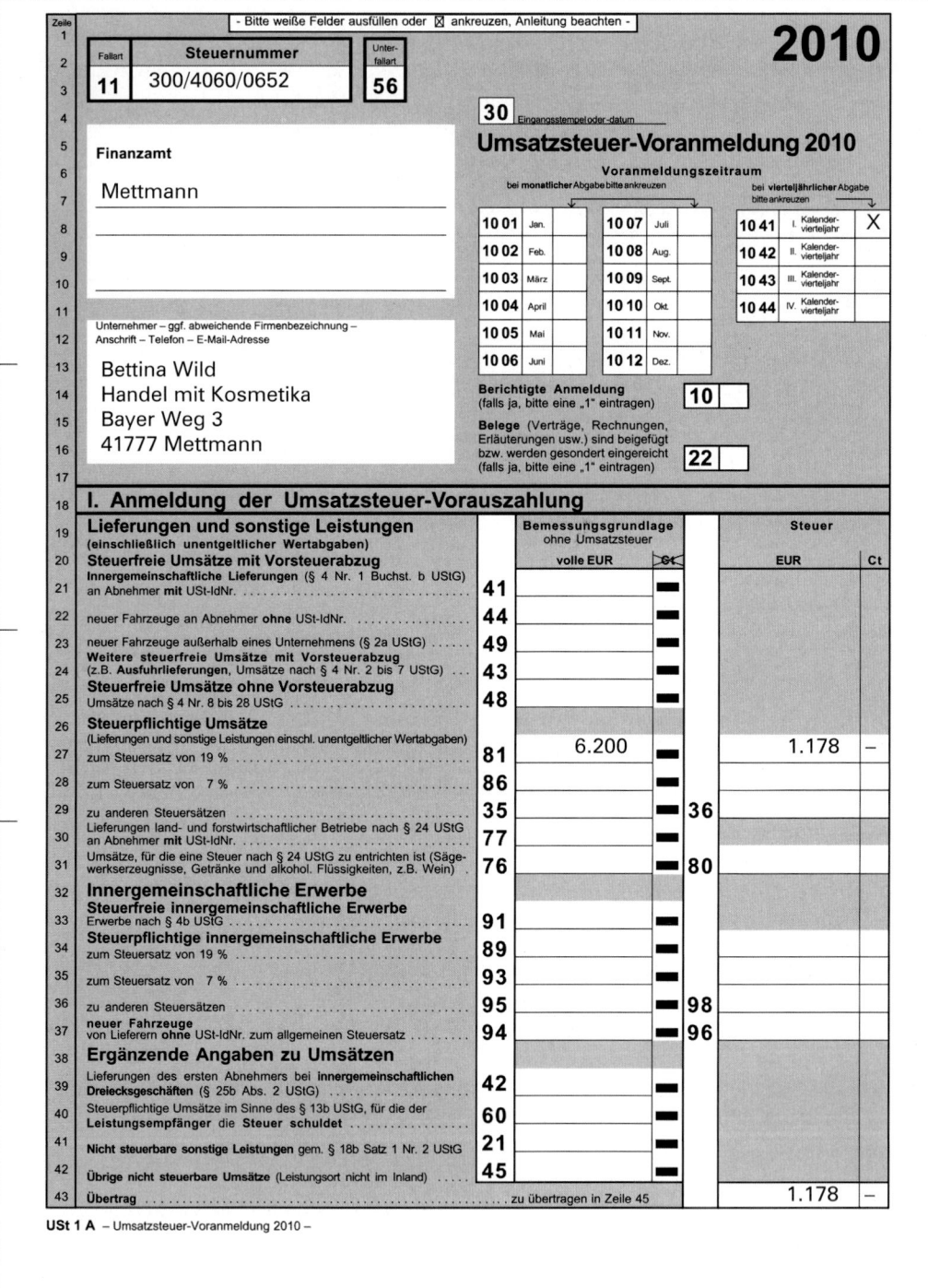

– 2 –

		Bemessungsgrundlage ohne Umsatzsteuer		EUR	Ct
44	**Steuernummer:** 300/4060/0652				
45	Übertrag			1.178	–

		volle EUR	Ct		
46/47	**Umsätze, für die als Leistungsempfänger die Steuer nach § 13b Abs. 2 UStG geschuldet wird**				
48	Im Inland steuerpflichtige sonstige Leistungen von im übrigen Gemeinschaftsgebiet ansässigen Unternehmern	**46**	■ **47**		
49	Andere Leistungen eines im Ausland ansässigen Unternehmers (§ 13b Abs. 1 Satz 1 Nr. 1 und 5 UStG)	**52**	■ **53**		
50	Lieferungen sicherungsübereigneter Gegenstände und Umsätze, die unter das GrEStG fallen (§ 13b Abs. 1 Satz 1 Nr. 2 und 3 UStG) .	**73**	■ **74**		
51	Bauleistungen eines im Inland ansässigen Unternehmers (§ 13b Abs. 1 Satz 1 Nr. 4 UStG)	**84**	■ **85**		
52	Steuer infolge Wechsels der Besteuerungsform sowie Nachsteuer auf versteuerte Anzahlungen u. ä. wegen Steuersatzänderung		**65**		
53	**Umsatzsteuer**			1.178	–
54	**Abziehbare Vorsteuerbeträge** Vorsteuerbeträge aus Rechnungen von anderen Unternehmern (§ 15 Abs. 1 Satz 1 Nr. 1 UStG), aus Leistungen im Sinne des § 13a Abs. 1 Nr. 6 UStG (§ 15 Abs. 1 Satz 1 Nr. 5 UStG) und aus				
55	innergemeinschaftlichen Dreiecksgeschäften (§ 25b Abs. 5 UStG)		**66**	1.258	75
56	Vorsteuerbeträge aus dem innergemeinschaftlichen Erwerb von Gegenständen (§ 15 Abs. 1 Satz 1 Nr. 3 UStG)		**61**		
57	Entrichtete Einfuhrumsatzsteuer (§ 15 Abs. 1 Satz 1 Nr. 2 UStG)		**62**		
58	Vorsteuerbeträge aus Leistungen im Sinne des § 13b UStG (§ 15 Abs. 1 Satz 1 Nr. 4 UStG) .		**67**		
59	Vorsteuerbeträge, die nach allgemeinen Durchschnittssätzen berechnet sind (§§ 23 und 23a UStG)		**63**		
60	Berichtigung des Vorsteuerabzugs (§ 15a UStG)		**64**		
61	Vorsteuerabzug für innergemeinschaftliche Lieferungen neuer Fahrzeuge außerhalb eines Unternehmens (§ 2a UStG) sowie von Kleinunternehmern im Sinne des § 19 Abs. 1 UStG (§ 15 Abs. 4a UStG)		**59**		
62	Verbleibender Betrag			1.258	75
63/64	**Andere Steuerbeträge** In Rechnungen unrichtig oder unberechtigt ausgewiesene Steuerbeträge (§ 14c UStG) sowie Steuerbeträge, die nach § 4 Nr. 4a Satz 1 Buchst. a Satz 2, § 6a Abs. 4 Satz 2, § 17 Abs. 1 Satz 6 oder § 25b Abs. 2 UStG geschuldet werden		**69**		
65	**Umsatzsteuer-Vorauszahlung/Überschuss**			80	75
66	**Anrechnung** (Abzug) der festgesetzten **Sondervorauszahlung** für Dauerfristverlängerung (nur auszufüllen in der letzten Voranmeldung des Besteuerungszeitraums, in der Regel Dezember) . .		**39**		
67	**Verbleibende Umsatzsteuer-Vorauszahlung** (bitte in jedem Fall ausfüllen)		**83**	– 80	75
68	**Verbleibender Überschuss** - bitte dem Betrag ein Minuszeichen voranstellen -				

II. Sonstige Angaben und Unterschrift

Ein Erstattungsbetrag wird auf das dem Finanzamt benannte Konto überwiesen, soweit der Betrag nicht mit Steuerschulden verrechnet wird.

Verrechnung des Erstattungsbetrags erwünscht / Erstattungsbetrag ist abgetreten (falls ja, bitte eine „1" eintragen) **29**
Geben Sie bitte die Verrechnungswünsche auf einem besonderen Blatt an oder auf dem beim Finanzamt erhältlichen Vordruck „Verrechnungsantrag".

Die **Einzugsermächtigung** wird ausnahmsweise (z.B. wegen Verrechnungswünschen) für diesen Voranmeldungszeitraum **widerrufen** (falls ja, bitte eine „1" eintragen) **26**
Ein ggf. verbleibender Restbetrag ist gesondert zu entrichten.

Hinweis nach den Vorschriften der Datenschutzgesetze:
Die mit der Steueranmeldung angeforderten Daten werden auf Grund der §§ 149 ff. der Abgabenordnung und der §§ 18, 18b des Umsatzsteuergesetzes erhoben.
Die Angabe der Telefonnummern und der E-Mail-Adressen ist freiwillig.

Bei der Anfertigung dieser Steueranmeldung hat mitgewirkt:
(Name, Anschrift, Telefon, E-Mail-Adresse)

05.04.2010   *B. Wild*
Datum, Unterschrift

- nur vom Finanzamt auszufüllen -

11   **19**

12

Bearbeitungshinweis
1. Die aufgeführten Daten sind mit Hilfe des geprüften und genehmigten Programms sowie ggf. unter Berücksichtigung der gespeicherten Daten maschinell zu verarbeiten.
2. Die weitere Bearbeitung richtet sich nach den Ergebnissen der maschinellen Verarbeitung.

Datum, Namenszeichen

Kontrollzahl und/oder Datenerfassungsvermerk

Das zweite und das dritte Quartal sollen nicht näher betrachten werden, die Aufzeichnungen wiederholen sich. Interessant ist das vierte Quartal, verbunden mit dem Jahresabschluss.

Im vierten Quartal hat Frau Wild folgende Betriebseinnahmen erzielt (bar erhalten):

Betriebseinnahmen		
Monat	**Einnahme netto**	**Umsatzsteuer**
Oktober	2.500,00 €	475,00 €
November	6.000,00 €	1.140,00 €
Dezember	8.500,00 €	1.615,00 €
Gesamt	17.000,00 €	3.230,00 €

Betriebsausgaben sind im vierten Quartal angefallen (komplett bezahlt):

Betriebsausgaben							
Monat	**Warenein-kauf netto**	**USt**	**Büromaterial netto**	**USt**	**Telekom = 40% betrieblich**	**USt**	**KFZ**
Okt.	1.500,00 €	285,00 €	80,00 €	15,20 €	60,00 €	11,40 €	150,00 €
Nov.	3.800,00 €	722,00 €	120,00 €	22,80 €	80,00 €	15,20 €	120,00 €
Dez.	5.000,00 €	950,00 €	100,00 €	19,00 €	75,00 €	14,25 €	180,00 €
Gesamt	10.300,00 €	1.957,00 €	300,00 €	57,00 €	215,00 €	40,85 €	450,00 €

Weitere Geschäftsfälle:

Am 10. Oktober 2010 verkauft Frau Wild den betrieblichen PC für 762,50 €. Sie erwirbt dafür einen Laptop für 1.200,00 € netto + 228,00 € USt. Zur korrekten Ermittlung der Umsatzsteuerschuld übernimmt sie diese Geschäftsfälle in ein separates Verzeichnis:

Monat	**Anlagenkäufe**		**Anlagenverkäufe**	
	Netto	USt/Vorsteuer	Netto	USt
Oktober	1.200,00 €	228,00 €	762,50 €	0,00 €
November				
Dezember				
Gesamt	1.200,00 €	228,00 €	762,50 €	0,00 €

Erläuterungen:

Die **Anschaffungskosten** des Laptops betragen 1.200,00 € **(Nettobetrag).** Von diesem Betrag ist die Abschreibung (Nutzungsdauer 3 Jahre) zu berechnen. Da die Anschaffung erst im Oktober 2010 erfolgte, kann die Abschreibung nur für drei Monate vorgenommen werden (Abschreibungsbetrag = 100,00 €).

In den Jahren 2011 und 2012 werden jeweils 400,00 € abgeschrieben, die verbleibenden 300,00 € im Jahr 2013.

Die gezahlte Umsatzsteuer kann komplett im Jahr der Anschaffung als Vorsteuer geltend gemacht werden.

Der Verkauf von Anlagegütern unterliegt grundsätzlich der Umsatzsteuerpflicht.

Frau Wild konnte allerdings bei der Anschaffung des Computers keinen Vorsteuerabzug geltend machen (sie war zu diesem Zeitpunkt noch nicht Unternehmerin). Aus diesem Grunde entfällt die Umsatzsteuerpflicht. Verkauft Frau Wild zu einem späteren Zeitpunkt den Laptop, handelt es sich um einen umsatzsteuerpflichtigen Vorgang.

Der PC hatte am Anfang des Jahres einen Wert von 1.100,00 €. Für die Monate Januar bis September ist anteilig die Abschreibung vorzunehmen (bis auf den vollen, dem Verkauf vorhergehenden Monat).

Abschreibung pro Jahr = 550,00 → 9 Monate = 412,50 € (Betriebsausgabe)

Buchwert am 01.01.2010	1.100,00 €
− anteilige AfA	412,50 €
= Buchwert bei Verkauf	687,50 €

Der Verkaufserlös von 762,50 € übersteigt den Buchwert. Es ist ein Gewinn in Höhe von 75,00 € entstanden (Betriebseinnahme 762,50 €, Betriebsausgabe 687,50 €).

> ➤ **Bitte beachten Sie:**
>
> Beim Abschreibungsverfahren ist zu berücksichtigen, ob der Unternehmer nach § 19 Abs. 1 UStG keine Umsatzsteuer erhebt, oder ob er der Regelbesteuerung unterliegt:
>
> **Nach § 19 Abs. 1 UStG** ⟶ Die Umsatzsteuer gehört zu den Anschaffungskosten, die Abschreibung wird vom Bruttobetrag vorgenommen.
>
> **Mit Regelbesteuerung** ⟶ Die Umsatzsteuer ist als Vorsteuer abziehbar, die Abschreibung wird vom Nettobetrag vorgenommen.

Zum 31.12.10 vervollständigt Frau Wild das Anlageverzeichnis:

Anlageverzeichnis der Firma Wild für das Jahr 2010				
Nr.	Gegenstand/ Hersteller	Aus Privatvermögen übernommen	Restnutzungsdauer/ gewöhnliche jährl. AfA/ AfA 2010	Buchwert zum 31.12.10
1	PC komplett/Nixdorf	01.01.2010/1.100,00 €	2 J./550,00 €/412,50 €	0,00 € fur 762,50 € verkauft, Gewinn 75,00 €
2	Büromöbel	01.01.2010/1.200,00 €	10 J./120,00 €/120,00 €	1.080,00 €
3	Laptop/IBM	10.10.2010/1.200,00 €	3 J./400,00 €/100,00 €	1.100,00 €

Am 04.01.11 reicht Frau Wild die Umsatzsteuer-Voranmeldung beim Finanzamt ein und überweist den fälligen Betrag. Sie rechnet ab:

Erhaltene USt aus Verkäufen	3.230,00 €
gezahlte USt aus Einkäufen (Leistungen)	2.282,85 €
an das Finanzamt zu zahlen	947,15 €

Im 4. Quartal hat Frau Wild 3.230,00 € Umsatzsteuer eingenommen, gezahlt hat sie nur 2.282,85 € (inkl. 228,00 € beim Laptop-Kauf). Es entsteht eine Zahlungsverpflichtung gegenüber dem Finanzamt in Höhe von 947,15 €.

Im **Formular Umsatzsteuer-Voranmeldung** sind die obigen Sachverhalte zu erfassen:

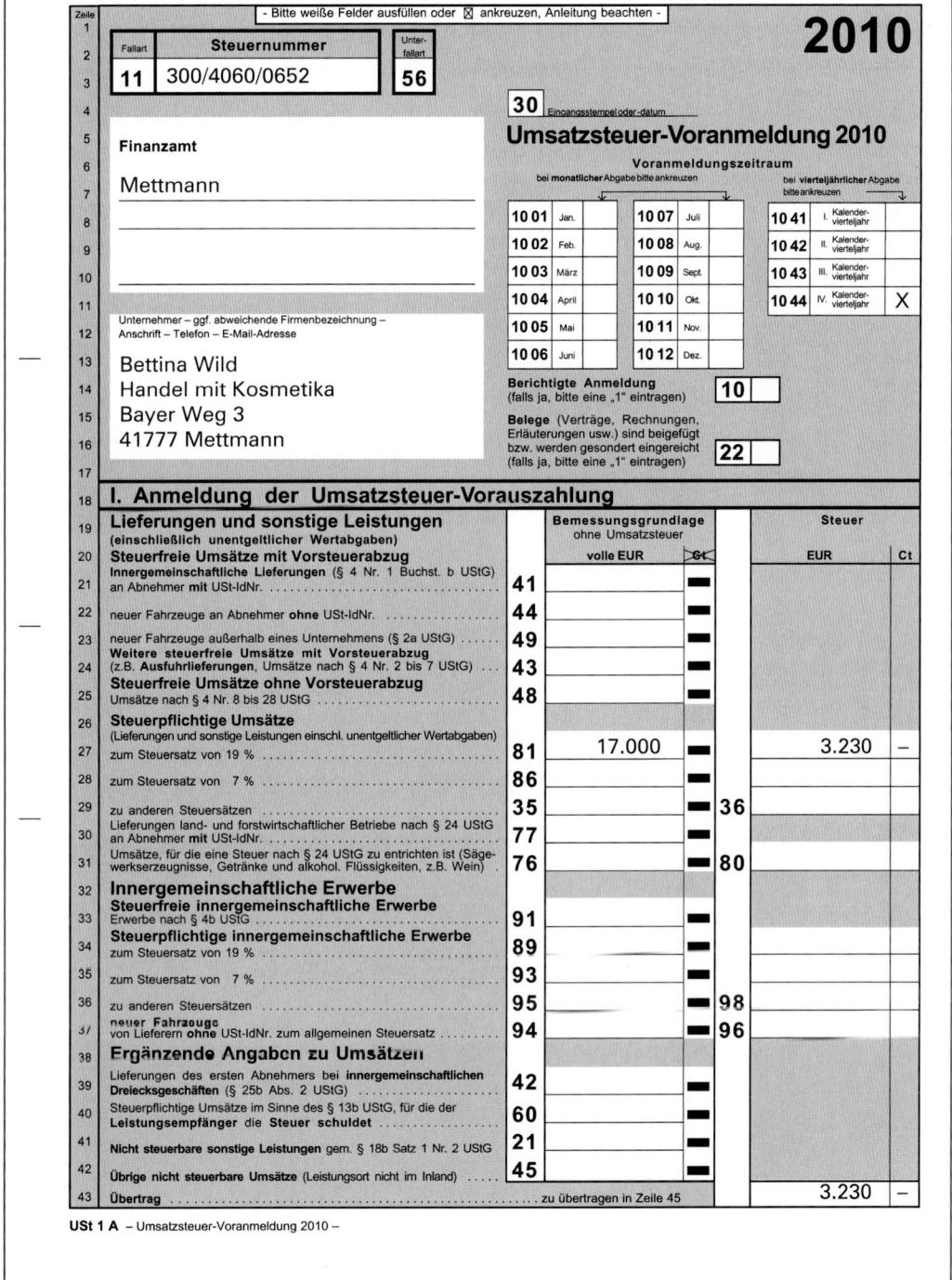

– 2 –

44	Steuernummer: 300/4060/0652			EUR	Ct

				EUR	Ct
45	Übertrag			3.230	–

		Bemessungsgrundlage ohne Umsatzsteuer			
46 47	**Umsätze, für die als Leistungsempfänger die Steuer nach § 13b Abs. 2 UStG geschuldet wird**	volle EUR	Ct		
48	Im Inland steuerpflichtige sonstige Leistungen von im übrigen Gemeinschaftsgebiet ansässigen Unternehmern	**46**	▬ **47**		
49	Andere Leistungen eines im Ausland ansässigen Unternehmers (§ 13b Abs. 1 Satz 1 Nr. 1 und 5 UStG)	**52**	▬ **53**		
50	Lieferungen sicherungsübereigneter Gegenstände und Umsätze, die unter das GrEStG fallen (§ 13b Abs. 1 Satz 1 Nr. 2 und 3 UStG) .	**73**	▬ **74**		
51	Bauleistungen eines im Inland ansässigen Unternehmers (§ 13b Abs. 1 Satz 1 Nr. 4 UStG)	**84**	▬ **85**		
52	Steuer infolge Wechsels der Besteuerungsform sowie Nachsteuer auf versteuerte Anzahlungen u. ä. wegen Steuersatzänderung		**65**		
53	**Umsatzsteuer**			3.230	–
54	**Abziehbare Vorsteuerbeträge**				
55	Vorsteuerbeträge aus Rechnungen von anderen Unternehmern (§ 15 Abs. 1 Satz 1 Nr. 1 UStG), aus Leistungen im Sinne des § 13a UStG (§ 15 Abs. 1 Satz 1 Nr. 5 UStG) und aus innergemeinschaftlichen Dreiecksgeschäften (§ 25b Abs. 5 UStG)		**66**	2.282	85
56	Vorsteuerbeträge aus dem innergemeinschaftlichen Erwerb von Gegenständen (§ 15 Abs. 1 Satz 1 Nr. 3 UStG)		**61**		
57	Entrichtete Einfuhrumsatzsteuer (§ 15 Abs. 1 Satz 1 Nr. 2 UStG)		**62**		
58	Vorsteuerbeträge aus Leistungen im Sinne des § 13b UStG (§ 15 Abs. 1 Satz 1 Nr. 4 UStG)		**67**		
59	Vorsteuerbeträge, die nach allgemeinen Durchschnittssätzen berechnet sind (§§ 23 und 23a UStG)		**63**		
60	Berichtigung des Vorsteuerabzugs (§ 15a UStG)		**64**		
61	Vorsteuerabzug für innergemeinschaftliche Lieferungen neuer Fahrzeuge außerhalb eines Unternehmens (§ 2a UStG) sowie von Kleinunternehmern im Sinne des § 19 Abs. 1 UStG (§ 15 Abs. 4a UStG)		**59**		
62	Verbleibender Betrag			2.282	85
63 64	**Andere Steuerbeträge** In Rechnungen unrichtig oder unberechtigt ausgewiesene Steuerbeträge (§ 14c UStG) sowie Steuerbeträge, die nach § 4 Nr. 4a Satz 1 Buchst. a Satz 2, § 6a Abs. 4 Satz 2, § 17 Abs. 1 Satz 6 oder § 25b Abs. 2 UStG geschuldet werden		**69**		
65	**Umsatzsteuer-Vorauszahlung/Überschuss**			947	15
66	**Anrechnung** (Abzug) der festgesetzten **Sondervorauszahlung** für Dauerfristverlängerung (nur auszufüllen in der letzten Voranmeldung des Besteuerungszeitraums, in der Regel Dezember)		**39**		
67	**Verbleibende Umsatzsteuer-Vorauszahlung** . . . . **(bitte in jedem Fall ausfüllen)**		**83**	947	15
68	**Verbleibender Überschuss** - bitte dem Betrag ein Minuszeichen voranstellen -				

II. Sonstige Angaben und Unterschrift

70	Ein Erstattungsbetrag wird auf das dem Finanzamt benannte Konto überwiesen, soweit der Betrag nicht mit Steuerschulden verrechnet wird.
72	**Verrechnung des Erstattungsbetrags erwünscht / Erstattungsbetrag ist abgetreten** (falls ja, bitte eine „1" eintragen) **29**
73	Geben Sie bitte die Verrechnungswünsche auf einem besonderen Blatt an oder auf dem beim Finanzamt erhältlichen Vordruck „Verrechnungsantrag".
74	Die **Einzugsermächtigung** wird ausnahmsweise (z.B. wegen Verrechnungswünschen) für diesen Voranmeldungszeitraum **widerrufen** (falls ja, bitte eine „1" eintragen) **26**
75	Ein ggf. verbleibender Restbetrag ist gesondert zu entrichten.

76 77	**Hinweis nach den Vorschriften der Datenschutzgesetze:** Die mit dieser Steueranmeldung angeforderten Daten werden auf Grund der §§ 149 ff. der Abgabenordnung und der §§ 18, 18b des Umsatzsteuergesetzes erhoben. Die Angabe der Telefonnummern und der E-Mail-Adressen ist freiwillig.	**- nur vom Finanzamt auszufüllen -** **11** **19** **12**

78	Bei der Anfertigung dieser Steueranmeldung hat mitgewirkt: (Name, Anschrift, Telefon, E-Mail-Adresse)	
		Bearbeitungshinweis 1. Die aufgeführten Daten sind mit Hilfe des geprüften und genehmigten Programms sowie ggf. unter Berücksichtigung der gespeicherten Daten maschinell zu verarbeiten. 2. Die weitere Bearbeitung richtet sich nach den Ergebnissen der maschinellen Verarbeitung.
		Datum, Namenszeichen
84 85 86	04.01.2011 *B. Wild* **Datum, Unterschrift**	Kontrollzahl und/oder Datenerfassungsvermerk

Neben den **Umsatzsteuer-Voranmeldungen** muss Frau Wild eine **Umsatzsteuererklärung** abgeben. Hierfür kann sie sich **bis zum 31.05. des folgendes Jahres** Zeit lassen (31.05.11).

In der Umsatzsteuererklärung sind von den Umsatzsteuer-Voranmeldungen abweichende Tatsachen bekannt zu machen wie z.B. die Umsatzsteuerkorrektur nach einem Forderungsausfall. Bei Frau Wild hat es keine Abweichungen gegeben, die Umsatzsteuererklärung ist dann lediglich eine Zusammenfassung der Umsatzsteuer-Voranmeldungen. Die Steuererklärung muss vom Unternehmer **eigenhändig unterschrieben** werden (§ 18 Abs. 3 UStG).

1. und 4. Quartal gesamt:

Erhaltene USt aus Verkäufen	4.408,00 €
gezahlte USt aus Einkäufen (Leistungen)	3.541,60 €
an das Finanzamt zu zahlen	866,40 €
an das Finanzamt gezahlt (4. Quartal)	947,15 €
vom Finanzamt erhalten (1. Quartal)	80,75 €
Nettozahlung an das Finanzamt	866,40 €
Differenz	0,00 €

Die Umsatzsteuerabrechnung für das gesamte Jahr ist im **Formular Umsatzsteuererklärung** einzutragen:

- **Zeile 28:** Anlage UR nicht beigefügt ist anzukreuzen, in diesem Formular sind nur Angaben zu machen, wenn Umsätze in der Europäischen Union getätigt wurden.

- **Zeile 30:** Datum und Unterschrift.

- **Zeile 33:** Der Nettoumsatz ist in der linken Spalte (23.200,00 €), die darauf entfallende Umsatzsteuer ist in der rechten Spalte einzutragen (4.408,00 €).

- **Zeile 60, Zeile 92 und Zeile 98:** Die 4.408,00 € aus **Zeile 33** sind zu übertragen.

- **Zeile 62:** Die Vorsteuerbeträge von insgesamt 3.541,60 € sind hier zu deklarieren und in **Zeile 71** und in **Zeile 99** zu übertragen.

- **Zeile 101:** Der verbleibende Betrag beträgt 866,40 €. Dieser wird in **Zeile 105** und in **Zeile 107** übertragen. Waren die Vorsteuerbeträge im Laufe des Jahres größer als die Umsatzsteuerbeträge, ist der Überhang in den **Zeilen 105 und 107** mit einem Minuszeichen zu versehen.

- **Zeile 108:** Das Vorauszahlungssoll beträgt 866,40 €, als Summe der angemeldeten bzw. festgesetzten Umsatzsteuer-Vorauszahlungen/Überschüsse.

- **Zeile 109:** Es ergibt sich weder eine Abschlusszahlung noch ein Erstattungsanspruch (0,00 €)

2010

– Bitte weiße Felder ausfüllen oder ☒ ankreuzen, Anleitung beachten –

| Zeile 1 | An das Finanzamt **Mettmann** | Eingangsstempel |

| Zeile 2 | Fallart | **Steuernummer** | Unter-fallart | Jahr | Vor-gang | | Sach-bereich |

| Zeile 3 | **11** | **300/4060/0652** | **50** | **10** | **1** | **99** | **11** |

Umsatzsteuererklärung | **121**

Zeile 6 — Berichtigte Steuererklärung (falls ja, bitte eine „1" eintragen) | **110**

A. Allgemeine Angaben

Zeile 9 — Name des Unternehmers | ggf. abweichender Firmenname
Bettina Wild

Zeile 10 — Art des Unternehmens
Handel mit Kosmetika

Zeile 11 — Straße, Haus-Nr.
Bayer Weg 3

Zeile 12 — PLZ, Ort
41777 Mettmann

Zeile 13 — E-Mail-Adresse | Telefon

Zeile 14 — Dauer der Unternehmereigenschaft
(nur ausfüllen, falls nicht vom 1. Januar bis zum 31. Dezember 2010)

		vom		bis zum	
		Tag	Monat	Tag	Monat
Zeile 15 — 1. Zeitraum	**200**				
Zeile 16 — 2. Zeitraum	**201**				

Zeile 17 — **Die Abschlusszahlung ist binnen einem Monat nach der Abgabe der Steuererklärung zu entrichten (§ 18 Abs. 4 UStG).** Ein Erstattungsbetrag wird auf das dem Finanzamt benannte Konto überwiesen, soweit der Betrag nicht mit Steuerschulden verrechnet wird.

Zeile 18 — Verrechnung des Erstattungsbetrages erwünscht / Erstattungsbetrag ist abgetreten (falls ja, bitte eine „1" eintragen) . . . . | **129**

Zeile 19 — Geben Sie bitte die Verrechnungswünsche auf einem besonderen Blatt an oder auf dem beim Finanzamt erhältlichen Vordruck „Verrechnungsantrag".

Zeile 20 — **Ein Umsatzsteuerbescheid ergeht nur, wenn von Ihrer Berechnung der Umsatzsteuer abgewichen wird.**

Zeile 21 — **Hinweis nach den Vorschriften der Datenschutzgesetze:** Die mit der Steuererklärung angeforderten Daten werden auf Grund der §§ 149 ff. der Abgabenordnung sowie der §§ 18, 18b des Umsatzsteuergesetzes erhoben. Die Angabe der Telefonnummer und der E-Mail-Adresse ist freiwillig.

B. Angaben zur Besteuerung der Kleinunternehmer (§ 19 Abs. 1 UStG)

Zeile 23 — Die Zeilen 24 und 25 sind nur auszufüllen, wenn der Umsatz 2009 (zuzüglich Steuer) nicht mehr als **17 500 €** betragen hat und auf die Anwendung des § 19 Abs. 1 UStG nicht verzichtet worden ist.

		Betrag **volle EUR**
Zeile 24 — Umsatz im Kalenderjahr 2009 }	**238**	
(Berechnung nach § 19 Abs. 1 und 3 UStG)		
Zeile 25 — Umsatz im Kalenderjahr 2010 }	**239**	

Unterschrift

Zeile 26 — Ich habe dieser Steuererklärung die Anlage UR

Bei der Anfertigung dieser Steuererklärung einschließlich der Anlagen hat mitgewirkt:

Zeile 27 — ☐ beigefügt.

Zeile 28 — ☒ nicht beigefügt, weil ich darin keine Angaben zu machen hatte.

Zeile 29 — **30. 05. 2011** *B. Wild*

Zeile 30 — Datum, eigenhändige Unterschrift des Unternehmers

USt 2 A – Umsatzsteuererklärung 2010 – (modifiziert)

– 2 –

Steuernummer: **300/4060/0652**

Zeile 31	C. Steuerpflichtige Lieferungen, sonstige Leistungen und unentgeltliche Wertabgaben		Bemessungsgrundlage ohne Umsatzsteuer volle EUR	Steuer EUR	Ct
32					
33	**Umsätze zum allgemeinen Steuersatz** Lieferungen und sonstige Leistungen . . . . zu 19 %	**290**	23.200	4.408	–
34	Unentgeltliche Wertabgaben a) Lieferungen nach § 3 Abs. 1b UStG . . . . zu 19 %	**175**			
35	b) Sonstige Leistungen nach § 3 Abs. 9a UStG . . zu 19 %	**176**			
36	**Umsätze zum ermäßigten Steuersatz** Lieferungen und sonstige Leistungen . . . . zu 7 %	**275**			
37	Unentgeltliche Wertabgaben a) Lieferungen nach § 3 Abs. 1b UStG . . . . zu 7 %	**195**			
38	b) Sonstige Leistungen nach § 3 Abs. 9a UStG . . . zu 7 %	**196**			
39					
40					
41	**Umsätze aus früheren Kalenderjahren**				
42	zu anderen Steuersätzen	**155**		**156**	
43					
44					
45					
46	**Umsätze land- und forstwirtschaftlicher Betriebe nach § 24 UStG**				
47	a) Lieferungen in das übrige Gemeinschaftsgebiet an Abnehmer **mit USt-IdNr.**	**777**			
48	b) Steuerpflichtige Lieferungen (einschließlich unentgeltlicher Wertabgaben) von **Sägewerkserzeugnissen,** die in der Anlage 2 zum UStG nicht aufgeführt sind . . .	**255**		**256**	
49	c) Steuerpflichtige Umsätze (einschließlich unentgeltlicher Wertabgaben) von **Getränken,** die in der Anlage 2 zum UStG nicht aufgeführt sind, sowie von **alkoholischen**				
50	**Flüssigkeiten** (z.B. Wein) . . . . zu 7 %	**343**			
51	**Umsätze aus früheren Kalenderjahren** zu anderen Steuersätzen	**257**		**258**	
52	d) Übrige steuerpflichtige Umsätze land- und forstwirtschaftlicher Betriebe, für die keine Steuer zu entrichten ist . . .	**361**			
53					
54					
55	**Steuer infolge Wechsels der Besteuerungsform:** Nachsteuer/Anrechnung der Steuer, die auf bereits versteuerte Anzahlungen entfällt (im Falle der **Anrechnung**				
56	bitte auch Zeile 57 ausfüllen)			**317**	
57	Betrag der Anzahlungen, für die die anzurechnende Steuer in Zeile 56 angegeben worden ist	**367**			
58	**Nachsteuer** auf versteuerte Anzahlungen u.ä. wegen **Steuersatzänderung**			**319**	
59					
60	Summe . . . . (zu übertragen in Zeile 92)			4.408	–

– 3 –

Steuernummer: 300/4060/0652

Zeile	**D. Abziehbare Vorsteuerbeträge**		Steuer EUR	Ct
61	(ohne die Berichtigung nach § 15a UStG)			
62	Vorsteuerbeträge aus Rechnungen von anderen Unternehmern (§ 15 Abs. 1 Satz 1 Nr. 1 UStG) . . .	**320**	3.541	60
63	Vorsteuerbeträge aus innergemeinschaftlichen Erwerben von Gegenständen (§ 15 Abs. 1 Nr. 3 UStG)	**761**		
64	Entrichtete Einfuhrumsatzsteuer (§ 15 Abs. 1 Satz 1 Nr. 2 UStG)	**762**		
65	Vorsteuerabzug für die Steuer, die der Abnehmer als Auslagerer nach § 13a Abs. 1 Nr. 6 UStG schuldet (§ 15 Abs. 1 Satz 1 Nr. 5 UStG)	**466**		
66	Vorsteuerbeträge aus Leistungen im Sinne des § 13b Abs. 1 UStG (§ 15 Abs. 1 Satz 1 Nr. 4 UStG)	**467**		
67	Vorsteuerbeträge, die nach den allgemeinen Durchschnittssätzen berechnet sind (§ 23 UStG)	**333**		
68	Vorsteuerbeträge nach dem Durchschnittssatz für bestimmte Körperschaften, Personenvereinigungen und Vermögensmassen (§ 23a UStG)	**334**		
69	Vorsteuerabzug für innergemeinschaftliche Lieferungen **neuer Fahrzeuge** außerhalb eines Unternehmens (§ 2a UStG) sowie von Kleinunternehmern im Sinne des § 19 Abs. 1 UStG (§ 15 Abs. 4a UStG) . .	**759**		
70	Vorsteuerbeträge aus innergemeinschaftlichen Dreiecksgeschäften (§ 25b Abs. 5 UStG)	**760**		
71	Summe . . . . (zu übertragen in Zeile 99)		3.541	60

E. Berichtigung des Vorsteuerabzugs (§ 15a UStG)

Zeile			
72 73 74	Sind im Kalenderjahr 2010 **Grundstücke, Grundstücksteile, Gebäude** oder **Gebäudeteile,** für die Umsatzsteuer gesondert in Rechnung gestellt wurde, erstmals tatsächlich zur Ausführung von Umsätzen verwendet worden? Falls ja, bitte eine „1" eintragen . . . . (Geben Sie bitte auf besonderem Blatt für jedes Grundstück oder Gebäude gesondert an: Lage, Zeitpunkt der erstmaligen tatsächlichen Verwendung, Art und Umfang der Verwendung im Erstjahr, insgesamt angefallene Vorsteuer, in den Vorjahren - Investitionsphase - bereits abgezogene Vorsteuer)	**370**	

Haben sich im Jahre 2010 die für den ursprünglichen Vorsteuerabzug maßgebenden Verhältnisse geändert bei

Zeile			
75 76	1. **Grundstücken, Grundstücksteilen, Gebäuden** oder **Gebäudeteilen,** die innerhalb der letzten 10 Jahre erstmals tatsächlich und nicht nur einmalig zur Ausführung von Umsätzen verwendet worden sind? Falls ja, bitte eine „1" eintragen	**371**	
77	2. **anderen Wirtschaftsgütern und sonstigen Leistungen,** die innerhalb der letzten 5 Jahre erstmals tatsächlich und nicht nur einmalig zur Ausführung von Umsätzen verwendet worden sind? Falls ja, bitte eine „1" eintragen	**372**	
78	3. **Wirtschaftsgütern und sonstigen Leistungen,** die nur einmalig zur Ausführung von Umsätzen verwendet worden sind? Falls ja, bitte eine „1" eintragen	**369**	

79	Die Verhältnisse, die ursprünglich für die Beurteilung des Vorsteuerabzugs maßgebend waren, haben sich seitdem geändert durch
80	☐ Veräußerung ☐ Lieferung i.S. des § 3 Abs. 1b UStG ☐ Wechsel der Besteuerungsform, § 15a Abs. 7 UStG
81	☐ Nutzungsänderung, und zwar
82	☐ Übergang von steuerpflichtiger zu steuerfreier Vermietung oder umgekehrt bzw. Änderung des Verwendungsschlüssels bei gemischt genutzten Grundstücken (insbesondere bei Mieterwechsel)
83	☐ steuerfreie Vermietung bisher eigengewerblich genutzter Räume oder umgekehrt; Übergang von einer Vermietung für NATO- oder ähnliche Zwecke zu einer nach § 4 Nr. 12 UStG steuerfreien Vermietung
84	☐

Zeile	**Vorsteuerberichtigungsbeträge**	nachträglich abziehbar EUR	Ct	zurückzuzahlen EUR	Ct
85					
86	zu 1. (Grundstücke usw., § 15a Abs. 1 Satz 2 UStG) .				
87	zu 2. (andere Wirtschaftsgüter usw., § 15a Abs. 1 Satz 1 UStG)				
88	zu 3. (Wirtschaftsgüter usw., § 15a Abs. 2 UStG)				
89	Summe	**357**		**359**	
90		zu übertragen in Zeile 100		zu übertragen in Zeile 97	

– 4 –

Steuernummer: 300/4060/0652

Zeile	F. Berechnung der zu entrichtenden Umsatzsteuer		Steuer EUR	Ct
91				
92	Umsatzsteuer auf steuerpflichtige Lieferungen, sonstige Leistungen und unentgeltliche Wertabgaben .... (aus Zeile 60)		4.408	–
93	Umsatzsteuer auf innergemeinschaftliche Erwerbe .... (aus Zeile 13 der Anlage UR)			
94	Umsatzsteuer, die vom letzten Abnehmer im innergemeinschaftlichen Dreiecksgeschäft geschuldet wird (§ 25b Abs. 2 UStG) .... (aus Zeile 20 der Anlage UR)			
95	Umsatzsteuer, die vom Leistungsempfänger geschuldet wird (§ 13b Abs. 2 UStG) .... (aus Zeile 27 der Anlage UR)			
96	Umsatzsteuer, die vom Abnehmer als Auslagerer geschuldet wird (§ 13a Abs. 1 Nr. 6 UStG) .... (aus Zeile 30 der Anlage UR)			
97	Vorsteuerbeträge, die auf Grund des § 15a UStG zurückzuzahlen sind .... (aus Zeile 89)			
98	Zwischensumme		4.408	–
99	Abziehbare Vorsteuerbeträge .... (aus Zeile 71)		3.541	60
100	Vorsteuerbeträge, die auf Grund des § 15a UStG nachträglich abziehbar sind .... (aus Zeile 89)			
101	Verbleibender Betrag		866	40
102	In Rechnungen unrichtig oder unberechtigt ausgewiesene Steuerbeträge (§ 14c UStG) sowie Steuerbeträge, die nach § 6a Abs. 4 Satz 2 UStG geschuldet werden	**318**		
103	Steuerbeträge, die nach § 17 Abs. 1 Satz 6 UStG geschuldet werden	**331**		
104	Steuer-, Vorsteuer- und Kürzungsbeträge, die auf frühere Besteuerungszeiträume entfallen (nur für Kleinunternehmer, die § 19 Abs. 1 UStG anwenden)	**391**		
105	Umsatzsteuer Überschuss - bitte dem Betrag ein Minuszeichen voranstellen -		866	40
106	Anrechenbare Beträge .... (aus Zeile 21 der Anlage UN)			
107	Verbleibende Umsatzsteuer (bitte in jedem Fall ausfüllen) Verbleibender Überschuss – bitte dem Betrag ein Minuszeichen voranstellen –	**816**	866	40
108	Vorauszahlungssoll 2010 (einschließlich Sondervorauszahlung)...................		866	40
109	Noch an die Finanzkasse zu entrichten - Abschlusszahlung - (bitte in jedem Fall ausfüllen) Erstattungsanspruch – bitte dem Betrag ein Minuszeichen voranstellen –	**820**	0	00
110				
111				
112				
113				

114	**Bearbeitungshinweis**	
115	1. Die aufgeführten Daten sind mit Hilfe des geprüften und genehmigten Programms sowie ggf. unter Berücksichtigung der gespeicherten Daten maschinell zu verarbeiten.	
116	2. Die weitere Bearbeitung richtet sich nach den Ergebnissen der maschinellen Verarbeitung.	
117		
118		Kontrollzahl und/oder Datenerfassungsvermerk
119		
120		

5 Froemer - ISBN 978-3-8120-0649-1

Die **Einnahmen-Überschuss-Rechnung** von Frau Wild zum 31.12.2010 hat folgendes Aussehen:

Einnahmen-Überschuss-Rechnung nach § 4 Abs. 3 EStG für das Jahr 2010:
Bettina Wild, Handel mit Kosmetika
Bayer Weg 3
41777 Mettmann   Steuer-Nr. 300/4060/0652

A)	**Betriebseinnahmen**		
	laufende Einnahmen	23.200,00 €	
	Einnahmen aus Hilfsgeschäften	762,50 €	
	vereinnahmte Umsatzsteuer	4.408,00 €	
	erstattete Umsatzsteuer	80,75 €	
		28.451,25 €	28.451,25 €
B)	**Betriebsausgaben**		
	Buchwertabgang PC	687,50 €	
	Wareneinkäufe	16.300,00 €	
	abgeführte Umsatzsteuer	947,15 €	
	an Lieferer gezahlte Umsatzsteuer	3.541,60 €	
	Kfz-Kosten	720,00 €	
	Telekom (betrieblich)	310,00 €	
	Arbeitszimmer	1.250,00 €	
	Büromaterial	830,00 €	
	AfA PC	412,50 €	
	Telefonanlage	200,00 €	
	Laptop	100,00 €	
	Büromöbel	120,00 €	
		25.418,75 €	25.418,75 €
	Gewinn		3.032,50 €

Erstellt nach Aufzeichnungen und Belegen.

Mettmann, den 31.05.11

Erläuterungen:

■ Bei der Einnahmen-Überschuss-Rechnung gehört die von den Kunden an den Unternehmer **gezahlte Umsatzsteuer** zu den **Betriebseinnahmen**. Auch die vom Finanzamt **erstatteten Vorsteuerüberhänge** müssen zu den **Betriebseinnahmen** hinzugerechnet werden (siehe hierzu auch H 9 b der Einkommensteuerrichtlinien – EStR).

■ Die vom Unternehmer an seine Lieferanten **gezahlten Umsatzsteuerbeträge (Vorsteuer)** und die an das Finanzamt **abgeführten Umsatzsteuerbeträge** sind als **Betriebsausgaben** zu berücksichtigen (siehe H 9 b EStR).

> ▶ **Bitte beachten Sie:**

In der **Einnahmen-Überschuss-Rechnung** gilt für die Behandlung der **Umsatzsteuer** als Betriebseinnahme bzw. Betriebsausgabe grundsätzlich das **Zu- bzw. das Abflussprinzip** (zur Anwendung der 10-Tage-Regelung siehe Kapitel 4.4).

■ Der Verkauf von gebrauchten Anlagegütern wird als „Einnahmen aus Hilfsgeschäften" bezeichnet, hier der Verkauf des PCs.

■ Der vollständige Abzug für ein häusliches Arbeitszimmer ist nur möglich, wenn das Arbeitszimmer den Mittelpunkt der gesamten beruflichen und betrieblichen Tätigkeit darstellt. Unter diesen Voraussetzungen können alle nachgewiesenen Ausgaben wie Miete und Strom zu 100 % als Betriebsausgabe angesetzt werden. Dazu gehören auch die AfA auf Gebäude (anteilig) und eventuelle Schuldzinsen.

Frau Wild arbeitet hauptberuflich als Angestellte, das Arbeitszimmer stellt somit nicht den Mittelpunkt ihrer gesamten beruflichen und betrieblichen Tätigkeit dar, ein Abzug ist nur in Höhe einer **Pauschale von 1.250,00 €** möglich.

> ▶ **Bitte beachten Sie:**

Seit dem 01. 01. 2007 war nach einer Gesetzesänderung ein pauschaler Abzug für ein Arbeitszimmer nicht mehr gestattet. Das Bundesverfassungsgericht hat im Sommer 2010 entschieden, dass diese Regelung gegen den allgemeinen Gleichheitssatz verstößt, soweit die Aufwendungen für ein häusliches Arbeitszimmer auch dann von der steuerlichen Berücksichtigung ausgeschlossen sind, wenn für die betriebliche oder berufliche Tätigkeit kein anderer Arbeitsplatz zur Verfügung steht. Der Gesetzgeber ist danach verpflichtet, rückwirkend auf den 1. Januar 2007 durch Neufassung des § 4 Abs. 5 Satz 1 Nr. 6 b EStG den verfassungswidrigen Zustand zu beseitigen. Die Gerichte und Verwaltungsbehörden dürfen die Vorschrift im Umfang der festgestellten Unvereinbarkeit mit dem Grundgesetz nicht mehr anwenden, laufende Verfahren sind auszusetzen (vgl. Pressemitteilung Nr. 55/2010 des Bundesverfassungsgerichts vom 29. Juli 2010). So wird es zukünftig wieder möglich sein, die Pauschale in Anspruch zu nehmen, wenn für die betriebliche Tätigkeit kein anderer Arbeitsplatz zur Verfügung steht. Davon kann bei Unternehmern regelmäßig ausgegangen werden. Die Wiedereinführung der Pauschalregelung wurde hier vorweggenommen, letztlich bleibt aber die weitere Entwicklung abzuwarten.

Wird die Pauschale in Anspruch genommen, können z. B. die Kosten für die Renovierung des Zimmers und auch die Ausstattung mit Teppichböden nicht mehr zusätzlich als Betriebsausgabe angesetzt werden. Die Beschränkung auf die Pauschale entfällt, wenn für die betriebliche Tätigkeit ein separates Büro angemietet wird. Dann gehören sämtliche Ausgaben wie z. B. die Mietaufwendungen, die Renovierungskosten und auch die Teppichböden zu den abziehbaren Betriebsausgaben.

Das Abzugsverbot bezieht sich **nicht** auf die Anlagegüter (außer dem Teppich), die sich im Arbeitszimmer befinden und für die betriebliche Tätigkeit verwendet werden. Entsprechend der Darstellungen in den vorangegangenen Kapiteln sind die Anlagegüter abzuschreiben.

Grundsätzlich wird der Abzug für ein häusliches Arbeitszimmer von den Finanzbehörden relativ restriktiv behandelt. Die Abzugsmöglichkeit wird oftmals verwehrt, wenn die private Nutzung von den Finanzbehörden als erheblich eingestuft wird. Dies ist der Fall, wenn die private Nutzung des Zimmers 10 % übersteigt. Eine private Nutzung von mehr als 10 % wird oftmals auch bei Durchgangszimmern angenommen. Laut Bundesfinanzhof ist über die Abzugsfähigkeit im Einzelfall zu entscheiden.

Eine Arbeitsecke (z. B. Arbeitsplatz im Schlafzimmer) wird nicht als Betriebsausgabe anerkannt, weder durch exakten Nachweis noch pauschal. Die Abschreibungsmöglichkeit für die Büroeinrichtung (Büromöbel, Faxgerät usw.) bleibt hiervon unberührt.

Die Daten werden in die Anlage EÜR übernommen (Erläuterungen erhalten Sie in den folgenden Beispielen zu den noch nicht dargestellten Zeilen):

- **Zeile 11:** Die Betriebseinnahmen werden hier deklariert, wenn der Unternehmer mit Umsatzsteuer fakturiert.
- **Zeile 14**: Erfassung der vereinnahmten Umsatzsteuer in Höhe von 4.408,00 €.
- **Zeile 15:** Im ersten Quartal hat das Finanzamt 80,75 € erstattet.
- **Zeile 16:** Der steuerfreie Verkauf des PCs (Hilfsgeschäft über 762,50 €) wird hier eingetragen. Bei einem späteren Verkauf des Laptops besteht Umsatzsteuerpflicht, dieser Verkauf wäre ebenfalls in **Zeile 16** zu erfassen.
- **Zeile 35:** Der Buchwertabgang des PCs ist anzugeben (687,50 €).
- **Zeile 44:** Die an die Lieferer gezahlten Steuerbeträge in Höhe von 3.541,60 € sind zu deklarieren.
- **Zeile 45:** Die an das Finanzamt abgeführte Umsatzsteuer (947,15 €) ist hier zu erfassen.
- **Zeile 51:** Hier ist die Pauschale für das Arbeitszimmer angegeben.
- **Zeile 79:** Frau Wild hatte zu Beginn ihrer Geschäftstätigkeit Anlagevermögen im Wert von 2.300,00 € in das Betriebsvermögen eingelegt.

> **Bitte beachten Sie:**

In der **Zeile 15** sind die zu erstattenden USt-Beträge auch dann einzutragen, wenn sie mit anderen Steuern verrechnet wurden und somit nicht zu einer Einzahlung führen.

Beispiel

Frau Wild schuldet dem Finanzamt 1.000,00 € Einkommensteuer, gleichzeitig macht sie einen Vorsteuerüberhang von 600,00 € geltend.

Bewertung:

Die Einkommensteuerschuld kann mit dem Vorsteuerguthaben verrechnet werden, Frau Wild zahlt dann nur noch 400,00 € an das Finanzamt, zu einer Erstattung der Vorsteuerbeträge kommt es nicht. Trotzdem sind in der **Zeile 15** 600,00 € als Betriebseinnahme zu deklarieren.

Dieses Vorgehen gilt in gleicher Weise für die an das Finanzamt abzuführenden USt-Beträge, die in der **Zeile 45** anzugeben sind (z. B. eine Einkommensteuererstattung, die mit der USt-Zahllast verrechnet wird).

2010

Name/Gesellschaft/Gemeinschaft/Körperschaft
1 Wild

Anlage EÜR
Bitte für jeden Betrieb eine
gesonderte Anlage EÜR einreichen!

Vorname
2 Bettina

3 (Betriebs-)Steuernummer 300/4060/0652 | 77 | 10 | 1

Einnahmenüberschussrechnung

99 | 15

nach § 4 Abs. 3 EStG für das Kalenderjahr 2010   Beginn   Ende

4   davon abweichend   131   T T M M   2 0 1 0   132   T T M M J J J J

Art des Betriebs

Zuordnung zur Einkunfts-
art (siehe Anleitung)

5   100   Handel mit Kosmetika   105   3

6 Wurde im Kalenderjahr/Wirtschaftsjahr der Betrieb veräußert oder aufgegeben? (Bitte Zeile 67 beachten)   111   Ja = 1

7 Wurden im Kalenderjahr/Wirtschaftsjahr Grundstücke/grundstücksgleiche Rechte entnommen oder veräußert?   120   2   Ja = 1 oder Nein = 2

1. Gewinnermittlung

99 | 20

Betriebseinnahmen   EUR   Ct

8 Betriebseinnahmen als umsatzsteuerlicher **Kleinunternehmer** (nach § 19 Abs. 1 UStG)   111

9   davon aus Umsätzen, die in § 19 Abs. 3 Nr. 1 und 2 UStG bezeichnet sind   119   (weiter ab Zeile 15)

10 Betriebseinnahmen als **Land- und Forstwirt**, soweit die Durchschnittssatz-besteuerung nach § 24 UStG angewandt wird   104

11 **Umsatzsteuerpflichtige Betriebseinnahmen**   112   2 3.2 0 0,0 0

12 Umsatzsteuerfreie, nicht umsatzsteuerbare Betriebseinnahmen sowie Betriebsein-nahmen, für die der Leistungsempfänger die Umsatzsteuer nach § 13b UStG schuldet   103

13   davon Kapitalerträge   113

14 Vereinnahmte Umsatzsteuer sowie Umsatzsteuer auf unentgeltliche Wertabgaben   140   4.4 0 8,0 0

15 Vom Finanzamt erstattete und ggf. verrechnete Umsatzsteuer   141   8 0,7 5

16 Veräußerung oder Entnahme von Anlagevermögen   102   7 6 2,5 0

17 Private Kfz-Nutzung   106

18 Sonstige Sach-, Nutzungs- und Leistungsentnahmen   108

19 Auflösung von Rücklagen, Ansparabschreibungen für Existenzgründer und/oder Ausgleichsposten (Übertrag aus Zeile 77)

20 **Summe Betriebseinnahmen**   159   2 8.4 5 1,2 5

99 | 25

Betriebsausgaben   EUR   Ct

21 Betriebsausgabenpauschale **für bestimmte Berufsgruppen** und/oder Freibetrag nach § 3 Nr. 26 und 26a EStG   190

22 Sachliche Bebauungskostenpauschale (für Weinbaubetriebe)/ Betriebsausgabenpauschale für **Forstwirte**   191

23 **Waren, Rohstoffe und Hilfsstoffe einschl. der Nebenkosten**   100   1 6 3 0 0 0 0

24 Bezogene Fremdleistungen   110

25 Ausgaben für eigenes Personal (z.B. Gehälter, Löhne und Versicherungsbeiträge)   120

Absetzung für Abnutzung (AfA)

26 AfA auf unbewegliche Wirtschaftsgüter (ohne AfA für das häusliche Arbeitszimmer)   136

27 AfA auf immaterielle Wirtschaftsgüter (z.B. erworbene Firmen-, Geschäfts- oder Praxiswerte)   131

28 AfA auf bewegliche Wirtschaftsgüter (z.B. Maschinen, Kfz)   130   8 3 2,5 0

       Übertrag (Summe Zeilen 21 bis 28)   1 7.1 3 2,5 0

2010AnlEÜR801   – Juni 2010 –   2010AnlEÜR801

(Betriebs-)Steuernummer **300/4060/0652**

			EUR	Ct
	Übertrag (Summe Zeilen 21 bis 28)		1 7.1 3 2 , 5 0	
31	Sonderabschreibungen nach § 7g EStG	134		
32	Herabsetzungsbeträge nach § 7g Abs. 2 EStG (Erläuterung auf gesondertem Blatt)	138		
33	Aufwendungen für geringwertige Wirtschaftsgüter nach § 6 Abs. 2 EStG	132		
34	Auflösung Sammelposten nach § 6 Abs. 2a EStG	137		
35	Restbuchwert der ausgeschiedenen Anlagegüter	135	6 8 7 , 5 0	

Raumkosten und sonstige Grundstücksaufwendungen (ohne häusliches Arbeitszimmer)

36	Miete/Pacht für Geschäftsräume und betrieblich genutzte Grundstücke	150		
37	Miete/Aufwendungen für doppelte Haushaltsführung	152		
38	Sonstige Aufwendungen für betrieblich genutzte Grundstücke (ohne Schuldzinsen und AfA)	151		

Sonstige unbeschränkt abziehbare Betriebsausgaben

39	Aufwendungen für Telekommunikation (z.B. Telefon)	280	3 1 0 , 0 0	
40	Fortbildungskosten	281		
41	Rechts- und Steuerberatung, Buchführung	194		
42	Schuldzinsen zur Finanzierung von Anschaffungs- und Herstellungskosten von Wirtschaftsgütern des Anlagevermögens	232		
43	Übrige Schuldzinsen	234		
44	Gezahlte Vorsteuerbeträge	185	3 5 4 1 , 6 0	
45	An das Finanzamt gezahlte und ggf. verrechnete Umsatzsteuer	186	9 4 7 , 1 5	
46	Rücklagen, stille Reserven und/oder Ausgleichsposten (Übertrag aus Zeile 77)			
47	Übrige unbeschränkt abziehbare Betriebsausgaben	183	8 3 0 , 0 0	

Beschränkt abziehbare Betriebsausgaben und Gewerbesteuer			nicht abziehbar EUR		Ct		abziehbar EUR		Ct
48	Geschenke	164			,	174			,
49	Bewirtungsaufwendungen	165			,	175			,
50	Verpflegungsmehraufwendungen					171			,
51	Aufwendungen für ein häusliches Arbeitszimmer (einschl. AfA und Schuldzinsen)	162			,	172	1 2 5 0 , 0 0		
52	Sonstige beschränkt abziehbare Betriebsausgaben	168			,	177			,
53	Gewerbesteuer	217			,	218			,

Kraftfahrzeugkosten und andere Fahrtkosten

54	Tatsächliche Kraftfahrzeugkosten und andere Fahrtkosten (laufende und feste Kosten ohne AfA und Zinsen)	140	7 2 0 , 0 0	
55	Kraftfahrzeugkosten für Wege zwischen Wohnung und Betriebsstätte; Familienheimfahrten (pauschaliert oder tatsächlich)	142 —		
56	Mindestens abziehbare Kraftfahrzeugkosten für Wege zwischen Wohnung und Betriebsstätte (Pendlerpauschale); Familienheimfahrten	176 +		
57	**Summe Betriebsausgaben**	199	2 5.4 1 8 , 7 5	

2010AnlEÜR802　　　　　　　　　　　　　　　　　　　2010AnlEÜR802

70

(Betriebs-)Steuernummer 300/4060/0652

Ermittlung des Gewinns

			EUR	Ct
61	Summe der Betriebseinnahmen (Übertrag aus Zeile 20)		2 8.4 5 1, 2 5	
62	abzüglich Summe der Betriebsausgaben (Übertrag aus Zeile 57)	−	2 5.4 1 8, 7 5	

zuzüglich

63	− Hinzurechnung der Investitionsabzugsbeträge nach § 7g Abs. 2 EStG (Erläuterung auf gesondertem Blatt)	188	+	,
64	− Gewinnzuschlag nach § 6b Abs. 7 und 10 EStG	123	+	,

abzüglich

65	− erwerbsbedingte Kinderbetreuungskosten nach § 9c EStG	184	−	,
66	− Investitionsabzugsbeträge nach § 7g Abs. 1 EStG (Erläuterung auf gesondertem Blatt)	187	−	,
67	Hinzurechnungen und Abrechnungen bei Wechsel der Gewinnermittlungsart	250	.	,
68	Korrigierter Gewinn/Verlust	290	3.0 3 2, 5 0	

69	Bereits berücksichtigte Beträge, für die das Teileinkünfteverfahren bzw. § 8b KStG gilt	Gesamtbetrag 261	. ,	262	Korrekturbetrag . ,

70	Steuerpflichtiger Gewinn/Verlust vor Anwendung des § 4 Abs. 4a EStG	293	.	,
71	Hinzurechnungsbetrag nach § 4 Abs. 4a EStG	271	+	,

72	**Steuerpflichtiger Gewinn/Verlust**	219	3.0 3 2, 5 0	

2. Ergänzende Angaben   99 27

Rücklagen, stille Reserven und Ansparabschreibungen

			Bildung/Übertragung EUR	Ct		Auflösung EUR	Ct
73	Rücklagen nach § 6c i.V.m. § 6b EStG, R 6.6 EStR	187	.	,	120	.	,
74	Übertragung von stillen Reserven nach § 6c i.V.m. § 6b EStG, R 6.6 EStR	170	.	,			
75	Ansparabschreibungen für Existenzgründer nach § 7g Abs. 7 und 8 EStG a.F.				122	.	,
76	Ausgleichsposten nach § 4g EStG	191	. .	,	125	.	,
77	Gesamtsumme	190	.	,	124	.	,
			Übertrag in Zeile 46			Übertrag in Zeile 19	

Entnahmen und Einlagen   99 29

			EUR	Ct
78	Entnahmen einschl. Sach-, Leistungs- und Nutzungsentnahmen	122	.	,
79	Einlagen einschl. Sach-, Leistungs- und Nutzungseinlagen	123	2.3 0 0, 0 0	

2010AnlEÜR803   2010AnlEÜR803

4.4   10-Tage-Regelung und Umsatzsteuer

Im Fallbeispiel 4.3 (Frau Wild) wurde die Umsatzsteuerzahllast des 4. Quartals 2010 am 04.01.11 an das Finanzamt überwiesen. Entsprechend der 10-Tage-Regelung gehört der Geldabfluss bei regelmäßig wiederkehrenden Ausgaben in das Wirtschaftsjahr der wirtschaftlichen Entstehung. Im Beispiel wurde die Zahlung im Jahr 2011 gemäß dieser Vorschrift als Betriebsausgabe des Jahres 2010 erfasst (abgeführte Umsatzsteuer 947,15 €).

In der Rechtsprechung herrschte bis vor Kurzem allerdings keine Einigkeit darüber, ob es sich bei der Überweisung der Umsatzsteuerzahllast um eine wiederkehrende Ausgabe handelt, bei der die 10-Tage-Regelung Anwendung findet. Verneint man dieses und stellt auf den Zeitpunkt des Abflusses ab, wäre die Betriebsausgabe erst zum Zeitpunkt der Zahlung im Jahr 2011 zu erfassen. Das würde zu einer Gewinnerhöhung im Jahr 2010 führen.

Entsprechend verändert sich die Einnahmen-Überschuss-Rechnung für das Jahr 2010:

Einnahmen-Überschuss-Rechnung nach § 4 Abs. 3 EStG für das Jahr 2010:
Bettina Wild, Handel mit Kosmetika
Bayer Weg 3
41777 Mettmann   Steuer-Nr. 300/4060/0652

A)	**Betriebseinnahmen**			
	laufende Einnahmen		23.200,00 €	
	Einnahmen aus Hilfsgeschäften		762,50 €	
	vereinnahmte Umsatzsteuer		4.408,00 €	
	erstattete Umsatzsteuer		80,75 €	
			28.451,25 €	28.451,25 €
B)	**Betriebsausgaben**			
	Buchwertabgang PC		687,50 €	
	Wareneinkäufe		16.300,00 €	
	abgeführte Umsatzsteuer		**0,00 €**	
	an Lieferer gezahlte Umsatzsteuer		3.541,60 €	
	Kfz-Kosten		720,00 €	
	Telekom (betrieblich)		310,00 €	
	Arbeitszimmer		1.250,00 €	
	Büromaterial		830,00 €	
	AfA	PC	412,50 €	
		Telefonanlage	200,00 €	
		Laptop	100,00 €	
		Büromöbel	120,00 €	
			24.471,60 €	**24.471,60 €**
	Gewinn			**3.979,65 €**

Erstellt nach Aufzeichnungen und Belegen.
Mettmann, den 31.05.11

▶ **Bitte beachten Sie:**

Mit dem Urteil vom 01.08.07 hat der Bundesfinanzhof entschieden, dass eine für das vorangegangene Kalenderjahr geschuldete und zu Beginn des Folgejahres entrichtete Umsatzsteuervorauszahlung als regelmäßig wiederkehrende Ausgabe im vorangegangenen Veranlagungszeitraum abziehbar ist (Aktenzeichen XIR 48/05).

4.5 Soll- und Istbesteuerung bei der Umsatzsteuer

4.5.1 Umsatzsteuer

Grundsätzlich sieht das Umsatzsteuergesetz die **Sollbesteuerung vor.** Demnach entsteht die Umsatzsteuerschuld nicht erst mit dem Eingang der Kundenzahlung, sondern bereits mit der Leistungserbringung (Abrechnung nach **vereinbarten Entgelten**); das Zuflussprinzip gilt nicht für das Entstehen der Umsatzsteuerschuld. Das kann dazu führen, dass die in einer Rechnung ausgewiesene Umsatzsteuer bereits im abgelaufenen Jahr anzumelden und abzuführen ist, obwohl der Kunde die Rechnung noch nicht bezahlt hat. Für die Zuordnung der vereinnahmten Umsatzsteuer zu den Betriebseinnahmen ist es dagegen unbeachtlich, ob die Umsatzbesteuerung nach dem Soll- oder Istprinzip erfolgt. Das bedeutet, dass alle **Betriebseinnahmen, einschließlich der Umsatzsteuer, im Zeitpunkt des Zuflusses zu erfassen sind.** Somit stimmen bei der Sollbesteuerung die Umsatzsteuerbeträge in der Umsatzsteuererklärung und in der Einnahmen-Überschuss-Rechnung nicht überein.

Beispiel

Der Unternehmer Kaiser verkauft am 20.12.10 Ware an seinen Kunden für 4.000,00 € + 760,00 € USt. Der Kunde bezahlt die Rechnung am 20.01.11. Herr Kaiser unterliegt der Sollbesteuerung.

Bewertung für die Umsatzsteuer-Voranmeldung:

Die 760,00 € USt sind bereits im Dezember (4. Quartal) in der Umsatzsteuer-Voranmeldung zu deklarieren und bis zum 10.01.11 abzuführen.

Bewertung für die Einnahmen-Überschuss-Rechnung:

Die Betriebseinnahme ist aufgrund des vorherrschenden Zuflussprinzips komplett dem Jahr 2011 zuzurechnen (Betriebseinnahme = 4.000,00 € + 760,00 €).

Um diese recht umständliche Abrechnungstechnik zu vereinfachen, sieht § 20 Abs. 1 UStG die **Möglichkeit der Istbesteuerung** vor.

Der Unternehmer kann **auf Antrag** die Steuer nach **vereinnahmten Entgelten** berechnen, wenn:

- der Gesamtumsatz bei Gewerbetreibenden im vorangegangenen Kalenderjahr nicht mehr als 500.000,00 € (ab 01.01.2012 voraussichtlich 250.000,00 €) betragen hat;
- Umsätze aus einer Tätigkeit als Angehöriger eines freien Berufes ausgeführt werden.

Die Umsatzsteuer ist dann erst mit dem Zufluss zu erklären und an das Finanzamt abzuführen. Somit stimmen bei der Istbesteuerung die Umsatzsteuerbeträge in der Umsatzsteuererklärung und in der Einnahmen-Überschuss-Rechnung überein.

Beispiel

Fortführung des Beispiels:

Herr Kaiser unterliegt der Istbesteuerung, ansonsten sind die Daten identisch mit dem Ausgangsfall.

Bewertung für die Umsatzsteuer-Voranmeldung:

Die 760,00 € USt sind erst im Januar (1. Quartal) in der Umsatzsteuervoranmeldung zu deklarieren und bis zum 10.02.11 (10.04.11) abzuführen.

Bewertung für die Einnahmen-Überschuss-Rechnung:

Die Betriebseinnahme ist aufgrund des vorherrschenden Zuflussprinzips komplett dem Jahr 2011 zuzurechnen (Betriebseinnahme = 4.000,00 € + 760,00 €), hier gibt es keine Änderung.

4.5.2 Vorsteuer

Bei den an die Lieferer gezahlten Umsatzsteuerbeträgen (Vorsteuer) kann ebenfalls zwischen Soll- und Istbesteuerung unterschieden werden. Grundsätzlich (Sollbesteuerung) entsteht der **Vorsteueranspruch, wenn die Leistung erbracht wurde und die entsprechende Rechnung vorliegt.**

Beispiel

Die Unternehmerin Brecht kauft am 10. 12. 10 Ware für 1.500,00 € + 285,00 € USt gegen Rechnung. Die Bezahlung erfolgt am 16. 01. 11. Frau Brecht unterliegt der Sollbesteuerung.

Bewertung für die Umsatzsteuer-Voranmeldung:

Die 285,00 € USt sind im Dezember (4. Quartal) in der Umsatzsteuer-Voranmeldung zu deklarieren, da eine Rechnung vorliegt und die Leistung erbracht wurde.

Bewertung für die Einnahmen-Überschuss-Rechnung:

Die Betriebsausgabe ist aufgrund des vorherrschenden Abflussprinzips komplett dem Jahr 2011 zuzurechnen (Betriebsausgabe = 1.500,00 € + 285,00 €).

Die Vorsteuerbeträge in der Umsatzsteuererklärung und in der Einnahmen-Überschuss-Rechnung stimmen nicht überein.

Fortführung des Beispiels:

Frau Brecht unterliegt der Istbesteuerung, ansonsten sind die Daten identisch mit dem Ausgangsfall.

Bewertung für die Umsatzsteuer-Voranmeldung:

Die 285,00 € USt sind erst im Januar (1. Quartal) in der Umsatzsteuer-Voranmeldung zu deklarieren (mit dem Abfluss des Geldes).

Bewertung für die Einnahmen-Überschuss-Rechnung:

Die Betriebsausgabe ist aufgrund des vorherrschenden Abflussprinzips komplett dem Jahr 2011 zuzurechnen (Betriebsausgabe = 1.500,00 € + 285,00 €), hier gibt es keine Änderung.

Die Vorsteuerbeträge in der Umsatzsteuererklärung und in der Einnahmen-Überschuss-Rechnung stimmen jetzt überein.

> ➤ **Bitte beachten Sie:**

Bereits im Jahr 1975 entschied der Bundesfinanzhof, dass in der Umsatzsteuererklärung (Umsatzsteuer-Voranmeldung) auch Vorsteuerbeträge abgezogen werden können, die dem Unternehmer lediglich in Rechnung gestellt worden sind (siehe Sollbesteuerung), auch wenn er die Istversteuerung beantragt hat. Das ist für den Unternehmer grundsätzlich vorteilhaft, allerdings stimmen die Vorsteuerbeträge in der Umsatzsteuererklärung und in der Einnahmen-Überschuss-Rechnung nicht mehr überein.

4.5.3 Zusammenfassendes Beispiel

4.5.3.1 Ausgangssituation

Der Unternehmer Brenger hat im Jahr 2010 folgende Geschäftsfälle aufgezeichnet:

Quartal	Ausgangs- rechnungen netto	Umsatzsteuer	Eingangs- rechnungen netto	Vorsteuer
1. Quartal	4.000,00 €	760,00 €	2.500,00 €	475,00 €
2. Quartal	3.500,00 €	665,00 €	2.000,00 €	380,00 €
3. Quartal	9.000,00 €	1.710,00 €	7.200,00 €	1.368,00 €
4. Quartal	6.000,00 €	1.140,00 €	4.000,00 €	760,00 €
Gesamt	22.500,00 €	4.275,00 €	15.700,00 €	2.983,00 €

Von den aufgezeichneten Ausgangsrechnungen ist eine Rechnung vom 18.12.10 über 1.000,00 € + 190,00 € USt noch nicht bezahlt (Zahlungseingang am 25.01.11).

Die Eingangsrechnungen wurden im Jahr 2010 komplett beglichen, die Umsatzsteuerzahllast für das vierte Quartal wird am 04.01.11 bezahlt.

Bewertung für die Einnahmen in der Einnahmen-Überschuss-Rechnung:

Für die Betriebseinnahmen gilt das Zuflussprinzip, somit sind für das 4. Quartal 5.000,00 € + 950,00 € zu erfassen (Betriebseinnahmen gesamt 21.500,00 € + 4.085,00 € USt). Die verbleibenden 1.000,00 € + 190,00 € USt sind erst im Zeitpunkt des Zuflusses als Betriebseinnahme zu behandeln.

Bewertung für die Ausgaben in der Einnahmen-Überschuss-Rechnung:

Für die Betriebsausgaben gilt grundsätzlich das Abflussprinzip, für die am 04.01.11 abgeführte Umsatzsteuer kann auch die 10-Tage-Regelung angewendet werden.

Bewertung für die Umsatzsteuer:

Die Erfassung der Umsatzsteuer für die ersten drei Quartale ist ebenfalls unproblematisch:

Quartal	vereinnahmte USt	an Lieferer gezahlte USt (Vorsteuer)	abgeführte Zahllast Betriebsausgabe
1. Quartal	760,00 €	475,00 €	285,00 €
2. Quartal	665,00 €	380,00 €	285,00 €
3. Quartal	1.710,00 €	1.368,00 €	342,00 €
Gesamt	3.135,00 €	2.223,00 €	912,00 €

Die Behandlung der Umsatzsteuer in der Umsatzsteuervoranmeldung des 4. Quartals hängt davon ab, ob der Unternehmer der Sollbesteuerung unterliegt oder ob er die Istbesteuerung beantragt hat.

4.5.3.2 Möglichkeiten bei der Erstellung des Abschlusses

---

(1) Anwendung der 10-Tage-Regelung und Istbesteuerung

In der Umsatzsteuer-Voranmeldung für das 4. Quartal sind die 190,00 € USt der nicht bezahlten Rechnung im Zuge der Istbesteuerung nicht zu berücksichtigen, die Zahllast beträgt:

Erhaltene USt aus Verkäufen	950,00 €
gezahlte USt aus Einkäufen (Leistungen)	760,00 €
an das Finanzamt zu zahlen	190,00 €

Die abgeführte Zahllast des 4. Quartals ist bei Anwendung der 10-Tage-Regelung als Betriebsausgabe dem Jahr 2010 zuzurechnen (912,00 € + 190,00 € = 1.102,00 €). Die Einnahmen-Überschuss-Rechnung hat folgendes Aussehen:

A)	**Betriebseinnahmen**		
	laufende Einnahmen	21.500,00 €	
	vereinnahmte Umsatzsteuer	4.085,00 €	
	erstattete Umsatzsteuer	0,00 €	
		25.585,00 €	25.585,00 €
B)	**Betriebsausgaben**		
	Wareneinkäufe	15.700,00 €	
	abgeführte Umsatzsteuer	1.102,00 €	
	an Lieferer gezahlte Umsatzsteuer	2.983,00 €	
		19.785,00 €	19.785,00 €
	Gewinn		5.800,00 €

Die in den Umsatzsteuer-Voranmeldungen und in der Einnahmen-Überschuss-Rechnung erfassten Umsatzsteuerbeträge sind identisch (4.085,00 €). Mit der Zahlung des Kunden werden die 190,00 € USt als Betriebseinnahme erfasst und mit der Umsatzsteuer-Voranmeldung für das 1. Quartal 2011 an das Finanzamt abgeführt.

---

(2) Anwendung der 10-Tage-Regelung und Sollbesteuerung

Bei der Sollbesteuerung ist der Zeitpunkt der wirtschaftlichen Entstehung maßgebend, die Steuer der noch nicht bezahlten Rechnung ist in der Umsatzsteuervoranmeldung dem Jahr 2010 zuzurechnen. Die Zahllast beträgt:

Erhaltene USt aus Verkäufen	1.140,00 €
gezahlte USt aus Einkäufen (Leistungen)	760,00 €
an das Finanzamt zu zahlen	380,00 €

Die abgeführte Zahllast des 4. Quartals ist bei Anwendung der 10-Tage-Regelung als Betriebsausgabe dem Jahr 2010 zuzurechnen (912,00 € + 380,00 € = 1.292,00 €). Die Einnahmen-Überschuss-Rechnung hat folgendes Aussehen:

A)	**Betriebseinnahmen**		
	laufende Einnahmen	21.500,00 €	
	vereinnahmte Umsatzsteuer	4.085,00 €	
	erstattete Umsatzsteuer	0,00 €	
		25.585,00 €	25.585,00 €
B)	**Betriebsausgaben**		
	Wareneinkäufe	15.700,00 €	
	abgeführte Umsatzsteuer	1.292,00 €	
	an Lieferer gezahlte Umsatzsteuer	2.983,00 €	
		19.975,00 €	19.975,00 €
	Gewinn		5.610,00 €

In den Umsatzsteuer-Voranmeldungen wurden insgesamt 4.275,00 € Umsatzsteuer erfasst, als Betriebseinnahmen in der Einnahmen-Überschuss-Rechnung nur 4.085,00 €. Durch die Anwendung der 10-Tage-Regelung sinkt der ausgewiesene Gewinn um den zusätzlich an das Finanzamt abgeführten Betrag.

---

(3) **Nichtanwendung der 10-Tage-Regelung und Istbesteuerung**

Die **Zahllast für das 4. Quartal** beträgt **wie bei (1) 190,00 €.** Der am 04.01.11 an das Finanzamt abgeführte Betrag wird nicht als Betriebsausgabe des Jahres 2010 erfasst. Bei Nichtanwendung der 10-Tage-Regelung (unter Berücksichtigung des Abflussprinzips) erfolgt die Zurechnung zum Jahr 2011. Hierdurch kommt es zu einem Gewinnanstieg im Jahr 2010:

A)	**Betriebseinnahmen**		
	laufende Einnahmen	21.500,00 €	
	vereinnahmte Umsatzsteuer	4.085,00 €	
	erstattete Umsatzsteuer	0,00 €	
		25.585,00 €	25.585,00 €
B)	**Betriebsausgaben**		
	Wareneinkäufe	15.700,00 €	
	abgeführte Umsatzsteuer	912,00 €	
	an Lieferer gezahlte Umsatzsteuer	2.983,00 €	
		19.595,00 €	19.595,00 €
	Gewinn		5.990,00 €

---

(4) Nichtanwendung der 10 Tage-Regelung und Sollbesteuerung

Die **Zahllast für das 4. Quartal** beträgt **380,00 € (siehe (2))**. Die Abführung der 380,00 € an das Finanzamt erfolgt am 04.01.11 und ist erst zu diesem Zeitpunkt als Betriebsausgabe zu erfassen:

A)	**Betriebseinnahmen**		
	laufende Einnahmen	21.500,00 €	
	vereinnahmte Umsatzsteuer	4.085,00 €	
	erstattete Umsatzsteuer	0,00 €	
		25.585,00 €	25.585,00 €
B)	**Betriebsausgaben**		
	Wareneinkäufe	15.700,00 €	
	abgeführte Umsatzsteuer	912,00 €	
	an Lieferer gezahlte Umsatzsteuer	2.983,00 €	
		19.595,00 €	19.595,00 €
	Gewinn		5.990,00 €

4.6 Check-up

4.6.1 Im Überblick

Umsatzsteuer			
Steuersätze	**Regelsteuersatz**	**Ermäßigter Steuersatz**	**Nullbesteuerung**
	19 % z. B. Warenverkäufe	7 % z. B. Bücherverkäufe	0 % z. B. Mieten
Steuerabführung	Kalenderjahr	Kalendervierteljahr	Monat
	Jahressteuerschuld ≦ 1.000,00 €	Grundsatz	Jahressteuerschuld > 7.500,00 €
Istbesteuerung (auf Antrag)	Freiberufler	Gewerbetreibende	
	immer möglich	Gesamtumsatz bis 500.000,00 €	

✔ Die in Ausgangsrechnungen ausgewiesene Umsatzsteuer stellt eine Verbindlichkeit gegenüber dem Finanzamt dar. Die in Eingangsrechnungen enthaltene Umsatzsteuer wird als Vorsteuer bezeichnet und ist eine Forderung gegenüber dem Finanzamt. Die Differenz aus Umsatzsteuer und Vorsteuer ergibt die Zahllast bzw. den Vorsteuerüberhang.

✔ Die eingenommene Umsatzsteuer gehört zu den Betriebseinnahmen, ebenso die vom Finanzamt erstatteten Vorsteuerüberhänge. Die an das Finanzamt abgeführte und an die Lieferanten gezahlte Umsatzsteuer ist als Betriebsausgabe zu erfassen.

✔ Es gilt der Grundsatz der Sollbesteuerung, unter bestimmten Voraussetzungen kann der Steuerpflichtige die Istbesteuerung beantragen.

✔ Der Unternehmer muss abhängig von der Höhe der Umsatzsteuerschuld monatlich oder vierteljährlich bis zum 10. des darauffolgenden Monats eine Umsatzsteuervoranmeldung beim Finanzamt einreichen. Die Umsatzsteuererklärung und die Einnahmen-Überschuss-Rechnung müssen bis zum 31. 05. des folgenden Jahres beim Finanzamt abgegeben werden.

✔ Die verschärften Voraussetzungen an eine ordnungsgemäße Rechnung sind zu beachten. Das Finanzamt wird bei nicht ordnungsgemäßen Rechnungen den Vorsteuerabzug versagen.

✔ Sämtliche Ausgaben für ein häusliches Arbeitszimmer können nur dann berücksichtigt werden, wenn das Arbeitszimmer den Mittelpunkt der gesamten beruflichen und betrieblichen Tätigkeit darstellt.

Voraussichtlich wird zukünftig ein häusliches Arbeitszimmer auch wieder pauschal mit 1.250,00 € abziehbar sein, wenn für die unternehmerische Tätigkeit kein anderer Arbeitsplatz zur Verfügung steht.

✔ Bei betrieblicher Nutzung des privaten Pkws können für jeden gefahrenen Kilometer 0,30 € als Betriebsausgabe angesetzt werden. Ein Vorsteuerabzug ist hierbei nicht möglich.

✔ Der Verkauf von gebrauchten Anlagegütern wird als Einnahmen aus Hilfsgeschäften bezeichnet.

4.6.2 Arbeitsaufgaben und Übungen

1. Herr Baader verkauft ab Januar 2010 PCs und PC-Zubehör. Er fakturiert mit Umsatzsteuer.

    Angaben zu seiner Geschäftstätigkeit:

    Die Miete für ein Ladenlokal beträgt 1.200,00 € monatlich (Mietzahlungen sind umsatzsteuerbefreit). Die Dezembermiete überweist Herr Baader am 05.01.2011.

    Weitere Einnahmen und Ausgaben:

    1. Quartal:

Warenverkäufe	10.200,00 € +	1.938,00 € USt
Wareneinkäufe	8.500,00 € +	1.615,00 € USt
Kauf von Büromöbeln (10. Januar)	3.900,00 € +	741,00 € USt
PC-Kauf (15. Januar)	1.500,00 € +	285,00 € USt
Fax-Kauf (20. März)	300,00 € +	57,00 € USt
Porto	160,00 € (umsatzsteuerfrei)	
Telefon (betrieblich)	200,00 € +	38,00 € USt
Strom	100,00 € +	19,00 € USt

    2. Quartal:

Warenverkäufe	22.500,00 € + 4.275,00 € USt	
Wareneinkäufe	10.800,00 € + 2.052,00 € USt	
Porto	250,00 € (umsatzsteuerfrei)	
Telefon (betrieblich)	350,00 € + 66,50 € USt	
Strom	100,00 € + 19,00 € USt	

3. Quartal:

Warenverkäufe	15.200,00 € + 2.888,00 € USt
Wareneinkäufe	11.750,00 € + 2.232,50 € USt
Porto	270,00 € (umsatzsteuerfrei)
Telefon (betrieblich)	280,00 € + 53,20 € USt
Strom	100,00 € + 19,00 € USt

4. Quartal:

Warenverkäufe	25.500,00 € + 4.845,00 € USt
Wareneinkäufe	13.100,00 € + 2.489,00 € USt
Porto	216,00 € (umsatzsteuerfrei)
Telefon (betrieblich)	340,00 € + 64,60 € USt
Strom	100,00 € + 19,00 € USt

Angaben zum Jahresende:

Am 31.12.10 befinden sich Waren im Wert von 5.000,00 € netto im Lager. Die Warenverkäufe wurden komplett gegen Barzahlung durchgeführt. Die Wareneinkäufe und die anderen Betriebsausgaben (außer Dezembermiete) sind ebenfalls komplett bezahlt.

Die Zahllast für das 4. Quartal überweist Herr Baader am 03.01.11, die 10-Tage-Regelung soll angewendet werden.

Aufgaben:

1.1 Erstellen Sie das Anlageverzeichnis für Herrn Baader.

1.2 Erstellen Sie die Umsatzsteuervoranmeldungen für die ersten beiden Quartale.

1.3 Erstellen Sie die Einnahmen-Überschuss-Rechnung für das Jahr 2010 und füllen Sie die Anlage EÜR aus.

1.4 Erstellen Sie die Umsatzsteuererklärung.

2. Anfang Oktober 2010 eröffnet Frau Bayer Ihr Unternehmen. Bis zum Jahresende hat sie Ware für 25.000,00 € + 4.750,00 € USt verkauft. Die Wareneinkäufe beliefen sich auf 17.000,00 € + 3.230,00 € USt.

   Zum 31.12.10 ist eine Ausgangsrechnung vom 18.12.10 über 2.500,00 € + 475,00 € USt noch nicht bezahlt. Die Wareneinkäufe sind komplett bezahlt. Die erforderliche Überweisung der Umsatzsteuerzahllast wird am 04.01.11 vorgenommen.

   Aufgaben:

   Erstellen Sie die Einnahmen-Überschuss-Rechnung für Frau Bayer und ermitteln Sie die Höhe der Umsatzsteuerzahllast:

   2.1 Mit Anwendung der 10-Tage-Regelung und Istbesteuerung.

   2.2 Mit Anwendung der 10-Tage-Regelung und Sollbesteuerung.

   2.3 Ohne Anwendung der 10-Tage-Regelung und Istbesteuerung.

   2.4 Ohne Anwendung der 10-Tage-Regelung und Sollbesteuerung.

3. Im Oktober 2010 nimmt Herr Schröder seine Geschäftstätigkeit auf. Bis zum Jahresende hat er Rechnungen für Wareneinkäufe über 18.000,00 € + 3.420,00 € erhalten. Warenverkäufe hat er für 12.000,00 € + 2.280,00 € USt getätigt.

   Zum Jahresende sind die Ausgangsrechnungen komplett bezahlt. Eine Eingangsrechnung vom 20.12.10 über 1.800,00 € + 342,00 € USt bezahlt Herr Schröder erst am 15.01.11. Der Vorsteuerüberhang wird am 09.01.11 gutgeschrieben.

Aufgabe:

Erstellen Sie die Einnahmen-Überschuss-Rechnung für Herrn Schröder und ermitteln Sie die Höhe des Vorsteuerüberhangs:

3.1 Mit Anwendung der 10-Tage-Regelung und Istbesteuerung.

3.2 Mit Anwendung der 10-Tage-Regelung und Sollbesteuerung.

3.3 Ohne Anwendung der 10-Tage-Regelung und Istbesteuerung.

3.4 Ohne Anwendung der 10-Tage-Regelung und Sollbesteuerung.

➤ **Lösungen ab Seite 163**

6 Froemer - ISBN 978-3-8120-0649-1

5 | Fortgeschrittene Techniken und Besonderheiten bei der Einnahmen-Überschuss-Rechnung

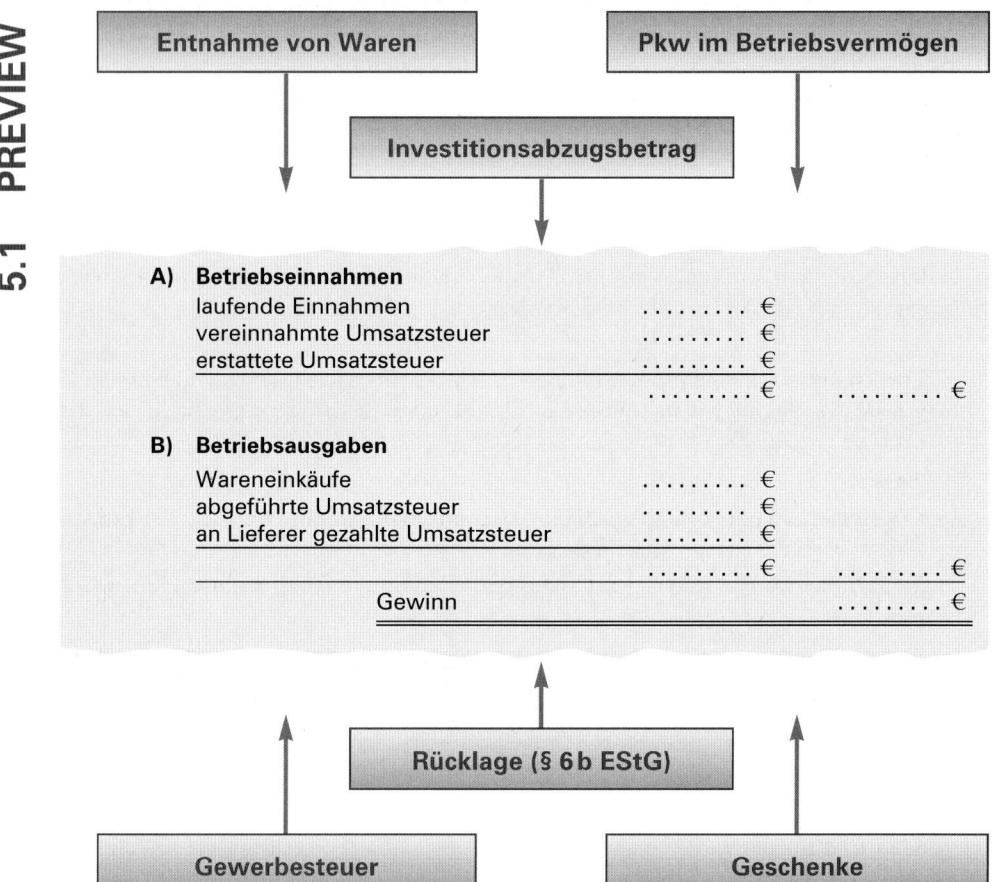

5.2 Entnahme von Waren und Anlagevermögen für private Zwecke

5.2.1 Entnahme von Waren (unentgeltliche Wertabgabe – Sachentnahme)

Entnimmt der Unternehmer Waren für private Zwecke, liegt eine **umsatzsteuerpflichtige Betriebseinnahme** vor, **ohne** dass ein **Geldzufluss** stattfindet. Dadurch wird der ursprünglich als Betriebsausgabe mit Vorsteuerabzug erfasste Wareneinkauf neutralisiert. Im Ergebnis gleichen sich die Betriebsausgabe und die Betriebseinnahme sowie die Vorsteuer und die Umsatzsteuer genau aus. Da dem Geldabfluss beim Einkauf der Ware kein Geldzufluss bei der Entnahme entgegensteht (fiktive Betriebseinnahme), trägt der Unternehmer den Kaufpreis und die Umsatzsteuer wie ein Endverbraucher. Der Steuergesetzgeber spricht von **unentgeltlichen Wertabgaben.**

➤ Bitte beachten Sie:

Bei **sämtlichen Entnahmevorgängen** ist die fiktive Umsatzsteuer als Betriebseinnahme zu behandeln (**Zeile 14**), obwohl es nicht zu einem Geldzufluss kommt. Im Zeitpunkt der Abführung der Umsatzsteuer wird diese als Betriebsausgabe behandelt (**Zeile 45**); wie Sie es bisher kennengelernt haben.

Hinweis:

In den folgenden Beispielen wird die Betriebsausgabe, die durch die Abführung der Umsatzsteuerschuld entsteht, nicht berücksichtigt.

Beispiel

Der Unternehmer Schmitt entnimmt im März 10 Stück seiner Ware für private Zwecke aus dem Lager. Die Ware wurde für 20,00 € netto pro Stück angeschafft, der Verkaufspreis beträgt 35,00 € netto.

Bewertung:

Die Betriebseinnahme beträgt 200,00 € netto zuzüglich 38,00 € USt, die Erfassung erfolgt grundsätzlich zum Einstandspreis.

Zum Nachweis gegenüber den Finanzbehörden werden die Entnahmen in einem separatem Verzeichnis erfasst:

Betriebseinnahmen durch Warenentnahme		
Monat	**Warenwert**	**Umsatzsteuer**
Januar		
Februar		
März	200,00 €	38,00 €

Der Sachverhalt wird in die Einnahmen-Überschuss-Rechnung (Ausschnitt) übernommen:

A) Betriebseinnahmen
laufende Einnahmen .... €
unentgeltliche Wertabgaben 200,00 €
vereinnahmte Umsatzsteuer 38,00 €
erstattete Umsatzsteuer .... €
.... €

Die unentgeltlichen Wertabgaben werden separat erfasst, die Umsatzsteuer wird mit den vereinnahmten Umsatzsteuerbeträgen aus regulären Warenverkäufen zusammengefasst.

In den amtlichen Formularen sind folgende Eintragungen vorzunehmen:

Anlage EÜR	In der **Zeile 18** werden 200,00 € als Betriebseinnahme deklariert, die Umsatzsteuer wird in der **Zeile 14** eingetragen. Die Summe (238,00 €) ist in der **Zeile 78** anzugeben.
Formular Umsatzsteuer-voranmeldung	Die Eintragung erfolgt in der **Zeile 27**.
Formular Umsatzsteuer-erklärung	Die Erfassung erfolgt in der **Zeile 33**.

5.2.2 Entnahme von Anlagevermögen

Teilweise entnimmt der Unternehmer Gegenstände des Anlagevermögens aus dem Betriebsvermögen und überführt sie in sein Privatvermögen. Dieser Vorgang führt ebenfalls zu einer umsatzsteuerpflichtigen Betriebseinnahme.

Beispiel

Der Unternehmer Sauer schenkt seinem Sohn im Januar einen bisher betrieblich genutzten PC. Der aktuelle Buchwert beträgt 400,00 €, der Marktwert beläuft sich auf 500,00 €. Die Anschaffungskosten betrugen 1.200,00 €.

Bewertung:

Die Entnahme des PCs ist mit dem Marktwert in Höhe von 500,00 € als Betriebseinnahme zu erfassen, hinzu kommt die Umsatzsteuer mit 95,00 €. Der Buchwert des PCs ist mit 400,00 € als Betriebsausgabe zu deklarieren.

Betriebseinnahmen durch Entnahmen von Anlagevermögen			
Monat	**Sachwert**	**Umsatzsteuer**	**Buchwert**
April	500,00 €	95,00 €	400,00 €
Mai			
Juni			

Der Sachverhalt wird in die Einnahmen-Überschuss-Rechnung (Ausschnitt) übernommen:

```
A)  Betriebseinnahmen
    laufende Einnahmen                    . . . . . . . . €
    Entnahmen von Anlagevermögen          500,00 €
    vereinnahmte Umsatzsteuer              95,00 €
    erstattete Umsatzsteuer               . . . . . . . . €
                                          . . . . . . . . €

B)  Betriebsausgaben
    Buchwertabgang PC                     400,00 €
```

Weiterhin ist das Anlagenverzeichnis anzupassen und es sind Eintragungen in den amtlichen Formularen vorzunehmen:

Anlage EÜR	In der **Zeile 16** werden 500,00 € als Entnahme von Anlagevermögen eingetragen, die Umsatzsteuer (95,00 €) gehört in die **Zeile 14**, der Bruttobetrag erscheint in der **Zeile 78**. In der **Zeile 35** wird der Restbuchwert angegeben.
Formular Umsatzsteuervoranmeldung	Die Eintragung wird wie bisher in der **Zeile 27** vorgenommen.
Formular Umsatzsteuererklärung	Die Erfassung einer Sachentnahme erfolgt in der **Zeile 34**, nicht mehr in der **Zeile 33**.

> ➤ **Bitte beachten Sie:**

Hätten die Anschaffungskosten bis max. 1.000,00 € betragen, wäre der PC im Sammelposten (Pool) verblieben. Der Buchwert dürfte nicht als Betriebsausgabe behandelt werden. Das gilt nicht, wenn (ab 2010) das 410,00-€-Wahlrecht in Anspruch genommen wurde.

5.3 Nutzungs- und Leistungsentnahmen

5.3.1 Allgemeines

Grundsätzlich führt jede private Nutzung von betrieblichen Gegenständen (Nutzungsentnahme) zu einer umsatzsteuerpflichtigen Betriebseinnahme. Übernehmen Angestellte Leistungen im privaten Bereich des Unternehmers (Leistungsentnahme), ist ebenfalls eine Betriebseinnahme zu erfassen, die der Umsatzsteuerpflicht unterliegt.

Beispiel

Im Mai lässt der Unternehmer Bayer die Reparatur der Heizung in seiner Privatwohnung von einem Angestellten durchführen. Der Stundenlohn beträgt 20,00 €, die Reparatur dauert 3 Stunden.

Bewertung:

In Höhe von 60,00 € ist eine Betriebseinnahme zu erfassen, hinzu kommt die Umsatzsteuer (11,40 €), da der Unternehmer umsatzsteuerlich nicht besser gestellt sein darf als eine andere Privatperson.

Leistungsentnahmen		
Monat	**Wert der Entnahme**	**USt**
April		
Mai	60,00 €	11,40 €
Juni		

Der Sachverhalt wird in die Einnahmen-Überschuss-Rechnung (Ausschnitt) übernommen:

A)	**Betriebseinnahmen**	
	laufende Einnahmen	. . . . €
	Leistungsentnahmen	60,00 €
	vereinnahmte Umsatzsteuer	11,40 €
	erstattete Umsatzsteuer	. . . . €
		. . . . €

In den amtlichen Formularen ist der Sachverhalt ebenfalls zu erfassen:

Anlage EÜR	60,00 € werden als Leistungsentnahme in der **Zeile 18** eingetragen, die Umsatzsteuer (11,40 €) gehört in die **Zeile 14**, die Summe in die **Zeile 78**.
Formular Umsatzsteuervoranmeldung	Die Eintragung wird wie bisher in der **Zeile 27** vorgenommen.
Formular Umsatzsteuererklärung	Die Erfassung einer Leistungsentnahme erfolgt in der **Zeile 35**.

> ➤ **Bitte beachten Sie:**

War bei der bereits erfassten Betriebsausgabe keine Vorsteuer abziehbar, entfällt die Umsatzsteuerpflicht bei der anschließenden Privatnutzung.

Beispiel

Der Unternehmer York erfasst jährlich 3.600,00 € für die Miete des Lagers (umsatzsteuerfrei) als Betriebsausgabe. In diesem Raum lagert der Unternehmer sein Boot und nutzt damit 20 % der Gesamtfläche.

Bewertung:

Als Betriebseinnahme sind (**Anlage EÜR – Zeile 16**) 720,00 € zu erfassen (20 % von 3.600,00 €), Umsatzsteuer fällt nicht an, da kein Vorsteuerabzug in Anspruch genommen werden konnte.

5.3.2 Pkw im Betriebsvermögen mit Privatnutzung

In den vorangegangenen Beispielen wurde der Privat-Pkw teilweise betrieblich genutzt, der Unternehmer konnte pauschal 0,30 € als Betriebsausgabe ansetzen. Liegt die betriebliche Nutzung über 50 % der Gesamtnutzung, ist der Unternehmer verpflichtet, den Pkw im Betriebsvermögen zu erfassen (notwendiges Betriebsvermögen) und somit in das Anlagenverzeichnis zu übernehmen. Wahlweise kann der Unternehmer bereits ab einer betrieblichen Nutzung von 10 % den Pkw im Betriebsvermögen führen (siehe Kapitel 3.3). Dafür ist es allerdings notwendig, dass der Anteil der Privatnutzung mit einem Fahrtenbuch ermittelt wird. Soll der Privatanteil mit der 1 %-Regelung ermittelt werden, muss es sich bei dem Pkw um notwendiges Betriebsvermögen handeln (betriebliche Nutzung über 50 %).

Bei 100 % betrieblicher Nutzung sind sämtliche Ausgaben (**der Begriff Kosten wird synonym verwendet**) und die Abschreibung komplett als Betriebsausgaben zu deklarieren. Wird der Pkw hingegen auch privat genutzt, muss der Anteil der privaten Nutzung die Betriebsausgaben mindern. Dies geschieht, indem der private Nutzungsanteil als Betriebseinnahme erfasst wird. Hierfür gibt es zwei Methoden: die Fahrtenbuchaufzeichnung und die 1 %-Regelung.

5.3.2.1 Fahrtenbuch

Der Unternehmer kann mit einem Fahrtenbuch die privat und die betrieblich gefahrenen Kilometer aufzeichnen. Dabei ist eine sorgfältige Vorgehensweise sehr wichtig, da das Finanzamt bei Unklarheiten das Fahrtenbuch verwerfen wird. In Höhe der privaten Nutzung ist eine umsatzsteuerpflichtige Betriebseinnahme zu erfassen.

Beispiel

Im Januar 2010 erwirbt der Unternehmer Neumann einen Pkw für den Betrieb, der auch privat genutzt werden soll. Der Kaufpreis beträgt 18.000,00 € + 3.420,00 € Umsatzsteuer. Den Anteil der privaten Nutzung ermittelt Herr Neumann mit einem Fahrtenbuch, die betriebsgewöhnliche Nutzungsdauer des Pkws beträgt sechs Jahre.

Im Jahr 2010 betragen die laufenden Ausgaben für den Pkw 6.600,00 € (netto), davon entfallen 1.000,00 € auf Steuer und Versicherung. Die Gesamtfahrleistung des Jahres stellt Herr Neumann mit 20.000 km fest, davon entfallen 5.000 km auf private Fahrten. Von den betrieblich gefahrenen Kilometern entfallen 2.000 km auf Fahrten zwischen Wohnung und Betriebsstätte (einfache Entfernung 5 km an 200 Tagen).

Bewertung:

Im Januar übernimmt Herr Neumann den Pkw mit 18.000,00 € in das Anlageverzeichnis. Die gezahlte Umsatzsteuer ist im Januar bzw. im 1. Quartal komplett als Vorsteuer abziehbar.

Gesamtausgaben für 2010:
- betrieblicher Teil: 75 %
- privater Teil: 25 %

	Ausgaben mit Vorsteuerabzug	Ausgaben ohne Vorsteuerabzug
AfA	3.000,00 €	
laufende Ausgaben	**5.600,00 €**	**1.000,00 €**
gesamt	8.600,00 €	1.000,00 €
davon 25 % Privatanteil	2.150,00 €	250,00 €
+ 19 %	408,50 €	0,00 €

Der gesamte Privatanteil beträgt 2.400,00 € (2.150,00 € + 250,00 €), darauf entfallen 408,50 € Umsatzsteuer. Diese Beträge sind als Betriebseinnahmen zu erfassen. Weiterhin ist zu beachten, dass die **Wege zwischen Wohnung und Betriebsstätte nicht abzugsfähig** sind. Herr Neumann hat für 20.000 gefahrene Kilometer Gesamtausgaben in Höhe von 9.600,00 € nachgewiesen, für 2.000 km sind das 960,00 €, die abziehbaren Ausgaben belaufen sich auf 8.640,00 €.

Im Gegenzug steht Herrn Neumann, wie auch Arbeitnehmern, die **Entfernungspauschale** zu. Diese beträgt **für jeden vollen Entfernungskilometer 0,30 €** je Tag. Herr Neumann legt an 200 Tagen 5 km (einfache Entfernung) zurück. Die Entfernungspauschale beträgt 300,00 € (5 km · 200 Tage · 0,30 €).

Der Sachverhalt wird in die Einnahmen-Überschuss-Rechnung (Ausschnitt) übernommen:

A)	**Betriebseinnahmen**		
	laufende Einnahmen		.... €
	private Pkw-Nutzung		2.400,00 €
	vereinnahmte Umsatzsteuer		408,50 €
	erstattete Umsatzsteuer		.... €
			.... €
B)	**Betriebsausgaben**		
	Kraftfahrzeugkosten		
	Laufende Ausgaben	6.600,00 €	
	AfA	3.000,00 €	
	gesamt	9.600,00 €	
	nicht abziehbar	960,00 €	
	verbleiben	8.640,00 €	8.640,00 €
	Kilometerpauschale		300,00 €

Entsprechende Eintragungen sind im **Formular EÜR** vorzunehmen (Ausschnitt):

■ **Zeile 14:** Die Umsatzsteuer (408,50 €) wird deklariert.

■ **Zeile 17:** Der Nettobetrag (2.400,00 €) der privaten Pkw-Nutzung ist hier zu erfassen.

■ **Zeile 28:** Die AfA macht 3.000,00 € aus.

■ **Zeile 54:** Die laufenden Kraftfahrzeugkosten in Höhe von 6.600,00 € sind hier einzutragen.

■ **Zeile 55:** Die Kosten für Wege zwischen Wohnung und Betriebsstätte müssen abgezogen werden (960,00 €).

■ **Zeile 56:** Es erfolgt die Erfassung der Kilometerpauschale (300,00 €) als Betriebsausgabe.

■ **Zeile 78:** Der Bruttowert der Entnahme ist zusätzlich anzugeben.

1. Gewinnermittlung | 99 | 20

Betriebseinnahmen

EUR | Ct

Zeile	Beschreibung	Kennz.	EUR	Ct
8	Betriebseinnahmen als umsatzsteuerlicher **Kleinunternehmer** (nach § 19 Abs. 1 UStG)	111		,
9	davon aus Umsätzen, die in § 19 Abs. 3 Nr. 1 und 2 UStG bezeichnet sind	119		, *(weiter ab Zeile 15)*
10	Betriebseinnahmen als **Land- und Forstwirt**, soweit die Durchschnittssatzbesteuerung nach § 24 UStG angewandt wird	104		,
11	**Umsatzsteuerpflichtige Betriebseinnahmen**	112		,
12	Umsatzsteuerfreie, nicht umsatzsteuerbare Betriebseinnahmen sowie Betriebseinnahmen, für die der Leistungsempfänger die Umsatzsteuer nach § 13b UStG schuldet	103		,
13	davon Kapitalerträge 113			,
14	Vereinnahmte Umsatzsteuer sowie Umsatzsteuer auf unentgeltliche Wertabgaben	140	4 0 8	5 0
15	Vom Finanzamt erstattete und ggf. verrechnete Umsatzsteuer	141		,
16	Veräußerung oder Entnahme von Anlagevermögen	102		,
17	Private Kfz-Nutzung	106	2 4 0 0	0 0
18	Sonstige Sach-, Nutzungs- und Leistungsentnahmen	108		,

Absetzung für Abnutzung (AfA)

Zeile	Beschreibung	Kennz.	EUR	Ct
26	AfA auf unbewegliche Wirtschaftsgüter (ohne AfA für das häusliche Arbeitszimmer)	136		,
27	AfA auf immaterielle Wirtschaftsgüter (z.B. erworbene Firmen-, Geschäfts- oder Praxiswerte)	131		,
28	AfA auf bewegliche Wirtschaftsgüter (z.B. Maschinen, Kfz)	130	3 0 0 0	0 0

Kraftfahrzeugkosten und andere Fahrtkosten

Zeile	Beschreibung	Kennz.	EUR	Ct
54	Tatsächliche Kraftfahrzeugkosten und andere Fahrtkosten (laufende und feste Kosten ohne AfA und Zinsen)	140	6 6 0 0	0 0
55	Kraftfahrzeugkosten für Wege zwischen Wohnung und Betriebsstätte; Familienheimfahrten (pauschaliert oder tatsächlich)	142 –	9 6 0	0 0
56	Mindestens abziehbare Kraftfahrzeugkosten für Wege zwischen Wohnung und Betriebsstätte (Pendlerpauschale); Familienheimfahrten	176 +	3 0 0	0 0

Entnahmen und Einlagen | 99 | 29

EUR | Ct

Zeile	Beschreibung	Kennz.	EUR	Ct
78	Entnahmen einschl. Sach-, Leistungs- und Nutzungsentnahmen	122	2 8 0 8	5 0
79	Einlagen einschl. Sach-, Leistungs- und Nutzungseinlagen	123		,

Bei der Erfassung der Privatnutzung des Anlagegutes im **Formular Umsatzsteuererklärung** gibt es keine Neuerung, in der **Zeile 35** werden in der linken Spalte 2.150,00 € als relevante Bemessungsgrundlage eingetragen, in der rechten Spalte die dazugehörige Steuer in Höhe von 408,50 €.

Im Formular Umsatzsteuervoranmeldung für das 4. Quartal bzw. für Dezember erfolgt die Eintragung mit den gleichen Werten in der **Zeile 27**.

> **▶ Bitte beachten Sie:**
>
> Oftmals betreiben Kleingewerbetreibende und Freiberufler ihr Unternehmen von der Wohnung aus, eine separate Betriebsstätte existiert nicht. In diesem Fall müssen die Betriebsausgaben nicht um die Wege zwischen Wohnung und Betriebsstätte gekürzt werden **(Anlage EÜR – Zeile 55)**, im Gegenzug entfällt die Entfernungspauschale **(Zeile 56)**.

5.3.2.2 1%-Regelung

Führt der Unternehmer kein Fahrtenbuch, kann er den privaten Anteil pauschal mit der 1%-Regelung erfassen, wenn der Pkw mehr als 50% betrieblich genutzt wird. Hierbei wird **monatlich 1% vom Bruttowert des Listenneupreises** zuzüglich der Zubehörkosten als privater Nutzungsanteil angenommen. Dabei ist es unerheblich, ob der Wagen neu oder gebraucht gekauft wurde. Die private Verwendung ist umsatzsteuerpflichtig. Der Listenpreis ist auf volle Hundert Euro abzurunden.

Beispiel 1:

Der Unternehmer Bell erwirbt im Januar für seinen Betrieb einen neuen Pkw, der auch privat genutzt werden soll. Der Listenpreis beträgt 20.000,00 € + 3.800,00 € USt = 23.800,00 €. Aufgrund geschickter Verhandlungen gewährt der Autohändler einen Preisnachlass von 1.000,00 € netto. Rechnungsbetrag = 19.000,00 € + 3.610,00 € USt = 22.610,00 €. Der private Nutzungsanteil soll mit der 1%-Regelung ermittelt werden.

Bewertung:

Der private Nutzungsanteil beträgt 1% von 23.800,00 € (Listenneupreis brutto) = 238,00 € pro Monat, pro Jahr = 2.856,00 €. Die Abschreibung ist von den Anschaffungskosten in Höhe von 19.000,00 € vorzunehmen, als Vorsteuer sind 3.610,00 € abziehbar (auf die erforderliche Umsatzsteuer, die auf die Privatnutzung entfällt, wird in Beispiel 3 eingegangen).

Beispiel 2:

Der Unternehmer Martin erwirbt im Januar 2010 einen 10 Jahre alten S-Klasse Mercedes für 5.000,00 € von einer Privatperson. Der Wagen hat vor 10 Jahren umgerechnet 51.700,00 € inklusive USt gekostet. Der Pkw soll auch privat genutzt werden, die Ermittlung der privaten Nutzung erfolgt mit der 1%-Regelung.

Bewertung:

Der private Nutzungsanteil beträgt 1% von 51.700,00 € = 517,00 € pro Monat, pro Jahr = 6.204,00 €.

Übersteigt der so berechnete private Nutzungsanteil die gesamten Ausgaben, die Sie in der **Anlage EÜR** in der **Zeile 54 zuzüglich der AfA und Schuldzinsen** ermittelt haben, dann ist höchstens dieser Betrag in die **Zeile 17** als Betriebseinnahme zu übernehmen (Kostendeckelung).

(Margin note:) Beispiele

Fortführung des Beispiels 2:

Herr Martin schätzt die restliche Nutzungsdauer des Pkws auf zwei Jahre und nimmt für das Jahr 2010 eine Abschreibung in Höhe von 2.500,00 € vor. Weitere Ausgaben belaufen sich auf 3.000,00 € (netto), Schuldzinsen sind nicht angefallen.

Bewertung:

Errechnete Gesamtausgaben	5.500,00 €
Errechnete private Nutzung	6.204,00 €
Betriebsausgaben (Zeile 28 u. 54)	5.500,00 €
Betriebseinnahme (Zeile 17)	5.500,00 €

Die Kostendeckelung ist auf die tatsächlichen Kosten für das jeweils privat genutzte Fahrzeug abzustellen, nicht auf die gesamten Kosten, die für sämtliche Fahrzeuge anzugeben sind.

Fortführung des Beispiels 2:

Der Unternehmer Martin hat in seinem Betriebsvermögen ein weiteres Fahrzeug, das nur betrieblich genutzt wird. Die laufenden Kosten betragen für dieses Fahrzeug 3.000,00 €, hinzu kommt die Abschreibung in Höhe von 4.000,00 €.

Bewertung:

Die Gesamtkosten, die in den **Zeilen 28 und 54** anzugeben sind, belaufen sich jetzt auf 5.500,00 € für den Pkw 1 + 7.000,00 € für den Pkw 2 = 12.500,00 € und liegen damit über dem errechneten Betrag für die Privatnutzung (6.204,00 €). Trotzdem sind die Kosten für das privat genutzte Fahrzeug mit 5.500,00 € zu deckeln. Voraussetzung hierfür ist, dass die Kosten für die Fahrzeuge separat aufgezeichnet werden. Wird darauf verzichtet, kann es zu einer Übersteuerung kommen.

> ➤ **Praxistipp:**

Im Beispiel 2 wäre die vollständige Abschreibung des Pkws im Jahr der Anschaffung möglich gewesen. Die vorgeschriebene sechsjährige Nutzungsdauer gilt nur für Neufahrzeuge, der hier erworbene Wagen war zum Zeitpunkt der Anschaffung bereits zehn Jahre alt. So hätte sich die Vollabschreibung des Pkws im Jahr 2010 steuerlich positiv ausgewirkt, da die Gesamtkosten deutlich über dem errechneten privaten Nutzungsanteil liegen. In den folgenden Jahren ergibt sich der Vorteil durch die Kostendeckelung.

Jahr 2010	
Errechnete Gesamtausgaben	8.000,00 € (AfA = 5.000,00 €)
Errechnete private Nutzung	6.204,00 €
Betriebsausgabe (Zeilen 28 u. 54)	8.000,00 €
Betriebseinnahme (Zeile 17)	6.204,00 €

Jahr 2011	
Errechnete Gesamtausgaben	3.000,00 € (AfA = 0,00 €)
Errechnete private Nutzung	6.204,00 €
Betriebsausgabe (Zeile 54)	3.000,00 €
Betriebseinnahme (Zeile 17)	3.000,00 €

Beispiel 3:

Die Unternehmerin Flink kauft im Januar 2010 für ihren Betrieb einen Sportwagen, den sie auch privat nutzt. Der Kaufpreis (entspricht dem Listenpreis) beträgt 30.000,00 € + 5.700,00 € USt. Zusätzlich lässt Frau Flink eine Klimaautomatik für 2.000,00 € + 380,00 € USt einbauen.

An laufenden Betriebskosten sind im Jahr 2010 insgesamt 4.800,00 € (netto) angefallen. Zu ihrer Betriebsstätte fährt sie an 220 Tagen 15 Kilometer (einfache Fahrt). Die Nutzungsdauer (betriebsgewöhnlich) beträgt sechs Jahre. Frau Flink möchte kein Fahrtenbuch führen, der Anteil der betrieblichen Nutzung liegt bei über 50% der Gesamtnutzung.

Bewertung:

Frau Flink kann im Januar die gezahlte Umsatzsteuer in Höhe von 6.080,00 € als Vorsteuer abziehen und als Betriebsausgabe erfassen, die Abschreibungen sind von den Anschaffungskosten (32.000,00 €) vorzunehmen.

Die Ermittlung des Privatanteils ist vom Gesamtbruttopreis (38.000,00 € = Listenpreis brutto + Extras brutto) vorzunehmen (gerundet):

1% von 38.000,00 € · 12 Monate	4.560,00 €
− 20% Abschlag für nicht mit Vorsteuer belastete Kosten	912,00 €
= Bemessungsgrundlage für die Umsatzsteuer	3.648,00 €
→ 19% Umsatzsteuer	693,12 €

Der 20%ige Abschlag für nicht mit Vorsteuer belastete Kosten ist bei Anwendung der 1%-Regelung pauschal abzugsfähig, um die Bemessungsgrundlage für die Umsatzsteuer zu ermitteln. Bei den nicht mit Vorsteuer belasteten Kosten handelt es sich um die Kfz-Versicherung und die Kfz-Steuer.

Erfassung in der Anlage EÜR:

In der **Anlage EÜR** ist in der **Zeile 17** der Privatanteil in Höhe von 4.560,00 € zu erfassen, in **Zeile 14** die Umsatzsteuer mit 693,12 €.

Die laufenden Kosten trägt Frau Flink in der **Zeile 54** ein (4.800,00 €) die Abschreibung in der **Zeile 28** (5.333,33 €), das Vorgehen ist identisch mit der Fahrtenbuchregelung.

Die Fahrten zwischen Wohnung und Betriebsstätte sind nicht abzugsfähig, es müssen 0,03% des Listenpreises (+ Zubehör) je Entfernungskilometer und Kalendermonat abgezogen werden: 0,03% von 38.000,00 € · 15 (Kilometer) · 12 (Monate) = 2052,00 €.

Dieser Betrag wird in der **Zeile 55** erfasst.

Die Entfernungspauschale (220 · 15 · 0,30 € = 990,00 €) wird in der **Zeile 56** deklariert. Zur Entfernungspauschale siehe auch S. 89 f.

In der **Zeile 78** ist der Bruttowert der Nutzungsentnahme einzutragen (4.560,00 € + 693,12 €).

> ➤ **Bitte beachten Sie:**

Die Eintragungen in den **Zeilen 78 und 79** haben bei der Ermittlung des Schuldzinsenabzugs Einfluss auf die Einnahmen-Überschuss-Rechnung (Kapitel 5.10.2). Zu erfassen sind sämtliche Geldeinlagen und Geldentnahmen sowie die Sach-, Leistungs- und Nutzungsentnahmen.

5.4　Die degressive Abschreibung

Zum **01. 01. 2008** ist die **degressive Abschreibung eigentlich abgeschafft worden.** Zum Zwecke der Konjunkturförderung (Konjunkturpaket) hat der Gesetzgeber die degressive Abschreibung **für bewegliche Wirtschaftsgüter,** die in den Jahren **2009 und 2010 angeschafft werden,** wieder zugelassen. Die degressive Abschreibung wird vom jeweils verbleibenden Buchwert vorgenommen, dadurch werden die Abschreibungsbeträge von Jahr zu Jahr niedriger. Der Vorteil dieser Methode liegt in den anfangs meist höheren Abschreibungsbeträgen und somit in einem geringeren Gewinnausweis. Das führt zu einer sinkenden Belastung mit Einkommensteuer in den ersten Jahren. Die degressive Abschreibung darf **höchstens das 2,5-fache der linearen Abschreibung** betragen und **25 % nicht übersteigen.**

Alternativ kann der Gesetzgeber für die degressive Abschreibung auch andere Werte vorsehen, beispielsweise doppelt linear, maximal aber 20 % oder dreifach linear, maximal aber 30 %. Eine Änderung wird abhängig von der konjunkturellen Situation vorgenommen.

Beispiel

Ein bewegliches Anlagegut mit 9.000,00 € Anschaffungskosten und einer dreijährigen betriebsgewöhnlichen Nutzungsdauer soll steuerlich optimal abgeschrieben werden.

Bewertung:

Die lineare Abschreibung beträgt 3.000,00 €, die 2,5-fach lineare Abschreibung 7.500,00 €. Die Obergrenze für die degressive Abschreibung liegt jedoch bei maximal 25 %, das entspricht 2.250,00 €.

Die degressive Abschreibung ist steuerlich nicht vorteilhaft, da maximal 2.250,00 € abgeschrieben werden können. Das Anlagegut wird linear mit 3.000,00 € abgeschrieben (3 Jahre jeweils 3.000,00 €).

> ➤ **Bitte beachten Sie:**

Beträgt die betriebsgewöhnliche Nutzungsdauer für ein Anlagegut maximal vier Jahre, wird grundsätzlich linear abgeschrieben, die degressive Abschreibung bringt keine steuerlichen Vorteile. Bei einer maximalen degressiven Abschreibung von z. B. 30 % wird bis zu einer betriebsgewöhnlichen Nutzungsdauer von drei Jahren linear abgeschrieben.

Beispiel

Ein bewegliches Anlagegut mit 80.000,00 € Anschaffungskosten und einer achtjährigen betriebsgewöhnlichen Nutzungsdauer soll steuerlich optimal abgeschrieben werden.

Bewertung:

Die lineare Abschreibung beträgt 10.000,00 €, die 2,5-fach lineare Abschreibung 25.000,00 €. Die Obergrenze für die degressive Abschreibung beträgt 25 %, das entspricht 20.000,00 €. Damit ist die degressive Abschreibung höher als die lineare und somit steuerlich vorteilhaft.

Die degressive Abschreibung und der Buchwert in den ersten fünf Jahren entwickeln sich folgendermaßen:

Anschaffungskosten 1. Jahr − Abschreibung **(25 % v. 80.000,00 €)**	80.000,00 € 20.000,00 €
= Buchwert Ende 1. Jahr/Anfang 2. Jahr − Abschreibung **(25 % v. 60.000,00 €)**	60.000,00 € 15.000,00 €
= Buchwert Ende 2. Jahr/Anfang 3. Jahr − Abschreibung **(25 % v. 45.000,00 €)**	45.000,00 € 11.250,00 €
= Buchwert Ende 3. Jahr/Anfang 4. Jahr − Abschreibung **(25 % v. 33.750,00 €)**	33.750,00 € 8.437,50 €
= Buchwert Ende 4. Jahr/Anfang 5. Jahr − Abschreibung **(25 % v. 25.312,50 €)**	25.312,50 € 6.328,13 € = linearer Betrag
= Buchwert Ende 5. Jahr/Anfang 6. Jahr	18.984,37 €

Die degressive Abschreibung ist anfangs höher als die lineare Abschreibung, die Beträge werden jedoch von Jahr zu Jahr immer geringer. Daher sollte der Unternehmer, will er sich steuerlich optimal verhalten, **zur linearen Abschreibung wechseln, wenn diese größer ist** als die degressive.

Dieser Zeitpunkt kann mit einer einfachen Formel ermittelt werden:

$$\text{Wechsel(Jahr)} = \text{Nutzungsdauer} - \frac{100}{\text{AfA-Satz (degressiv)}} + 1$$

$$\text{Wechsel(Jahr)} = 8 - \frac{100}{25} + 1 = 5$$

Der Wechsel zur linearen Abschreibung sollte im fünften Jahr (nach vier Jahren) erfolgen. Der Buchwert am Anfang des fünften Jahres beträgt 25.312,50 €, die Restnutzungsdauer vier Jahre. Damit beträgt die lineare Abschreibung für die Restlaufzeit 25.312,50 € : 4 = 6.328,13 € (Restbuchwert : Restnutzungsdauer). Der ursprünglich für die lineare Abschreibung errechnete Betrag in Höhe von 10.000,00 € ist nur dann relevant, wenn im ersten Jahr der Nutzung tatsächlich mit der linearen Abschreibung begonnen wird. Im Jahr des Wechsels sind die Beträge der linearen und der degressiven Abschreibung identisch.

> ➤ **Bitte beachten Sie:**

Beträgt die betriebsgewöhnliche Nutzungsdauer für ein Anlagegut zwischen fünf und zehn Jahren, wird die Abschreibung anfangs (bis zum Zeitpunkt des Wechsels) grundsätzlich mit 25 % vorgenommen. Ein **Wechsel von der linearen** zur **degressiven Abschreibung** bringt keine steuerlichen Vorteile und ist **gesetzlich verboten**.

Bei einer maximalen degressiven Abschreibung von z.B. 30 % wird bei einer betriebsgewöhnlichen Nutzungsdauer zwischen vier und zehn Jahren die Abschreibung anfangs (bis zum Zeitpunkt des Wechsels) grundsätzlich mit 30 % vorgenommen.

Beispiel

Ein bewegliches Anlagegut mit 120.000,00 € Anschaffungskosten und einer 20-jährigen betriebsgewöhnlichen Nutzungsdauer soll steuerlich optimal abgeschrieben werden.

Bewertung:

Die lineare Abschreibung beträgt 6.000,00 €, die 2,5-fache lineare Abschreibung 15.000,00 €. Die Obergrenze für die degressive Abschreibung liegt bei 25 %, das wären 30.000,00 €. Demnach wird mit der doppelten linearen Abschreibung die Obergrenze von 25 % nicht überschritten, die degressive Abschreibung ist im ersten Jahr der Nutzung mit 15.000,00 € anzusetzen, das entspricht 12,5 %. Dieser **Prozentsatz** ist **maßgebend für die folgenden Jahre.**

Die degressive Abschreibung und der Buchwert in den ersten fünf Jahren entwickeln sich folgendermaßen:

Anschaffungskosten 1. Jahr	120.000,00 €
– Abschreibung **(12,5 % v. 120.000,00 €)**	15.000,00 €
= Buchwert Ende 1. Jahr/Anfang 2. Jahr	105.000,00 €
– Abschreibung **(12,5 % v. 105.000,00 €)**	13.125,00 €
= Buchwert Ende 2. Jahr/Anfang 3. Jahr	91.875,00 €
– Abschreibung **(12,5 % v. 91.875,00 €)**	11.484,38 €
= Buchwert Ende 3. Jahr/Anfang 4. Jahr	80.390,62 €
– Abschreibung **(12,5 % v. 80.390,62 €)**	10.048,83 €
= Buchwert Ende 4. Jahr/Anfang 5. Jahr	70.341,79 €
– Abschreibung **(12,5 % v. 70.341,79 €)**	8.792,72 €
= Buchwert Ende 5. Jahr/Anfang 6. Jahr	61.549,07 €
....	....

Auch in diesem Fall sollte der Wechsel zur linearen Abschreibung erfolgen.

$$\text{Wechsel(Jahr)} = 20 - \frac{100}{12,5} + 1 = 13$$

Der Wechsel sollte im 13. Jahr erfolgen, die Abschreibungstabelle müsste entsprechend fortgeführt werden.

> ➤ **Bitte beachten Sie:**

Beträgt die betriebsgewöhnliche Nutzungsdauer für ein Anlagegut über zehn Jahre, wird die Abschreibung grundsätzlich 2,5-fach linear vorgenommen, der relevante Abschreibungsbetrag liegt dabei unter 25 %. Der beizubehaltende Prozentsatz ist im ersten Jahr der Nutzung zu ermitteln. In der Formel zur Berechnung des Wechsels zur linearen Abschreibung ändert sich der Abschreibungssatz.

Beträgt die degressive Abschreibung maximal 30 %, ist bei einer betriebsgewöhnlichen Nutzungsdauer über zehn Jahre mit dem dreifach linearen Satz abzuschreiben.

5.5 Investitionsabzugsbetrag und Sonderabschreibung

5.5.1 Der Investitionsabzugsbetrag

Unternehmer, die ihren Gewinn nach § 4 Abs. 3 EStG ermitteln, können für die künftige Anschaffung oder Herstellung eines **neuen oder gebrauchten beweglichen Wirtschaftsgutes des Anlagevermögens** einen den **Gewinn mindernden Abzug** in Anspruch nehmen. Der Abzug darf 40 % der geplanten Anschaffungs- bzw. Herstellungskosten nicht überschreiten (§ 7 g Abs. 1 – 3 EStG) und ist als Betriebsausgabe zu erfassen. Die Anschaffung (Herstellung) des Wirtschaftsgutes ist bis zum Ende des dritten Wirtschaftsjahres durchzuführen, das dem Jahr des Abzugs folgt.

Der Abzug darf **max. 200.000,00 €** (insgesamt je Betrieb) betragen und kann auch dann vorgenommen werden, wenn dadurch ein Verlust entsteht oder sich erhöht. Dem Finanzamt sind Unterlagen einzureichen, aus denen

- die Funktionsbenennung des Wirtschaftsgutes (z. B. Pkw),
- die voraussichtlichen Anschaffungs- oder Herstellungskosten und
- der dafür zum Ansatz gebrachte Investitionsabzugsbetrag hervorgehen.

Der Investitionsabzugsbetrag soll keine Steuerersparnis, sondern lediglich eine Steuerverschiebung bewirken. Daher **ist** im Jahr der Anschaffung (Herstellung) des Wirtschaftsgutes der ursprünglich vorgenommene Abzug in Höhe von 40 % der Anschaffungs- oder Herstellungskosten dem Gewinn wieder hinzuzurechnen. Die Hinzurechnung darf den abgezogenen Betrag nicht übersteigen. Gleichzeitig **können** die Anschaffungs- bzw. Herstellungskosten des Wirtschaftsgutes bis zu 40 %, höchstens jedoch um die Hinzurechnung, Gewinn mindernd herabgesetzt werden. Die Bemessungsgrundlage für die Abschreibungen verringert sich entsprechend.

Investitionsabzugsbeträge dürfen auch für die geplante Anschaffung (Herstellung) von geringwertigen Wirtschaftsgütern (siehe Kapitel 2.4.2.2) in Anspruch genommen werden. Werden dann im Anschaffungs- oder Herstellungsjahr die Anschaffungs- oder Herstellungskosten gewinnmindernd herabgesetzt und damit die GWG-Grenzen erreicht, besteht die Pflicht zum Sofortabzug (bis maximal 150,00 €) oder zur Bildung eines Sammelpostens (Pool zwischen 150,00 € und 1.000,00 €).

Für die Inanspruchnahme des Investitionsabzugsbetrags bei der Gewinnermittlung durch die Einnahmen-Überschuss-Rechnung gelten weitere Voraussetzungen:

- Das Wirtschaftsgut muss im Jahr des Zugangs und im Folgejahr ausschließlich oder fast ausschließlich (> 90 %) zu betrieblichen Zwecken genutzt werden.
- Der Gewinn der Einnahmen-Überschuss-Rechnung darf vor Berücksichtigung des Investitionsabzugsbetrages 100.000,00 € nicht überschreiten (200.000,00 € in den Jahren 2009 und 2010 → Konjunkturpaket).

Nähere Informationen (auch für bilanzierende Unternehmer) finden Sie in § 7 g Abs. 1 – 3 EStG sowie in den entsprechenden Einkommensteuerrichtlinien (EStR).

Sollte die Anschaffung (Herstellung) nicht vorgenommen werden oder sollte der Abzugsbetrag zu hoch gewesen sein oder wird das Wirtschaftsgut nicht ausschließlich oder fast ausschließlich betrieblich genutzt, ist der Abzug rückgängig zu machen. Das bedeutet, dass der Abzugsbetrag rückwirkend versteuert wird (Einkommensteuer des Unternehmers). Die sich daraus ergebende Steuernachzahlung ist mit 6 % pro Jahr zu verzinsen. Der Investitionsabzugsbetrag ersetzt die Ansparabschreibung. In der **Zeile 75** werden Altbestände aufgelöst. Die Bildung einer Ansparabschreibung ist nicht mehr möglich.

5.5.2 Die Sonderabschreibung

Bei abnutzbaren beweglichen Wirtschaftsgütern können im Jahr der Anschaffung und in den vier folgenden Jahren Sonderabschreibungen bis zu insgesamt 20 % der Anschaffungs- oder Herstellungskosten in Anspruch genommen werden, wenn folgende Voraussetzungen erfüllt werden:

- Das Wirtschaftsgut muss im Jahr des Zugangs und im Folgejahr ausschließlich oder fast ausschließlich ($> 90\%$) zu betrieblichen Zwecken genutzt werden.
- Der Gewinn der Einnahmen-Überschuss-Rechnung darf vor Berücksichtigung des Investitionsabzugsbetrages 100.000,00 € nicht überschreiten (200.000,00 € in den Jahren 2009 und 2010 → Konjunkturpaket).

Es gelten letztlich die gleichen Voraussetzungen wie für die Inanspruchnahme des Investitionsabzugsbetrages. Mit diesen Regelungen möchte der Gesetzgeber kleine und mittlere Betriebe fördern.

5.5.3 Praktische Darstellung

Der dargestellte Sachverhalt soll nun anhand von Beispielen praktisch dargestellt werden.

Beispiel 1:

Herr Dahm ermittelt für das Jahr 2010 mit der Einnahmen-Überschuss-Rechnung einen vorläufigen Gewinn in Höhe von 20.000,00 €. Er plant im Jahr 2012 die Anschaffung einer neuen Büroausstattung für ca. 15.600,00 € netto. Dafür soll im Jahr 2010 der Investitionsabzugsbetrag in Anspruch genommen werden.

Bewertung:

Der Investitionsabzugsbetrag darf maximal 40 % von 15.600,00 € betragen = 6.240,00 €.

Herr Dahm rechnet für 2010 mit dem Finanzamt ab:

Vorläufiger Gewinn	20.000,00 €
– Investitionsabzugsbetrag	6.240,00 €
— Gewinn	13.760,00 €

Durch den Investitionsabzugsbetrag sinkt der Gewinn und somit die Steuerlast im Jahr des Abzugs. Hierdurch werden die liquiden Mittel geschont, die für den Kauf der Büroausstattung verwendet werden können.

Erfassung in der Anlage EÜR:

Der Investitionsabzugsbetrag gehört in in die **Zeile 66.** Dadurch reduziert sich der Gewinn in der **Zeile 72.** Auf einem gesonderten Blatt ist die Höhe der Beträge zu erläutern. Dabei ist jedes Wirtschaftsgut einzeln seiner Funktion nach und mit den voraussichtlichen Anschaffungs-/Herstellungskosten zu benennen.

7 Froemer - ISBN 978-3-8120-0649-1

Im **Jahr 2012** ergeben sich folgende Möglichkeiten:

Die vorläufigen Betriebseinnahmen für das Jahr 2012 betragen 75.000,00 €, die vorläufigen Betriebsausgaben 60.000,00 €. Der Kauf der Büroausstattung und die Behandlung des Investitionsabzugsbetrags sind noch nicht berücksichtigt.

Alternative 1: Kauf der Büroausstattung im Januar für 15.600,00 € + 2.964,00 € USt, betriebsgewöhnliche Nutzungsdauer 13 Jahre.	

→ 40 % der Anschaffungskosten sind dem Gewinn hinzuzurechnen:

Vorläufige Betriebseinnahmen	75.000,00 €
+ Betriebseinnahmen durch Hinzurechnung	6.240,00 €
= gesamte Betriebseinnahmen	81.240,00 €

Bei der Büroausstattung kann eine gewinnmindernde Herabsetzung, maximal 40 % der Anschaffungskosten, vorgenommen werden. Die Höhe der Abschreibung ist zu ermitteln:

Anschaffungskosten	15.600,00 €
– Herabsetzung (40 % von 15.600,00 €)	6.240,00 €
= Bemessungsgrundlage für die Abschreibung	9.360,00 €
– Lineare Abschreibung (9.360,00 : 13)	720,00 €
– Sonderabschreibung (20 % von 9.360,00)	1.872,00 €
= Buchwert zum 31. 12. 2012	6.768,00 €

Bei der gewinnmindernden Herabsetzung handelt es sich um ein Wahlrecht, Herr Dahm hätte darauf verzichten können, dann wären die Abschreibung und die Sonderabschreibung von 15.600,00 € vorgenommen worden. Eine geringere Herabsetzung, z.B. nur 3.000,00 € wäre ebenfalls möglich gewesen. Die Sonderabschreibung kann auch auf insgesamt fünf Jahre verteilt werden. Steuerlich ist es in der Regel vorteilhaft, die Sonderabschreibung im Jahr der Anschaffung (Herstellung) komplett in Anspruch zu nehmen. Auch die Inanspruchnahme der gewinnmindernden Herabsetzung in voller Höhe ist generell steuerlich vorteilhaft.

Insgesamt ergeben sich folgende Werte:

Vorläufige Betriebsausgaben	60.000,00 €
+ Gewinnminderung (Wahlrecht)	6.240,00 €
+ Abschreibung (linear)	720,00 €
+ Sonderabschreibung 20 % (Wahlrecht)	1.872,00 €
+ gezahlte Umsatzsteuer	2.964,00 €
= gesamte Betriebsausgaben	71.796,00 €
Gewinn	**9.444,00 €**

Durch die Hinzurechnung und der gleichzeitigen Herabsetzung (Gewinnminderung) treffen den Unternehmer keine negativen steuerlichen Folgen. Steuervorteile ergeben sich durch die Sonderabschreibung, die gezahlte Umsatzsteuer ist bei Einnahmen-Überschuss-Rechnern (nicht bei bilanzierenden Unternehmen) ebenfalls als Betriebsausgabe zu erfassen.

Der Buchwert der Büroausstattung entwickelt sich folgendermaßen:

In den ersten fünf Jahren (Begünstigungszeitraum für die Sonderabschreibung) wird die Büroausstattung mit jeweils 720,00 € planmäßig abgeschrieben, zusätzlich wurde im ersten Jahr die Sonderabschreibung vorgenommen:

Bemessungsgrundlage für die Abschreibung	9.360,00 €
– lineare AfA für fünf Jahre	3.600,00 €
– Sonderabschreibung	1.872,00 €
= Buchwert am Ende des fünften Jahres	3.888,00 €

→ **3.888,00 € : 8 = 486,00 €**

In den verbleibenden acht Jahren ist die Büroausstattung mit jeweils 486,00 € abzuschreiben.

> ➤ **Bitte beachten Sie:**
>
> Wird die Sonderabschreibung in Anspruch genommen, kann es durch den 5-jährigen Begünstigungszeitraum dazu kommen, dass ein Anlagegut bereits vor dem Ende der betriebsgewöhnlichen Nutzungsdauer komplett abgeschrieben ist.
>
> Beispielsweise wird ein Anlagegut mit einer 5-jährigen betriebsgewöhnlichen Nutzungsdauer mit 20 % jährlich linear abgeschrieben. Wird im ersten Jahr zusätzlich die Sonderabschreibung in Anspruch genommen, sind zum Ende des ersten Jahres bereits 40 % abgeschrieben. In den Jahren zwei bis vier werden ebenfalls je 20 % abgeschrieben; zum Ende des vierten Jahres ergibt sich ein Buchwert von null.

Erfassung in der Anlage EÜR:

Die Hinzurechnung des Investitionsabzugsbetrags in Höhe von 6.240,00 € ist in der **Zeile 63** einzutragen. Die Anschaffungskosten (15.600,00 €) sind auf einem gesonderten Blatt nachzuweisen.

Die planmäßige Abschreibung (linear 720,00 €) gehört in die **Zeile 28,** die 20 %ige Sonderabschreibung in Höhe von 1.872,00 € wird in der **Zeile 31** erfasst, die Umsatzsteuer (Vorsteuer 2.964,00 €) ist in der **Zeile 44** einzutragen. In der **Zeile 32** ist der Herabsetzungsbetrag in Höhe von 6.240,00 € zu berücksichtigen.

> **Alternative 2:** Die Büroausstattung wird nicht angeschafft, auch nicht im Jahr 2013.

→ Der Investitionsabzugsbetrag ist rückgängig zu machen, d. h., die im Jahr 2010 abgezogenen 6.240,00 € sind nachzuversteuern.

Herr Dahm hat im Jahr 2010 lediglich 13.760,00 € versteuert, er hätte aber 20.000,00 € versteuern müssen, da der Grund für den gewährten Steuervorteil entfallen ist.

Die sich ergebende Steuerdifferenz von z. B. 1.000,00 € ist für 2010 nachzuzahlen, zusätzlich ist die Steuerschuld mit 6 % (0,5 % pro Monat) für zwei Jahre zu verzinsen (Einkommensteuerbescheid vom 13. 04. 2014).

6 % von 1.000,00 € = 60,00 € · 2 = 120,00 € (kein Zinseszins)

Herr Dahm muss für das Jahr 2010 insgesamt 1.120,00 € nachzahlen, für die ursprünglichen Betriebseinnahmen und Betriebsausgaben des Jahres 2012 ergeben sich keine Auswirkungen.

Betriebseinnahmen	75.000,00 €
– Betriebsausgaben	60.000,00 €
= Gewinn	15.000,00 €

Bei der Verzinsung der Steuerschuld ist zu beachten, dass der **Zinslauf (die Verzinsung der Steuerschuld)** erst 15 Monate nach Ablauf des Kalenderjahres beginnt, in dem die Steuer entstanden ist (§ 233a Abs. 2 Abgabenordnung).

Die Einkommensteuer für das Jahr 2010 entsteht mit Ablauf des Jahres 2010, der Zinslauf beginnt am 01.04.2012. Wenn Herr Dahm (Alternative 2) für zwei Jahre Zinsen zahlen muss, liegt der Einkommensteuerbescheid entsprechend erst im April 2014 vor. Die Verzinsung ist für **volle Monate** vorzunehmen, in diesem Fall bis zum 31.03.2014 (01.04.2012 bis zum 31.03.2014). Für die Berechnung der Zinsen wird der zu verzinsende Betrag jeder Steuerart auf den nächsten durch 50 teilbaren Betrag abgerundet. Die Zinsen werden auf volle Euro zum Vorteil des Steuerpflichtigen abgerundet und nur festgesetzt, wenn sie mindestens 10,00 € betragen.

> **Alternative 3:** Kauf der Büroausstattung im Januar für 13.000,00 € + 2.470,00 € USt, betriebsgewöhnliche Nutzungsdauer 13 Jahre

→ 40 % der Anschaffungskosten sind dem Gewinn hinzuzurechnen:

Vorläufige Betriebseinnahmen	75.000,00 €
+ Betriebseinnahmen durch Hinzurechnung	5.200,00 €
= gesamte Betriebseinnahmen	80.200,00 €

Bei der Büroausstattung kann eine gewinnmindernde Herabsetzung, maximal 40 % der Anschaffungskosten, vorgenommen werden. Die Höhe der Abschreibung ist zu ermitteln:

Anschaffungskosten	13.000,00 €
– Herabsetzung (40 % von 13.000,00 €)	5.200,00 €
= Bemessungsgrundlage für die Abschreibung	7.800,00 €
– Lineare Abschreibung (7.800,00 € : 13)	600,00 €
– Sonderabschreibung (20 % von 7.800,00 €)	1.560,00 €
= Buchwert zum 31.12.2012	5.640,00 €

Insgesamt ergeben sich folgende Werte:

Vorläufige Betriebsausgaben	60.000,00 €
+ Gewinnminderung (Wahlrecht)	5.200,00 €
+ Abschreibung (linear)	600,00 €
+ Sonderabschreibung 20 % (Wahlrecht)	1.560,00 €
+ gezahlte Umsatzsteuer	2.470,00 €
= gesamte Betriebsausgaben	69.830,00 €
Gewinn	**10.370,00 €**

Der Buchwert der Büroausstattung entwickelt sich folgendermaßen:

In den ersten fünf Jahren (Begünstigungszeitraum für die Sonderabschreibung) wird die Büroausstattung mit jeweils 600,00 € planmäßig abgeschrieben, zusätzlich wurde im ersten Jahr die Sonderabschreibung vorgenommen:

Bemessungsgrundlage für die Abschreibung	7.800,00 €
– lineare AfA für fünf Jahre	3.000,00 €
– Sonderabschreibung	1.560,00 €
= Buchwert am Ende des fünften Jahres	3.240,00 €

→ **3.240,00 € : 8 = 405,00 €**

In den verbleibenden acht Jahren ist die Büroausstattung mit jeweils 405,00 € abzuschreiben.

Die Erfassung in der Anlage EÜR entspricht dem Vorgehen der Alternative 1.

Behandlung des Differenzbetrags:

Der dem Gewinn hinzurechnende Betrag beträgt lediglich 5.200,00 € (40 % von 13.000,00 €), im Jahr 2010 wurde allerdings ein Investitionsabzugsbetrag von 6.240,00 € in Anspruch genommen. Die **Differenz** in Höhe von 1.040,00 € **ist** daher, wie in Alternative 2 geschildert, **nachzuversteuern.**

Alternative 4: Kauf der Büroausstattung im Januar für 20.000,00 € + 3.800,00 € USt, betriebsgewöhnliche Nutzungsdauer 13 Jahre

---

→ 40 % der Anschaffungskosten sind dem Gewinn hinzuzurechnen. Das entspräche 8.000,00 €. Der Hinzurechnungsbetrag darf allerdings den Investitionsabzugsbetrag des Jahres 2010 nicht überschreiten:

Vorläufige Betriebseinnahmen	75.000,00 €
+ Betriebseinnahmen durch Hinzurechnung	6.240,00 €
= gesamte Betriebseinnahmen	81.240,00 €

Bei der Büroausstattung kann eine gewinnmindernde Herabsetzung in Höhe von 40 % der Anschaffungskosten vorgenommen werden, maximal jedoch in Höhe der Hinzurechnung:

Anschaffungskosten	20.000,00 €
– Herabsetzung	6.240,00 €
= Bemessungsgrundlage für die Abschreibung	13.760,00 €
– Lineare Abschreibung (13.760,00 € : 13)	1.058,46 €
– Sonderabschreibung (20 % von 13.760,00 €)	2.752,00 €
= Buchwert zum 31. 12. 2012	9.949,54 €

Insgesamt ergeben sich folgende Werte:

	Vorläufige Betriebsausgaben	60.000,00 €
+	Gewinnminderung (Wahlrecht)	6.240,00 €
+	Abschreibung (linear)	1.058,46 €
+	Sonderabschreibung 20 % (Wahlrecht)	2.752,00 €
+	gezahlte Umsatzsteuer	3.800,00 €
=	gesamte Betriebsausgaben	73.850,46 €

Gewinn **7.389,54 €**

Beispiel 2:

Frau Kräuter erwirbt im April 2011 einen PC für 1.200,00 €. Dafür hat sie im Jahr 2010 einen Investitionsabzugsbetrag in Höhe von 480,00 € in Anspruch genommen.

Bewertung:

40 % der Anschaffungskosten sind dem Gewinn hinzuzurechen, das entspricht 480,00 €. Nimmt Sie die gewinnmindernde Herabsetzung in Anspruch, beträgt die Bemessungsgrundlage für die Abschreibung 1.200,00 € – 480,00 € = 720,00 €. Damit ist der PC in den Sammelposten (Pool) einzustellen und über 5 Jahre abzuschreiben. Eine andere Bewertung ergibt sich, wenn Frau Kräuter bei der Anschaffung anderer Anlagegüter die 410,00-€-Regel in Anspruch genommen hat. Dann ist der PC planmäßig monatsgenau über drei Jahre abzuschreiben. Gleiches gilt, wenn auf die Herabsetzung verzichtet wird.

5.6 Rücklagen für Ersatzbeschaffung

Die Rücklagen für Ersatzbeschaffungen weisen gewisse Parallelen zum Investitionsabzugsbetrag auf. Anwendbar sind diese Vorschriften, wenn ein Anlagegut aus dem Betriebsvermögen eines Unternehmens ausscheidet. Dabei entsteht ein steuerpflichtiger Gewinn, wenn der Verkaufspreis bzw. die Entschädigung (z.B. Versicherungsleistung) höher als der Buchwert ist (siehe auch Kapitel 2.4). Um die Liquidität des Unternehmens für die Ersatzbeschaffung eines Wirtschaftsgutes zu schonen, erlaubt der Gesetzgeber, wenn gewisse Voraussetzungen vorliegen, die Übertragung des Gewinns auf das Ersatzwirtschaftsgut. Die Gewinnversteuerung entfällt, man spricht von der **Übertragung einer stillen Reserve**.

5.6.1 Rücklage nach R 6.6 Einkommensteuerrichtlinien (EStR)

Die Bildung der Rücklage nach R 6.6 EStR ist gesetzlich nicht geregelt, sie hat durch die laufende Rechtsprechung Einzug in die Einkommensteuerrichtlinien gefunden.

Scheidet demnach ein Wirtschaftsgut aus dem Betriebsvermögen aus, darf die stille Reserve auf ein Ersatzwirtschaftsgut übertragen werden, wenn folgende Voraussetzungen vorliegen:

- das Wirtschaftsgut scheidet infolge höherer Gewalt aus (Sturm, Wasser, Brand, Diebstahl) oder
- das Wirtschaftsgut scheidet infolge eines behördlichen Eingriffs aus (Enteignung, Bauverbot)
- das Wirtschaftsgut scheidet gegen eine Entschädigung aus, die höher als der Buchwert ist (liegt die Entschädigung unter dem Buchwert, entsteht keine stille Reserve)

Dabei muss eine steuerfreie Rücklage gebildet werden, wenn die Zahlung der Entschädigung **im Jahr vor** der Anschaffung des Ersatzwirtschaftsgutes erfolgt. Nur die Entschädigung für das ausgeschiedene Wirtschaftsgut darf als steuerfreie Rücklage berücksichtigt werden, Leistungen für entgangene Gewinne oder für entstehende Nebenkosten sind im Jahr des Zuflusses zu versteuern. Die **Rücklage** darf **nur für ein funktionsgleiches Wirtschaftsgut** verwendet werden. Scheidet beispielsweise ein Lkw infolge höherer Gewalt gegen eine über dem Buchwert liegende Entschädigung aus, ist eine Übertragung des steuerfreien Gewinns nur auf einen neuen Lkw möglich, nicht auf einen Pkw. Als Ausnahmeregelung ist die Übertragung der Rücklage von Gebäuden auf Grund und Boden ebenfalls zulässig.

Zur Berechnung der steuerfreien Rücklage muss zuerst die anteilige Abschreibung bis zum Zeitpunkt des Ausscheidens vorgenommen werden. Übersteigt die Entschädigung dann den Buchwert, darf die Rücklage gebildet werden.

Ist die Entschädigung höher als die Anschaffungskosten für das Ersatzwirtschaftsgut, dürfen die stillen Reserven nur anteilig auf das neue Wirtschaftsgut übertragen werden.

Hierfür wird folgende **Formel** verwendet:

$$\text{übertragbare Reserve} = \frac{\text{aufgedeckte Reserve} \cdot \text{AK* des neuen Wirtschaftsgutes}}{\text{Entschädigung}}$$

* AK = Anschaffungskosten

Beispiel

Beispiel 1:

Eine Maschine des Unternehmers Rust wird am 01. 10. 10 durch eine Überschwemmung vollständig zerstört (tatsächlicher Wert = 0,00 €). Der Buchwert der Maschine am 01. 01. 10 betrug 60.000,00 €. Die Maschine wurde linear mit 12.000,00 € jährlich abgeschrieben. Die Versicherung überweist im November 2010 100.000,00 € als Entschädigung, darin enthalten sind 10.000,00 € für Nebenkosten und entgangenem Gewinn.

Herr Rust bestellt sofort eine gleichartige Maschine, die im Februar 2011 geliefert wird. Die Anschaffungskosten für die neue Maschine betragen 110.000,00 €. Die Voraussetzungen nach R 6.6 EStR liegen vor.

Bewertung:

Entschädigung der Versicherung	90.000,00 €
(ohne Entschädigung f. Nebenkosten u. Gewinn)	
Buchwert der Maschine am 01. 01. 10	60.000,00 €
– AfA bis 30. 09. 10	9.000,00 €
Buchwert am 30. 09. 10	51.000,00 €
aufgedeckte stille Reserve = Rücklage	39.000,00 €

Erfassung in der Anlage EÜR:

- ■ **Zeile 12:** Die Entschädigung in Höhe von 100.000,00 € ist einzutragen.

- ■ **Zeile 28:** Die planmäßige AfA (9.000,00 €) bis zum 30. 09. 10 wird hier erfasst.

- ■ **Zeile 28:** Die Maschine ist aufgrund der Zerstörung auf 0,00 € abzuschreiben (Abschreibung 51.000,00 €, Gesamtabschreibung in **Zeile 28** = 60.000,00 €). Wenn die Maschine aus dem Unternehmen ausscheidet, käme für die Abschreibung auch die **Zeile 35** in Betracht.

- **Zeile 73 Feld 187:** Die Rücklage für Ersatzbeschaffung (39.000,00 €) wird deklariert. Dieser Betrag ist in die **Zeilen 77 und 46** zu übernehmen und führt zu einer Betriebsausgabe.

Die Rücklage und der Restbuchwert (39.000,00 € + 51.000,00 € = 90.000,00 €) gleichen die Entschädigung der Versicherung für die Maschine genau aus. Dadurch wird die Besteuerung der aufgedeckten stillen Reserve verhindert, der Unternehmer schont seine Liquidität für die Ersatzbeschaffung. Die Entschädigung für den entgangenen Gewinn und für die Nebenkosten werden im Jahr 2010 steuerpflichtig.

> **➤ Bitte beachten Sie:**
>
> Wird ein Wirtschaftsgut beschädigt oder zerstört, ist damit in der Regel eine **Verkürzung** der betriebsgewöhnlichen Nutzungsdauer verbunden. Es handelt sich um eine **außergewöhnliche Abnutzung.** In diesem Fall ist eine Abschreibung für außergewöhnliche technische oder wirtschaftliche Abnutzung (**AfaA**) bis auf den tatsächlichen Wert vorzunehmen. Diese Abschreibung ist ebenfalls in der **Zeile 28** anzugeben, im vorangegangenen Beispiel wurde die zerstörte Maschine komplett abgeschrieben (Restwert = 0,00 €). Die AfaA ist nicht bei Anlagegütern vorzunehmen, die in den Sammelposten (Pool) eingestellt wurden.

Übertragung im Folgejahr:

Im Folgejahr kann die aufgedeckte stille Reserve voll auf das Ersatzwirtschaftsgut übertragen werden, da die Entschädigung geringer ist als die Anschaffungskosten der neuen Maschine.

Dies geschieht, indem die Rücklage von den Anschaffungskosten abgezogen wird. Die Berechnungsgrundlage für die Abschreibungen ist der um die übertragenen stillen Reserven gekürzte Betrag:

$$
\begin{array}{rl}
 & 110.000,00 \text{ € Anschaffungskosten} \\
- & \underline{39.000,00 \text{ € Übertragung der Rücklage}} \\
= & 71.000,00 \text{ € Berechnungsgrundlage für die AfA}
\end{array}
$$

Die Übertragung der Rücklage löst keine Steuerpflicht aus, dafür reduziert sich die jährliche Abschreibung. Die Maschine ist mit dem um die Rücklage verminderten Betrag in das Anlagenverzeichnis zu übernehmen. Die Rücklage wird nicht mehr benötigt, sie ist daher gewinnerhöhend aufzulösen, gleichzeitig wird derselbe Betrag (übertragene Rücklage) als Betriebsausgabe erfasst. Betriebseinnahme und Betriebsausgabe gleichen sich aus.

Erfassung in der Anlage EÜR (Folgejahr):

- **Zeile 28:** Die planmäßige AfA ist vorzunehmen (Bemessungsgrundlage 71.000,00 €).
- **Zeile 44:** Erfassung der gezahlten Umsatzsteuer (von 110.000,00 €)
- **Zeile 73 Feld 120:** Der aufgelöste Betrag in Höhe von 39.000,00 € ist zu erfassen und in die **Zeilen 77 und 19** zu übernehmen.
- **Zeile 74:** Die übertragenen 39.000,00 € sind hier zu erfassen und über die **Zeile 77** als Betriebsausgabe in die **Zeile 46** zu übernehmen.

Beispiel 2:

Der Ausgangsfall ist identisch mit dem 1. Beispiel, die Anschaffungskosten für die neue Maschine betragen nur 75.000,00 €.

Bewertung:

Im Jahr 2010 ergeben sich keine Unterschiede zum Beispiel 1, im Jahr 2011 kann die Übertragung der Rücklage nur anteilig vorgenommen werden, da die Entschädigung die Anschaffungskosten der neuen Maschine übersteigt.

$$\text{übertragbare Reserve} = \frac{39.000,00 \ \text{€} \cdot 75.000,00 \ \text{€}}{90.000,00 \ \text{€}} = 32.500,00 \ \text{€}$$

Auf die neue Maschine können 32.500,00 € übertragen werden. Die Bemessungsgrundlage für die AfA beträgt dann 42.500,00 € (75.000,00 € – 32.500,00 €). Die Rücklage (39.000,00 €) muss gewinnerhöhend aufgelöst werden. Die übertragenen 32.500,00 € stellen eine Betriebsausgabe dar.

Erfassung in der Anlage EÜR (Folgejahr):

- **Zeile 28:** Die planmäßige AfA ist vorzunehmen (Bemessungsgrundlage 42.500,00 €).
- **Zeile 44:** Erfassung der gezahlten Umsatzsteuer (von 75.000,00 €).
- **Zeile 73 Feld 120:** Der aufgelöste Betrag in Höhe von 39.000,00 € ist zu erfassen und über die **Zeile 77** als Betriebseinnahme in die **Zeile 19** zu übernehmen.
- **Zeile 74:** Die übertragenen 32.500,00 € sind zu erfassen; Übertrag in die **Zeilen 77 und 46.**

Beispiel 3:

Der Ausgangsfall ist identisch mit dem 1. Beispiel, allerdings ist die bestellte Maschine im Jahr 2011 nicht lieferbar. Herr Rust stellt fest, dass er auch ohne die Maschine auskommen wird, und verzichtet auf die Anschaffung.

Bewertung:

Im Jahr 2010 ergeben sich keine Unterschiede zum Ausgangsfall, die in diesem Jahr gebildete Rücklage ist im Jahr 2011 komplett gewinnerhöhend aufzulösen.

Erfassung in der Anlage EÜR (Folgejahr):

- **Zeile 73 Feld 120:** Der aufgelöste Betrag in Höhe von 39.000,00 € ist zu erfassen und in die **Zeilen 77 und 19** zu übernehmen (Betriebseinnahme).

Wird die Entschädigung **in dem Jahr** gezahlt, in dem auch die Anschaffung des Ersatzwirtschaftsgutes erfolgt, kann die aufgedeckte stille Reserve sofort übertragen werden, eine Rücklage für Ersatzbeschaffung wird am Jahresende nicht gebildet. Die Übertragung der stillen Reserve muss aus dem Anlagenverzeichnis deutlich hervorgehen.

> **Bitte beachten Sie:**

Die Rücklage für Ersatzbeschaffung nach R 6.6 EStR ist bei beweglichen Wirtschaftsgütern ein Jahr nach der Bildung aufzulösen. Bei Grundstücken und Gebäuden verlängert sich die Frist auf zwei Jahre. Eine Fristverlängerung ist im Einzelfall aus Billigkeitsgründen möglich, wenn z.B. aufgrund von Lieferschwierigkeiten das Ersatzwirtschaftsgut noch nicht geliefert werden konnte. Dieses Vorgehen sollte mit dem Finanzamt abgestimmt werden.

5.6.2 Rücklage nach § 6 b Einkommensteuergesetz (EStG) – § 6 c EStG

§ 6 c EStG erlaubt Einnahmen-Überschuss-Rechnern die Anwendung der Vorschriften des § 6 b EStG.

§ 6 b EStG schafft eine weitere Möglichkeit, um stille Reserven auf andere Wirtschaftsgüter zu übertragen. Entgegen der Regelung der R 6.6 EStR, kann die Übertragung nur bei bestimmten Wirtschaftsgütern vorgenommen werden, dafür ist eine Übertragung auch nach einer freiwilligen Veräußerung möglich.

Übertragbar sind Gewinne aus dem Verkauf von:

- Grund und Boden   auf   Grund und Boden,
- Grund und Boden   auf   Gebäude,
- Gebäuden   auf   Gebäude.

Voraussetzung für die Bildung der Rücklage ist, dass das veräußerte Wirtschaftsgut **sechs Jahre zum Anlagevermögen** des Unternehmens gehört hat.

Die Rücklage nach § 6 b EStG ist erfolgswirksam aufzulösen, wenn eine Ersatzbeschaffung nicht ernsthaft geplant oder zu erwarten ist. Dies wird unterstellt, wenn die Ersatzbeschaffung nicht bis zum Schluss des vierten Jahres, das der Bildung der Rücklage folgt, durchgeführt wird. Zusätzlich ist für jedes Jahr, in dem Rücklage bestanden hat, ein 6%iger Gewinnzuschlag vorzunehmen. Das gilt auch dann, wenn die Rücklage nur teilweise genutzt wird. Die Frist verlängert sich auf sechs Jahre, wenn mit der Herstellung vor Ablauf der Vier-Jahres-Frist begonnen wurde.

Beispiel

Der Unternehmer Kelm veräußert im März 2010 ein Grundstück für 500.000,00 €. Der Buchwert des Grundstücks beträgt 300.000,00 €. Das Grundstück gehört seit 1992 zum Betriebsvermögen. Herr Kelm plant im Jahr 2011 den Bau eines Gebäudes auf einem bereits vorhandenen Grundstück.

Bewertung:

Das Grundstück hat länger als sechs Jahre zum Betriebsvermögen gehört, die Bildung einer Rücklage nach § 6 b EStG ist möglich.

Verkaufspreis	500.000,00 €
Buchwert	300.000,00 €
aufgedeckte stille Reserve = Rücklage	200.000,00 €

Erfassung in der Anlage EÜR:

- **Zeile 16:** Der Verkaufspreis in Höhe von 500.000,00 € ist einzutragen, in der **Zeile 7** ist eine 1 einzutragen.
- **Zeile 35:** Der Restbuchwert (300.000,00 €) stellt eine Betriebsausgabe dar.
- **Zeile 73 Feld 187:** Die Rücklage für Ersatzbeschaffung (200.000,00 €) wird hier deklariert. Über **Zeile 77** gelangt der Betrag als Betriebsausgabe in die **Zeile 46.**

Durch die Bildung der Rücklage, die als Betriebsausgabe abgezogen wird, gleichen sich die Betriebseinnahmen und die Betriebsausgaben genau aus. Der Unternehmer spart Einkommensteuer und schont seine Liquidität für das Ersatzwirtschaftsgut.

Übertragung im Folgejahr:

> **Alternative 1:** Das Gebäude wird für 450.000,00 € errichtet:

Im Folgejahr kann die aufgedeckte stille Reserve voll auf das Gebäude übertragen werden, da die Rücklage geringer ist als die Herstellungskosten für das neue Gebäude.

Dies geschieht, indem die Rücklage von den Herstellungskosten abgezogen wird. Die Berechnungsgrundlage für die Abschreibungen ist der um die übertragenen stillen Reserven gekürzte Betrag:

$$
\begin{array}{ll}
& 450.000,00 \text{ € Herstellungskosten} \\
- & 200.000,00 \text{ € Übertragung der Rücklage} \\
\hline
= & 250.000,00 \text{ € Berechnungsgrundlage für die AfA}
\end{array}
$$

Die Übertragung der Rücklage löst keine Steuerpflicht aus, dafür reduziert sich die jährliche Abschreibung. Das Gebäude ist mit dem um die Rücklage verminderten Betrag in das Anlageverzeichnis zu übernehmen. Die Rücklage wird nicht mehr benötigt, sie ist daher gewinnerhöhend aufzulösen, gleichzeitig wird derselbe Betrag (übertragene Rücklage) als Betriebsausgabe erfasst. Betriebseinnahme und Betriebsausgabe gleichen sich aus.

Erfassung in der Anlage EÜR (Folgejahr):

- **Zeile 26:** Die planmäßige AfA ist vorzunehmen (Bemessungsgrundlage 250.000,00 €).
- **Zeile 44:** Erfassung der gezahlten Umsatzsteuer.
- **Zeile 73 Feld 120:** Die Rücklage ist aufzulösen und als Betriebseinnahme zu erfassen (200.000,00 €). Es erfolgt die Übernahme in die Zeilen **77 und 19**.
- **Zeile 74:** Die übertragenen 200.000,00 € sind zu erfassen; Übertrag in die **Zeilen 77 und 46**.

> **Alternative 2:** Das Gebäude wird nicht errichtet (auch nicht zu einem späterem Zeitpunkt):

Die Rücklage ist gewinnerhöhend aufzulösen, zusätzlich ist ein 6 %iger Gewinnzuschlag vorzunehmen: 6 % von 200.000,00 € = 12.000,00 €

Erfassung in der Anlage EÜR (Folgejahr):

- **Zeile 64:** Hier ist der Gewinnzuschlag in Höhe von 12.000,00 € zu erfassen.
- **Zeile 73 Feld 120:** Der aufgelöste Betrag in Höhe von 200.000,00 € ist zu erfassen; Übertrag in die **Zeilen 77 und 19**.

> **Alternative 3:** Das Gebäude wird für 150.000,00 € errichtet:

$$
\begin{array}{ll}
& 150.000,00 \text{ € Herstellungskosten} \\
- & 150.000,00 \text{ € Übertragung der anteiligen Rücklage} \\
\hline
= & 0,00 \text{ € Berechnungsgrundlage für die AfA}
\end{array}
$$

Die im Jahr 2010 gebildete Rücklage ist höher als die Herstellungskosten des Gebäudes, eine Abschreibung ist nicht mehr möglich. Der übersteigende Betrag (50.000,00 €) ist mit einem 6%igen Gewinnzuschlag aufzulösen.

Erfassung in der Anlage EÜR (Folgejahr):

■ **Zeile 44:** Erfassung der gezahlten Umsatzsteuer.

■ **Zeile 64:** Hier ist der Gewinnzuschlag (3.000,00 €) zu erfassen.

■ **Zeile 73 Feld 120:** Die Rücklage ist komplett aufzulösen (200.000,00 €); Übertrag in die Zeilen **77 und 19**

■ **Zeile 74:** Die übertragenen 150.000,00 € sind als Betriebsausgabe zu erfassen; Übertrag in die **Zeilen 77 und 46.**

> ➤ **Bitte beachten Sie:**

Erhält der Unternehmer eine Investitionszulage, kann diese ebenfalls auf das zu beschaffende Wirtschaftsgut übertragen werden.

5.7 Behandlung von nicht abnutzbarem Anlagevermögen und Teilwertabschreibung

Der Geldabfluss bei der Anschaffung von nicht abnutzbarem Anlagevermögen (insbesondere Grundstücke) führt nicht zur Betriebsausgabe. Abschreibungen können mangels Abnutzbarkeit ebenfalls nicht vorgenommen werden. Erst mit dem Verkauf des Anlagegutes kommt es in Höhe der Anschaffungskosten zu einer Betriebsausgabe. Laufende Ausgaben wie z.B. Grundsteuer und Finanzierungskosten sind zum Zeitpunkt des Abflusses als Betriebsausgabe zu erfassen.

Die Unternehmerin Berger erwirbt am 10.02.10 ein kleines Grundstück zur Lagerung von Baumaterial, die Anschaffungskosten betragen 30.000,00 €. Frau Berger nimmt einen Kredit über 20.000,00 € auf, Auszahlung 19.500,00 €, den Rest begleicht sie aus dem Bankguthaben. Zinsen zahlt sie in Höhe von 1.000,00 €, die Grundsteuer fällt mit 200,00 € an.

Bewertung:

Das Grundstück ist in ein besonderes Anlageverzeichnis zu übernehmen:

Verzeichnis der nicht abnutzbaren Anlagegüter der Firma Berger		
Bezeichnung des Wirtschaftsgutes	**Anschaffungszeitpunkt**	**Anschaffungskosten**
Unbebautes Grundstück Hildener Str. 34	10.02.10	30.000,00 €

Der Auszahlungsbetrag des Kredits (19.500,00 €) liegt unter dem Rückzahlungsbetrag (20.000,00 €). Diese Differenz (500,00 €) wird als **Disagio** bezeichnet und ist im Jahr 2010 **als Betriebsausgabe zu erfassen**. Die gezahlten Zinsen und die Grundsteuer sind ebenfalls Betriebsausgaben. Die Kreditaufnahme führt nicht zu einer Betriebseinnahme, das Grundstück kann nicht abgeschrieben werden.

Erfassung in der Anlage EÜR:

- ■ **Zeile 38:** Die Grundsteuer (200,00 €) ist hier einzutragen.
- ■ **Zeile 42:** Die Schuldzinsen (1.000,00 € Zinsen + 500,00 € Disagio = 1.500,00 €) dienen direkt der Finanzierung des Grundstücks.

Fortführung des Beispiels:

Im Jahr 2011 stellt ein Gutachter den Wert des Grundstücks (schlechte Lage) mit 13.000,00 € fest. **Bilanzierende Unternehmer** müssten bei einer dauernden Wertminderung (kann hier angenommen werden) eine **Teilwertabschreibung** in Höhe von 17.000,00 € vornehmen. Diese Abschreibungsmöglichkeit ist bei der Einnahmen-Überschuss-Rechnung nicht vorgesehen.

> ➤ **Bitte beachten Sie:**
>
> Eine Teilwertabschreibung wird grundsätzlich vorgenommen, wenn es bei Anlagegütern zu einer **Wertminderung** kommt, **ohne dass sich die betriebsgewöhnliche Nutzungsdauer verringert.** Das ist der Fall, wenn die Wiederbeschaffungskosten unter die Buchwerte fallen (Preisverfall).
>
> **Teilwertabschreibungen** sind bei der Einnahmen-Überschuss-Rechnung **nicht vorgesehen.** Das gilt nicht nur für nicht abnutzbare Wirtschaftsgüter, sondern **auch für abnutzbare Wirtschaftsgüter** (Unterschied zur AfaA siehe Kapitel 5.6.1).

Im Jahr 2012 verkauft Frau Berger das Grundstück:

Alternative 1: Verkaufspreis 13.000,00 €	
Betriebseinnahmen	13.000,00 €
Betriebsausgaben	30.000,00 €
Verlust	17.000,00 €

Alternative 2: Verkaufspreis 40.000,00 € (Preise sind gestiegen)	
Betriebseinnahmen	40.000,00 €
Betriebsausgaben	30.000,00 €
Gewinn	10.000,00 €

Erfassung in der Anlage EÜR:

Der Verkaufserlös (Betriebseinnahme) ist bei Grundstücksverkäufen in der **Zeile 16** zu deklarieren, in der **Zeile 35** wird der ursprüngliche Kaufpreis in Höhe von 30.000,00 € als Betriebsausgabe erfasst.

5.8 Die Gewerbesteuer

Im Zuge der Steuerreform 2008 und der damit angestrebten Senkung der Steuern für große Unternehmen ist zum 01.01.08 das Gewerbesteuerrecht komplett überarbeitet worden.

Die Gewerbesteuer stellt die Haupteinnahmequelle der Kommunen dar, es handelt sich um eine Gemeindesteuer. Gewerbetreibende können die **Gewerbesteuer nicht** als **Betriebsausgabe erfassen,** es handelt sich um einen erfolgsneutralen Vorgang **(Zeile 53 Feld 217).** Freiberufler wie Anwälte und Steuerberater unterliegen nicht der Gewerbesteuerpflicht, da sie kein Gewerbe betreiben.

5.8.1 Hinzurechnungen und Kürzungen

Die Gewerbesteuer bemisst sich nach dem Gewerbeertrag. Dieser ergibt sich aus dem Ergebnis der Einnahmen-Überschuss-Rechnung zuzüglich der im Gewerbesteuergesetz definierten Hinzurechnungen (§ 8 GewStG).

Folgende **Hinzurechnungen** von jeweils **25 %** sind im Gewerbesteuergesetz vorgesehen:

- aller Entgelte für Schulden. Dabei handelt es sich um alle direkten und indirekten Zinsanteile sowie darauf entfallende Nebenleistungen für die Überlassung von Geld- und Sachkapital. Die bisherige Unterscheidung in kurzfristige Schulden und in Dauerschulden entfällt.

- der Gewinnanteile stiller Gesellschafter.

- aller gezahlten Renten und dauernder Lasten.

- von **20 %** der Mieten, Pachten und Leasingraten für **bewegliche** Wirtschaftsgüter des Anlagevermögens. Die Bemessungsgrundlage für die Gewerbesteuer erhöht sich somit um 5 %, nämlich 25 % von 20 % entspricht 5 %.

- von **50 %** der Mieten, Pachten und Leasingraten für **unbewegliche** Wirtschaftsgüter des Anlagevermögens (25 % von 50 % entspricht 12,5 %).

- von **25 %** der Lizenz- und Konzessionsaufwendungen mit Ausnahme von Lizenzen, die ausschließlich den Weiterverkauf daraus abgeleiteter Rechte erlauben. Zu nennen sind hier Vertriebslizenzen (25 % von 25 % entspricht 6,25 %).

Diese **Hinzurechnungen sind nicht vorzunehmen,** wenn die Summe aller Finanzierungsentgelte den **Freibetrag von 100.000,00 €** nicht übersteigt. Diese Regelung soll insbesondere kleine und mittlere Unternehmen entlasten.

Folgende **Kürzungen** sind vorzunehmen, die aufgrund mangelnder Praxisrelevanz nicht weiter betrachtet werden (Aufzählung nicht vollständig):

- 1,2 % des Einheitswertes des Grundbesitzes der sich im Betriebsvermögen befindet.

- Gewinnanteile aus einer Beteiligung an einer Kapitalgesellschaft, wenn die Beteiligung mindestens 15 % beträgt.

Es ergibt sich folgendes **Berechnungsschema:**

> 100 % der gezahlten Zinsen (Finanzausgaben)
> + 100 % der Gewinnanteile stiller Gesellschafter
> + 100 % der Renten und dauernden Lasten
> +   20 % der Mieten, Pachten und Leasingraten für bewegliche Wirtschaftsgüter
> +   50 % der Mieten, Pachten und Leasingraten für unbewegliche Wirtschaftsgüter
> +   25 % der Aufwendungen für Konzessionen und Lizenzen
>
> = Summe der anrechenbaren Finanzierungsausgaben
> − 100.000,00 € Freibetrag
>
> = **verbleibende Hinzurechnungssumme,** von der 25 % hinzugerechnet werden

Es folgt:

> Gewinn der Einnahmen-Überschuss-Rechnung
> + 25 % der verbleibenden Hinzurechnungssumme
>
> = Gewerbeertrag, wird auf volle 100,00 € abgerundet
> − 24.500,00 € **Freibetrag** für Einzelunternehmen und Personengesellschaften
>
> = korrigierter (steuerpflichtiger) **Gewerbeertrag**

Der Freibetrag kann höchstens in Höhe des abgerundeten Gewerbeertrags in Anspruch genommen werden, d. h., der korrigierte Gewerbeertrag kann nicht negativ werden.

Für Kapitalgesellschaften (AG und GmbH) ist kein Freibetrag vorgesehen, diese Unternehmensformen unterliegen mit dem gesamten Gewinn der Gewerbesteuer. Zudem besteht grundsätzlich Bilanzierungspflicht, die Einnahmen-Überschuss-Rechnung ist nicht möglich.

Der Gewerbeertrag ist mit der für alle Unternehmensformen einheitlichen **Steuermesszahl** in Höhe von **3,5 %** zu multiplizieren. Auf den sich dann ergebenden **Gewerbesteuermessbetrag** wendet die Gemeinde ihren Hebesatz an. Der **Hebesatz** ist von Gemeinde zu Gemeinde unterschiedlich, hierüber entscheidet die jeweilige Gemeinde selbstständig. Beträgt der Hebesatz der Gemeinde beispielsweise 400 %, ist der Steuermessbetrag mit vier zu multiplizieren, um die **Gewerbesteuer** zu erhalten.

In der Regel wird der Bescheid für den Gewerbesteuermessbetrag vom Finanzamt erlassen, den Gewerbesteuerbescheid hingegen erlässt die Gemeinde.

5.8.2   Praktische Darstellung des Gewerbesteuerrechts

Der dargestellte Sachverhalt soll nun anhand von einigen Beispielen praktisch dargestellt werden.

Beispiel

> **Beispiel 1:**
>
> Der gewerblich tätige Unternehmer Lämmer (Einzelunternehmer) hat einen Gewinn in Höhe von 20.000,00 € mit der Einnahmen-Überschuss-Rechnung ermittelt. Der Hebesatz der Gemeinde beträgt 400 %. Hinzurechnungen sind nicht vorzunehmen.

Bewertung:

Gewinn aus Gewerbebetrieb	20.000,00 €
– Freibetrag für Einzelunternehmer	24.500,00 €
= steuerpflichtiger Gewerbeertrag	0,00 € (nicht negativ)

Durch den gewährten Freibetrag unterliegt Herr Lämmer nicht der Gewerbesteuer.

Beispiel 2:

Der gewerblich tätige Unternehmer Braun (Einzelunternehmer) hat einen Gewinn in Höhe von 40.000,00 € mit der Einnahmen-Überschuss-Rechnung ermittelt. Der Hebesatz der Gemeinde beträgt 400 %. Hinzurechnungen sind nicht vorzunehmen.

Bewertung:

Gewinn aus Gewerbebetrieb	40.000,00 €
– Freibetrag für Einzelunternehmer	24.500,00 €
= steuerpflichtiger Gewerbeertrag	15.500,00 €

Auf den steuerpflichtigen Gewerbeertrag ist die Steuermesszahl in Höhe von 3,5 % anzuwenden. Daraus ergibt sich ein Gewerbesteuermessbetrag in Höhe von 542,50 € (3,5 % von 15.500,00 €).

Der Steuermessbetrag ist mit dem Hebesatz der Gemeinde zu multiplizieren, in diesem Fall mit 400 % (Faktor für die Multiplikation = 4). 542,50 € · 4 = 2.170,00 € = Gewerbesteuerschuld.

Beispiel 3:

Die gewerblich tätige Unternehmerin Goll (Einzelunternehmerin) hat einen Gewinn in Höhe von 33.333,00 € mit der Einnahmen-Überschuss-Rechnung ermittelt. Der Hebesatz der Gemeinde beträgt 350 %. Hinzurechnungen sind nicht vorzunehmen.

Bewertung:

Gewinn aus Gewerbebetrieb	33.333,00 €
– Freibetrag für Einzelunternehmer	24.500,00 €
= steuerpflichtiger Gewerbeertrag	8.833,00 €
→ steuerpflichtiger Gewerbeertrag	8.800,00 € (gerundet)

Auf den gerundeten steuerpflichtigen Gewerbeertrag ist die Steuermesszahl in Höhe von 3,5 % anzuwenden. Daraus ergibt sich ein Gewerbesteuermessbetrag in Höhe von 308,00 € (3,5 % von 8.800,00 €).

Der Steuermessbetrag ist mit dem Hebesatz der Gemeinde zu multiplizieren, in diesem Fall mit 350 % (Faktor für die Multiplikation = 3,5). 308,00 € · 3,5 = 1.078,00 € = Gewerbesteuerschuld.

Beispiel 4:

Die gewerblich tätige Unternehmerin Hund (Einzelunternehmerin) hat einen Gewinn in Höhe von 45.000,00 € mit der Einnahmen-Überschuss-Rechnung ermittelt. Der Hebesatz der Gemeinde beträgt 380 %.

Für betrieblich veranlasste Zinsen hat sie insgesamt 12.500,00 € bezahlt, die Leasingraten für den betrieblichen Pkw betrugen 4.500,00 €, die Miete für die Büroräume hat insgesamt 24.000,00 € betragen.

Bewertung:

Zuerst muss Frau Hund die Höhe der Hinzurechnungen bestimmen:

	100 % der gezahlten Zinsen	12.500,00 €
+	20 % der Leasingraten für den Pkw	900,00 €
+	50 % der Miete für die Büroräume	12.000,00 €
=	Summe der anrechenbaren Finanzierungsausgaben	25.400,00 €
–	Freibetrag	100.000,00 €
=	**verbleibende Hinzurechnungssumme**	**0,00 €**

Die gesamten anrechenbaren Finanzierungsausgaben liegen unter dem Freibetrag von 100.000,00 €, daher ergibt sich in diesem Fall keine gewerbesteuererhöhende Wirkung.

	Gewinn aus Gewerbebetrieb	45.000,00 €
–	Freibetrag für Einzelunternehmer	24.500,00 €
=	steuerpflichtiger Gewerbeertrag	20.500,00 €

Auf den steuerpflichtigen Gewerbeertrag ist die Steuermesszahl in Höhe von 3,5 % anzuwenden. Daraus ergibt sich ein Gewerbesteuermessbetrag in Höhe von 717,50 € (3,5 % von 20.500,00 €).

Der Steuermessbetrag ist mit dem Hebesatz der Gemeinde zu multiplizieren, in diesem Fall mit 380 % (Faktor für die Multiplikation = 3,8). 717,50 € · 3,8 = 2.726,50 € = Gewerbesteuerschuld.

Beispiel 5:

Der gewerblich tätige Unternehmer Glahn (Einzelunternehmer) hat einen Gewinn in Höhe von 36.900,00 € mit der Einnahmen-Überschuss-Rechnung ermittelt. Der Hebesatz der Gemeinde beträgt 430 %.

Für betrieblich veranlasste Zinsen hat er insgesamt 80.000,00 € bezahlt, die Leasingraten für den betrieblichen Pkw betrugen 12.000,00 €, die Miete für die Büroräume hat insgesamt 48.000,00 € betragen. Der stille Gesellschafter hat einen Gewinnanteil in Höhe von 10.000,00 € erhalten.

8 Froemer - ISBN 978-3-8120-0649-1

Bewertung:

Zuerst muss Herr Glahn die Höhe der Hinzurechnungen bestimmen:

	100 % der gezahlten Zinsen	80.000,00 €
	100 % Gewinnanteile stiller Gesellschafter	10.000,00 €
+	20 % der Leasingraten für den Pkw	2.400,00 €
+	50 % der Miete für die Büroräume	24.000,00 €
=	Summe der anrechenbaren Finanzierungsausgaben	116.400,00 €
−	Freibetrag	100.000,00 €
=	**verbleibende Hinzurechnungssumme**	**16.400,00 €**
→	**Hinzurechnungsbetrag 25 % von 16.400,00 € =**	**4.100,00 €**

Nur durch sehr hohe (eher unrealistische) Summen bei den Hinzurechnungen ergibt sich ein tatsächlicher Hinzurechnungsbetrag. In den meisten Fällen dürfte diese Konstellation bei einem Einnahmen-Überschuss-Rechner nicht relevant sein.

	Gewinn aus Gewerbebetrieb	36.900,00 €
+	Hinzurechnungsbetrag	4.100,00 €
−	Freibetrag für Einzelunternehmer	24.500,00 €
=	steuerpflichtiger Gewerbeertrag	16.500,00 €

Auf den steuerpflichtigen Gewerbeertrag ist die Steuermesszahl in Höhe von 3,5 % anzuwenden. Daraus ergibt sich ein Gewerbesteuermessbetrag in Höhe von 577,50 € (3,5 % von 16.500,00 €).

Der Steuermessbetrag ist mit dem Hebesatz der Gemeinde zu multiplizieren, in diesem Fall mit 430 % (Faktor für die Multiplikation = 4,3). 577,50 € · 4,3 = 2.483,25 € = Gewerbesteuerschuld.

> ➤ **Bitte beachten Sie:**

Abgabefrist für die Gewerbesteuererklärung ist der **31. Mai des Folgejahres.** Beträgt die Gewerbesteuerschuld des Jahres mehr als 200,00 €, sind am 15. Februar, 15. Mai, 15. August und am 15. November Vorauszahlungen zu entrichten. Der Unternehmer erhält für die Vorauszahlungen einen gesonderten Bescheid. Zur Milderung der Belastung von Gewerbebetrieben mit Gewerbesteuer wird die Einkommensteuer des Unternehmers durch pauschale Anrechnung der Gewerbesteuer verringert. Die Einkommensteuerermäßigung wird in Höhe des 3,8-fachen des Steuermessbetrages gewährt. Die Anrechnung ist dabei auf den Betrag der tatsächlich zu zahlenden Gewerbesteuer beschränkt. Eine faktische Gewerbesteuerbelastung ergibt sich somit erst bei Hebesätzen über 380 %. Unter Berücksichtigung des Solidaritätszuschlags ist sogar bis zu einem Hebesatz von ca. 400 % eine vollständige Anrechnung der Gewerbesteuer auf die Einkommensteuer gewährleistet, da der Anrechnungsbetrag die Bemessungsgrundlage des Solidaritätszuschlags mindert (gilt nicht für die Kirchensteuer).

5.9 Löhne und Gehälter

> Bruttogehalt
> – Rentenversicherung
> – Krankenversicherung
> – Pflegeversicherung
> – Arbeitslosenversicherung
> – Lohnsteuer
> – Solidaritätszuschlag
> – Kirchensteuer
>
> = Nettogehalt

Schließt der Unternehmer einen Arbeitsvertrag ab, hat er einige **Pflichten** zu erfüllen:

■ Bei der Bundesagentur für Arbeit muss eine Betriebsnummer beantragt werden.

■ Der Arbeitnehmer ist bei der Krankenkasse anzumelden.

■ Dem Finanzamt sollte der Unternehmer das Arbeitsverhältnis ebenfalls mitteilen.

5.9.1 Berechnung der Steuern

Zum steuerpflichtigen Bruttogehalt gehören das Grundgehalt, aber auch zusätzliche freiwillige Zuwendungen wie Urlaubs- und Weihnachtsgeld. Sachzuwendungen wie z. B. die Privatnutzung des Firmen-Pkws unterliegen ebenfalls der Steuerpflicht. Eine Ausnahme bilden Sachzuwendungen **bis zu 44,00 €** im Monat (z. B. Geburtstagsgeschenk), diese bleiben steuer- und sozialversicherungsfrei. Wird diese Grenze überschritten, wird der komplette Betrag steuerpflichtig, es handelt sich um eine Freigrenze, nicht um einen Freibetrag. Der Unternehmer muss vom Bruttogehalt des Arbeitnehmers die Steuern einbehalten und an das Finanzamt abführen.

Folgende Steuern hat der Unternehmer einzubehalten:

■ Lohnsteuer

■ Kirchensteuer (falls der Arbeitnehmer Mitglied einer Kirchengemeinde ist)

■ Solidaritätszuschlag (Soli)

Die Höhe der **Lohnsteuer** hängt von den persönlichen Verhältnissen des Arbeitnehmers ab. Diese äußern sich in der Steuerklasse, die auf der Steuerkarte vermerkt ist (Steuerklassen I bis VI). Die **Kirchensteuer** beträgt in Bayern und Baden-Württemberg **8 % der Lohnsteuer,** in den übrigen Bundesländern **9 % der Lohnsteuer.** Der **Solidaritätszuschlag** ist mit **5,5 % der Lohnsteuer** zu berechnen.

Bei Beginn des Arbeitsverhältnisses muss der Arbeitnehmer die **Lohnsteuerkarte** vorlegen. Sollte er das versäumen, sind die Steuern nach der Steuerklasse VI zu berechnen (**Steuerklasse VI** = zweites Arbeitsverhältnis bzw. keine Steuerkarte vorgelegt). Neben der Steuerklasse sind auf der Steuerkarte die Religionszugehörigkeit, die Kinderfreibeträge und die Steuerfreibeträge vermerkt.

Alle Eintragungen in der Lohnsteuerkarte genau prüfen! | Ordnungsmerkmal des Arbeitgebers

Lohnsteuerkarte 2010

Identifikationsnummer

Gemeinde

40260 Düsseldorf

AGS

06.111.000

Finanzamt und Nr.

Geburtsdatum

23. 05. 1969

I. Allgemeine Besteuerungsmerkmale

Steuer-klasse	Kinder unter 18 Jahren: Zahl der Kinderfreibeträge
sechs	

Hans Friedrich
Hamborner Str. 7
40235 Düsseldorf

Kirchensteuerabzug

(Datum)

20. 09. 2009

(Gemeindebehörde)

II. Änderungen der Eintragungen im Abschnitt I

Steuerklasse/ Faktor	Zahl der Kinder-freibeträge	Kirchensteuerabzug	Diese Eintragung gilt, wenn sie nicht widerrufen wird:	Datum, Unterschrift und Stempel der Behörde
			vom 2010 an bis zum 2010	
			vom 2010 an bis zum 2010	

III. Für die Berechnung der Lohnsteuer sind vom Arbeitslohn als steuerfrei **abzuziehen:**

Jahresbetrag EUR	monatlich EUR	wöchentlich EUR	täglich EUR	Diese Eintragung gilt, wenn sie nicht widerrufen wird:	Datum, Unterschrift und Stempel der Behörde
in Buch-staben	-tausend		Zehner und Einer wie oben -hundert	vom 2010 an bis zum 31.12.2010	
in Buch-staben	-tausend		Zehner und Einer wie oben -hundert	vom 2010 an bis zum 31.12.2010	

IV. Für die Berechnung der Lohnsteuer sind dem Arbeitslohn **hinzuzurechnen:**

Jahresbetrag EUR	monatlich EUR	wöchentlich EUR	täglich EUR	Diese Eintragung gilt, wenn sie nicht widerrufen wird:	Datum, Unterschrift und Stempel der Behörde
in Buch-staben	-tausend		Zehner und Einer wie oben -hundert	vom 2010 an bis zum 31.12.2010	

LSt 1 (Ko 0709)

> **Bitte beachten Sie:**

Die Steuern sind **spätestens bis zum zehnten Tag** nach Ablauf des Anmeldungszeitraums **auf elektronischem Wege mit dem Programm Elster** zu erklären und an das Finanzamt abzuführen (siehe dazu auch Kapitel 4.2). Im Rahmen der elektronischen Steuererklärung wurde ein lohnsteuerliches Ordnungsmerkmal geschaffen, **die eTIN (Electronic Taxpayer Identification Number)**. Der Arbeitgeber hat das Ordnungsmerkmal nach einer amtlich festgelegten Regel aus Namen, Vornamen und Geburtsdatum des Arbeitnehmers zu bilden. Hierbei handelt es sich um ein relativ kompliziertes Vorgehen, das den Rahmen dieses Buches sprengen würde. Die eTIN wird später durch ein bundesweites Identifikationsmerkmal nach § 139 a ff. der Abgabenordnung ersetzt. Weitergehende Informationen hierzu erhalten Sie bei Ihrem Finanzamt.

Anmeldungs-Abführungszeitpunkt:

- Anmeldungs- und Abführungszeitpunkt ist der zehnte Tag nach Ablauf eines **Kalendermonats,** wenn die abzuführende Lohnsteuer für das Kalenderjahr **mehr als 4.000,00 €** beträgt.

- Anmeldungs- und Abführungszeitpunkt ist der zehnte Tag nach Ablauf eines **Kalendervierteljahres,** wenn die Jahressteuer **mehr als 1.000,00 €, aber nicht mehr als 4.000,00 €** beträgt.

- Anmeldungs- und Abführungszeitpunkt ist der zehnte Tag nach Ablauf eines **Kalenderjahres,** wenn die Jahressteuer **nicht mehr als 1.000,00 €** beträgt.

Sollte das Arbeitsverhältnis erst im Laufe des Jahres beginnen, sind die Monatsbeträge auf einen Jahresbetrag umzurechnen.

Im Falle einer verspäteten Lohnsteuerabführung kann das Finanzamt Verspätungszuschläge festsetzen. Es werden keine Schonfristen gewährt.

Nach Ablauf des Jahres bzw. nach Beendigung des Dienstverhältnisses muss der Unternehmer dem Arbeitnehmer die elektronische Lohnsteuerbescheinigung (Ausdruck) oder die Steuerkarte aushändigen. Hier hat er die Dauer des Dienstverhältnisses und die einbehaltenen Steuer- und Sozialversicherungsbeträge einzutragen. Die elektronische Lohnsteuerbescheinigung ist vom Aufbau identisch mit der Rückseite der Steuerkarte (siehe nachfolgend). Die Eintragungen sind vorwiegend bei den Nummern 1., 3., 4., 5., 6., 22., 23. und 25. vorzunehmen.

Die Lohnsteuerbescheinigung wird ebenfalls mit dem Programm Elster erstellt (siehe Anhang ab Seite 201).

V. Lohnsteuerbescheinigung für das Kalenderjahr 2010 und besondere Angaben

		vom – bis		vom – bis		vom – bis	
1. Dauer des Dienstverhältnisses							
2. Zeiträume ohne Anspruch auf Arbeitslohn	Großbuchstaben (S, B, V, F)	Anzahl „U":		Anzahl „U":		Anzahl „U":	
		EUR	Ct	EUR	Ct	EUR	Ct
3. Bruttoarbeitslohn einschl. Sachbezüge ohne 9. und 10.							
4. Einbehaltene Lohnsteuer von 3.							
5. Einbehaltener Solidaritätszuschlag von 3.							
6. Einbehaltene Kirchensteuer des Arbeitnehmers von 3.							
7. Einbehaltene Kirchensteuer des Ehegatten von 3. (nur bei konfessionsverschiedener Ehe)							
8. In 3. enthaltene steuerbegünstigte Versorgungsbezüge							
9. Steuerbegünstigte Versorgungsbezüge für mehrere Kalenderjahre							
10. Ermäßigt besteuerter Arbeitslohn für mehrere Kalenderjahre (ohne 9.) und ermäßigt besteuerte Entschädigungen							
11. Einbehaltene Lohnsteuer von 9. und 10.							
12. Einbehaltener Solidaritätszuschlag von 9. und 10.							
13. Einbehaltene Kirchensteuer des Arbeitnehmers von 9. und 10.							
14. Einbehaltene Kirchensteuer des Ehegatten von 9. und 10. (nur bei konfessionsverschiedener Ehe)							
15. Kurzarbeitergeld, Zuschuss zum Mutterschaftsgeld, Verdienstausfallentschädigung (Infektionsschutzgesetz), Aufstockungsbetrag und Altersteilzeitzuschlag							
16. Steuerfreier Arbeitslohn nach	Doppelbesteuerungsabkommen						
	Auslandstätigkeitserlass						
17. Steuerfreie Arbeitgeberleistungen für Fahrten zwischen Wohnung und Arbeitsstätte							
18. Pauschalbesteuerte Arbeitgeberleistungen für Fahrten zwischen Wohnung und Arbeitsstätte							
19. Steuerpflichtige Entschädigungen und Arbeitslohn für mehrere Kalenderjahre, die nicht ermäßigt besteuert wurden – in 3. enthalten							
20. Steuerfreie Verpflegungszuschüsse bei Auswärtstätigkeit							
21. Steuerfreie Arbeitgeberleistungen bei doppelter Haushaltsführung							
22. Arbeitgeberanteil zur gesetzlichen Rentenversicherung und an berufsständische Versorgungseinrichtungen							
23. Arbeitnehmeranteil zur gesetzlichen Rentenversicherung und an berufsständische Versorgungseinrichtungen							
24. Steuerfreie Arbeitgeberzuschüsse zur Krankenversicherung und zur Pflegeversicherung							
25. Arbeitnehmerbeiträge zur gesetzlichen Krankenversicherung							
26. Arbeitnehmerbeiträge zur sozialen Pflegeversicherung			—		—		—
27. Arbeitnehmerbeiträge zur Arbeitslosenversicherung			—		—		—
Anschrift des Arbeitgebers (lohnsteuerliche Betriebsstätte) Firmenstempel, Unterschrift							
Finanzamt, an das die Lohnsteuer abgeführt wurde **(Name und dessen vierstellige Nr.)**							

Die Steuern müssen nicht errechnet werden, der Unternehmer kann die Beträge der Lohnsteuertabelle entnehmen (erhältlich in Schreibwarenläden oder in Buchhandlungen):

1 979,99* — MONAT

Abzüge an Lohnsteuer, Solidaritätszuschlag (SolZ) und Kirchensteuer (8%, 9%) in den Steuerklassen

Links: **I – VI** ohne Kinderfreibeträge · Rechts: **I, II, III, IV** mit Zahl der Kinderfreibeträge (0,5 / 1 / 1,5 / 2 / 2,5 / 3**)

Lohn/Gehalt bis €*	StKl	LSt	SolZ	8%	9%	LSt	0,5 SolZ	0,5 8%	0,5 9%	1 SolZ	1 8%	1 9%	1,5 SolZ	1,5 8%	1,5 9%	2 SolZ	2 8%	2 9%	2,5 SolZ	2,5 8%	2,5 9%	3** SolZ	3** 8%	3** 9%
1 937,99	I,IV	243,25	13,37	19,46	21,89	243,25	9,81	14,28	16,06	6,43	9,36	10,53	—	4,76	5,35	—	1,02	1,15	—	—	—	—	—	—
	II	213,66	11,75	17,09	19,22	213,66	8,27	12,03	13,53	1,88	7,23	8,13	—	2,95	3,32	—	—	—	—	—	—	—	—	—
	III	30,33	—	2,42	2,72	30,33	—	—	—	—	—	—	—	—	—	—	—	—	—	—	—	—	—	—
	V	527,83	29,03	42,22	47,50	243,25	11,57	16,84	18,94	9,81	14,28	16,06	8,10	11,79	13,26	6,43	9,36	10,53	1,30	7,—	7,87	—	4,76	5,35
	VI	557,83	30,68	44,62	50,20																			
1 940,99	I,IV	244,08	13,42	19,52	21,96	244,08	9,86	14,34	16,13	6,47	9,42	10,59	—	4,81	5,41	—	1,06	1,19	—	—	—	—	—	—
	II	214,50	11,79	17,16	19,30	214,50	8,31	12,09	13,60	2,01	7,28	8,19	—	3,—	3,37	—	—	—	—	—	—	—	—	—
	III	30,83	—	2,46	2,77	30,83	—	—	—	—	—	—	—	—	—	—	—	—	—	—	—	—	—	—
	V	529,—	29,09	42,32	47,61	244,08	11,61	16,90	19,01	9,86	14,34	16,13	8,14	11,84	13,32	6,47	9,42	10,59	1,43	7,05	7,93	—	4,81	5,41
	VI	559,—	30,74	44,72	50,31																			
1 943,99	I,IV	244,83	13,46	19,58	22,03	244,83	9,90	14,40	16,20	6,51	9,48	10,66	—	4,86	5,47	—	1,10	1,24	—	—	—	—	—	—
	II	215,25	11,83	17,22	19,37	215,25	8,35	12,15	13,67	2,16	7,34	8,26	—	3,04	3,42	—	—	—	—	—	—	—	—	—
	III	31,16	—	2,49	2,80	31,16	—	—	—	—	—	—	—	—	—	—	—	—	—	—	—	—	—	—
	V	530,16	29,15	42,41	47,71	244,83	11,66	16,96	19,08	9,90	14,40	16,20	8,19	11,91	13,40	6,51	9,48	10,66	1,58	7,11	8,—	—	4,86	5,47
	VI	560,16	30,80	44,81	50,41																			
1 946,99	I,IV	245,66	13,51	19,65	22,10	245,66	9,94	14,46	16,27	6,55	9,54	10,73	—	4,91	5,52	—	1,14	1,28	—	—	—	—	—	—
	II	216,08	11,88	17,28	19,44	216,08	8,39	12,21	13,73	2,30	7,40	8,32	—	3,09	3,47	—	—	—	—	—	—	—	—	—
	III	31,66	—	2,53	2,84	31,66	—	—	—	—	—	—	—	—	—	—	—	—	—	—	—	—	—	—
	V	531,33	29,22	42,50	47,81	245,66	11,70	17,02	19,15	9,94	14,46	16,27	8,23	11,97	13,46	6,55	9,54	10,73	1,71	7,16	8,06	—	4,91	5,52
	VI	561,33	30,87	44,90	50,51																			
1 949,99	I,IV	246,50	13,55	19,72	22,18	246,50	9,98	14,52	16,34	6,59	9,59	10,79	—	4,96	5,58	—	1,18	1,33	—	—	—	—	—	—
	II	216,83	11,92	17,34	19,51	216,83	8,43	12,27	13,80	2,45	7,46	8,39	—	3,14	3,53	—	—	—	—	—	—	—	—	—
	III	32,—	—	2,56	2,88	32,—	—	—	—	—	—	—	—	—	—	—	—	—	—	—	—	—	—	—
	V	532,50	29,28	42,60	47,92	246,50	11,75	17,09	19,22	9,98	14,52	16,34	8,26	12,02	13,52	6,59	9,59	10,79	1,86	7,22	8,12	—	4,96	5,58
	VI	562,50	30,93	45,—	50,62																			
1 952,99	I,IV	247,25	13,59	19,78	22,25	247,25	10,02	14,58	16,40	6,63	9,65	10,85	—	5,02	5,64	—	1,22	1,37	—	—	—	—	—	—
	II	217,66	11,97	17,41	19,58	217,66	8,47	12,33	13,87	2,58	7,51	8,45	—	3,18	3,58	—	—	—	—	—	—	—	—	—
	III	32,33	—	2,58	2,90	32,33	—	—	—	—	—	—	—	—	—	—	—	—	—	—	—	—	—	—
	V	533,66	29,35	42,69	48,02	247,25	11,79	17,15	19,29	10,02	14,58	16,40	8,30	12,08	13,59	6,63	9,65	10,85	2,—	7,28	8,19	—	5,02	5,64
	VI	563,66	31,—	45,09	50,72																			
1 955,99	I,IV	248,08	13,64	19,84	22,32	248,08	10,07	14,65	16,48	6,67	9,71	10,92	—	5,07	5,70	—	1,26	1,42	—	—	—	—	—	—
	II	218,41	12,01	17,47	19,65	218,41	8,52	12,39	13,94	2,73	7,57	8,51	—	3,23	3,63	—	—	—	—	—	—	—	—	—
	III	32,83	—	2,62	2,95	32,83	—	—	—	—	—	—	—	—	—	—	—	—	—	—	—	—	—	—
	V	534,83	29,41	42,78	48,13	248,08	11,83	17,21	19,36	10,07	14,65	16,48	8,35	12,14	13,66	6,67	9,71	10,92	2,15	7,34	8,25	—	5,07	5,70
	VI	564,83	31,06	45,18	50,83																			
1 958,99	I,IV	248,91	13,69	19,91	22,40	248,91	10,11	14,71	16,55	6,71	9,76	10,98	—	5,12	5,76	—	1,30	1,46	—	—	—	—	—	—
	II	219,25	12,05	17,54	19,73	219,25	8,56	12,45	14,—	2,86	7,62	8,57	—	3,28	3,69	—	—	—	—	—	—	—	—	—
	III	33,16	—	2,65	2,98	33,16	—	—	—	—	—	—	—	—	—	—	—	—	—	—	—	—	—	—
	V	536,—	29,48	42,88	48,24	248,91	11,88	17,28	19,44	10,11	14,71	16,55	8,39	12,20	13,73	6,71	9,76	10,98	2,28	7,39	8,31	—	5,12	5,76
	VI	566,—	31,13	45,28	50,94																			
1 961,99	I,IV	249,66	13,73	19,97	22,46	249,66	10,15	14,77	16,61	6,75	9,82	11,05	—	5,17	5,81	—	1,34	1,51	—	—	—	—	—	—
	II	220,—	12,10	17,60	19,80	220,—	8,60	12,51	14,07	3,01	7,68	8,64	—	3,32	3,74	—	—	—	—	—	—	—	—	—
	III	33,66	—	2,69	3,02	33,66	—	—	—	—	—	—	—	—	—	—	—	—	—	—	—	—	—	—
	V	537,16	29,54	42,97	48,34	249,66	11,92	17,34	19,50	10,15	14,77	16,61	8,43	12,26	13,79	6,75	9,82	11,05	2,43	7,45	8,38	—	5,17	5,81
	VI	567,16	31,19	45,37	51,04																			
1 964,99	I,IV	250,50	13,77	20,04	22,54	250,50	10,19	14,83	16,68	6,79	9,88	11,12	—	5,22	5,87	—	1,38	1,55	—	—	—	—	—	—
	II	220,83	12,14	17,66	19,87	220,83	8,64	12,57	14,14	3,15	7,74	8,70	—	3,37	3,79	—	—	—	—	—	—	—	—	—
	III	34,—	—	2,72	3,06	34,—	—	—	—	—	—	—	—	—	—	—	—	—	—	—	—	—	—	—
	V	538,33	29,60	43,06	48,44	250,50	11,96	17,40	19,58	10,19	14,83	16,68	8,47	12,32	13,86	6,79	9,88	11,12	2,56	7,50	8,44	—	5,22	5,87
	VI	568,33	31,25	45,46	51,14																			
1 967,99	I,IV	251,33	13,82	20,10	22,61	251,33	10,23	14,89	16,75	6,83	9,94	11,18	—	5,28	5,94	—	1,42	1,60	—	—	—	—	—	—
	II	221,58	12,18	17,72	19,94	221,58	8,68	12,63	14,21	3,30	7,80	8,77	—	3,42	3,84	—	—	—	—	—	—	—	—	—
	III	34,50	—	2,76	3,10	34,50	—	—	—	—	—	—	—	—	—	—	—	—	—	—	—	—	—	—
	V	539,50	29,67	43,16	48,55	251,33	12,—	17,46	19,64	10,23	14,89	16,75	8,51	12,38	13,93	6,83	9,94	11,18	2,71	7,56	8,51	—	5,28	5,94
	VI	569,66	31,33	45,57	51,26																			
1 970,99	I,IV	252,08	13,86	20,16	22,68	252,08	10,28	14,96	16,83	6,87	10,—	11,25	—	5,33	5,99	—	1,46	1,64	—	—	—	—	—	—
	II	222,41	12,23	17,79	20,01	222,41	8,72	12,69	14,27	3,43	7,85	8,83	—	3,46	3,89	—	—	—	—	—	—	—	—	—
	III	34,83	—	2,78	3,13	34,83	—	—	—	—	—	—	—	—	—	—	—	—	—	—	—	—	—	—
	V	540,66	29,73	43,25	48,65	252,08	12,05	17,53	19,72	10,28	14,96	16,83	8,55	12,44	14,—	6,87	10,—	11,25	2,85	7,62	8,57	—	5,33	5,99
	VI	570,83	31,39	45,66	51,37																			
1 973,99	I,IV	252,91	13,91	20,23	22,76	252,91	10,32	15,02	16,89	6,91	10,06	11,31	—	5,38	6,05	—	1,50	1,69	—	—	—	—	—	—
	II	223,16	12,27	17,85	20,08	223,16	8,76	12,75	14,34	3,50	7,91	8,90	—	3,51	3,95	—	—	—	—	—	—	—	—	—
	III	35,33	—	2,82	3,17	35,33	—	—	—	—	—	—	—	—	—	—	—	—	—	—	—	—	—	—
	V	541,83	29,80	43,34	48,76	252,91	12,09	17,59	19,79	10,32	15,02	16,89	8,59	12,50	14,06	6,91	10,06	11,31	3,—	7,68	8,64	—	5,38	6,05
	VI	572,—	31,46	45,76	51,48																			
1 976,99	I,IV	253,75	13,95	20,30	22,83	253,75	10,36	15,08	16,96	6,95	10,12	11,38	—	5,44	6,12	—	1,54	1,73	—	—	—	—	—	—
	II	223,91	12,31	17,91	20,15	223,91	8,80	12,81	14,41	3,71	7,96	8,96	—	3,56	4,01	—	—	—	—	—	—	—	—	—
	III	35,66	—	2,85	3,20	35,66	—	—	—	—	—	—	—	—	—	—	—	—	—	—	—	—	—	—
	V	543,—	29,86	43,44	48,87	253,75	12,14	17,66	19,86	10,36	15,08	16,96	8,63	12,56	14,13	6,95	10,12	11,38	3,13	7,73	8,69	—	5,44	6,12
	VI	573,16	31,52	45,85	51,58																			
1 979,99	I,IV	254,58	14,—	20,36	22,91	254,58	10,41	15,14	17,03	6,99	10,18	11,45	—	5,49	6,17	—	1,59	1,79	—	—	—	—	—	—
	II	224,75	12,36	17,98	20,22	224,75	8,85	12,87	14,48	3,86	8,02	9,02	—	3,61	4,06	—	—	—	—	—	—	—	—	—
	III	36,16	—	2,89	3,25	36,16	—	—	—	—	—	—	—	—	—	—	—	—	—	—	—	—	—	—
	V	544,16	29,92	43,53	48,97	254,58	12,18	17,72	19,93	10,41	15,14	17,03	8,68	12,62	14,20	6,99	10,18	11,45	3,28	7,79	8,76	—	5,49	6,17
	VI	574,50	31,59	45,96	51,70																			

* Die ausgewiesenen Tabellenwerte sind amtlich. Siehe Erläuterungen auf der Umschlaginnenseite (U2).
** Bei mehr als 3 Kinderfreibeträgen ist die „Ergänzungs-Tabelle 3,5 bis 6 Kinderfreibeträge" anzuwenden.

T 33

Erläuterungen:

Die Löhne/Gehälter sind jeweils in 3,00-€-Schritten angegeben, relevant für die Steuerermittlung ist der Betrag, der über dem Bruttolohn liegt. Beträgt der Lohn beispielsweise 1.957,00 €, sind die Steuern in der Tabelle bei 1.958,99 € abzulesen. In dieser Spalte befindet sich die Lohnsteuer für die einzelnen Steuerklassen, daneben der Solidaritätszuschlag und die Kirchensteuer ohne Kinderfreibeträge. Die eingetragenen Kinderfreibeträge haben keinen Einfluss auf die Lohnsteuer, lediglich der Solidaritätszuschlag und die Kirchensteuer reduzieren sich und betragen **weniger als** 5,5 % bzw. 9 % der Lohnsteuer.

Beispiel

Beispiel 1:

Frau Brückner aus Köln hat ein Bruttogehalt von 1.970,00 €. Auf ihrer Steuerkarte ist die Steuerklasse I eingetragen, sie ist 44 Jahre alt, evangelisch und hat keine Kinder (**Steuerklasse I** = Alleinstehende ohne Kind bzw. das Kind wohnt beim geschiedenen oder getrennt lebenden Ehegatten).

Bewertung:

Frau Brückner zahlt:	Lohnsteuer	252,08 €
	+ Soli	13,86 €
	+ Kirchenst.	22,68 €
	= Gesamt	288,62 €

Beispiel 2:

Herr Wehe aus Frankfurt hat ein Bruttogehalt von 1.942,00 €. Er ist in der Steuerklasse III, römisch-katholisch, weiterhin ist auf der Steuerkarte ein Kinderfreibetrag (1,0) eingetragen (**Steuerklasse III** = Verheiratete mit oder ohne Kinder, der Ehepartner ist in der **Steuerklasse V**; der Ehepartner in der Steuerklasse III bezieht ein höheres Gehalt als der Ehepartner in der Steuerklasse V).

Bewertung:

Herr Wehe zahlt:	Lohnsteuer	31,16 €
	+ Soli	0,00 €
	+ Kirchenst.	0,00 €
	= Gesamt	31,16 €

Beispiel 3:

Frau Lauer ist Angestellte in Hamburg mit einem Bruttogehalt von 1.955,00 €. Sie ist konfessionslos, in der Steuerklasse II, zwei Kinderfreibeträge (2,0) (**Steuerklasse II** = Alleinerziehende mit Kind).

Bewertung:

Frau Lauer zahlt:	Lohnsteuer	218,41 €
	+ Soli	0,00 €
	+ Kirchenst.	0,00 €
	= Gesamt	218,41 €

Beispiel 4:

Herr Brutus aus München hat einen Bruttolohn von 2.136,00 €. Auf seiner Steuerkarte ist die Steuerklasse IV eingetragen, keine Kinderfreibeträge, evangelisch. Weiterhin ist ein jährlicher Steuerfreibetrag von 2.400,00 € vermerkt (**Steuerklasse IV** = Verheiratete mit oder ohne Kinder, der Ehepartner ist ebenfalls in der Steuerklasse IV; die Gehälter der Ehepartner sind annähernd gleich hoch). Herr Brutus hat ein Kind aus erster Ehe, das bei seiner Ex-Frau wohnt.

Bewertung:

Herr Brutus zahlt:

Bruttolohn	2.136,00 €	
– Steuerfreibetrag	200,00 €	(monatlich)
= steuerpflichtig	1.936,00 €	
Lohnsteuer	243,25 €	
+ Soli	13,37 €	
+ Kirchensteuer	19,46 €	(Bayern)
= Gesamt	276,08 €	

Steuerfreibeträge kann der Steuerpflichtige vom Finanzamt auf der Steuerkarte eintragen lassen, wenn er erhöhte Werbungskosten, Sonderausgaben oder außergewöhnliche Belastungen geltend macht, wie z.B. für Fahrten zur Arbeit und für Arbeitskleidung (Werbungskosten). Nähere Informationen erhalten Sie beim Finanzamt.

Beispiel 5:

Der Unternehmer Langer aus Köln hat im Monat Mai 2010 1.240,00 € Lohnsteuer, 111,60 € römisch-katholische Kirchensteuer und 68,20 € Solidaritätszuschlag einbehalten.

Bewertung:

Diese Daten überträgt Herr Langer in das Formular Lohnsteuer-Anmeldung und übermittelt sie elektronisch an das Finanzamt:

- **Zeile 12:** Der Mai ist anzukreuzen.
- **Zeile 17:** Die Lohnsteuer ist einzutragen und in **Zeile 22** zu übernehmen.
- **Zeile 23:** Eintragung des Solidaritätszuschlages.
- **Zeile 26:** Hier ist die römisch-katholische Kirchensteuer zu erfassen.
- **Zeile 32:** Der Gesamtbetrag der einbehaltenen Steuern ist hier zu deklarieren.

- Bitte weiße Felder ausfüllen oder ☒ ankreuzen und Hinweise auf der Rückseite beachten -

2010

Zeile		
1	Fallart	Steuernummer	Unterfallart
2	**11**	**154/7040/0713**	**62**

30 Eingangsstempel oder -datum

Lohnsteuer-Anmeldung 2010

Anmeldungszeitraum

Finanzamt

Köln

bei **monatlicher** Abgabe bitte ankreuzen

					bei **vierteljährlicher** Abgabe bitte ankreuzen
10 01 Jan.	**10 07** Juli	**10 41** I. Kalendervierteljahr
10 02 Feb.	**10 08** Aug.	**10 42** II. Kalendervierteljahr
10 03 März	**10 09** Sept.	**10 43** III. Kalendervierteljahr
10 04 April	**10 10** Okt.	**10 44** IV. Kalendervierteljahr
10 05 Mai **X**	**10 11** Nov.	bei **jährlicher** Abgabe bitte ankreuzen
10 06 Juni	**10 12** Dez.	**10 19** Kalenderjahr

Arbeitgeber - Anschrift der Betriebsstätte - Telefonnummer - E-Mail

Marc Langer

Berichtigte Anmeldung
(falls ja, bitte eine „1" eintragen)......... **10**

Zahl der Arbeitnehmer (einschl. Aushilfs- und Teilzeitkräfte)............... **86**

		EUR	Ct
Summe der einzubehaltenden Lohnsteuer [1) 2)]	**42**	1.240	–
Summe der pauschalen Lohnsteuer - ohne § 37b EStG - [1)]	**41**		
Summe der pauschalen Lohnsteuer nach § 37b EStG [1)]	**44**		
abzüglich an Arbeitnehmer ausgezahltes Kindergeld	**43**		
abzüglich Kürzungsbetrag für Besatzungsmitglieder von Handelsschiffen	**33**		
Verbleiben [1)]	**48**	1.240	–
Solidaritätszuschlag [1)2)]	**49**	68	20
pauschale Kirchensteuer im vereinfachten Verfahren	**47**		
Evangelische Kirchensteuer [1) 2)]	**61**		
Römisch-Katholische Kirchensteuer [1) 2)]	**62**	111	60
Israelitische Bekenntnissteuer [1)2)]	**64**		
Altkatholische Kirchensteuer [1)2)]	**63**		
Gesamtbetrag [1)] 1) Negativen Beträgen ist ein **Minuszeichen** voranzustellen. 2) Nach Abzug der im Lohnsteuer-Jahresausgleich erstatteten Beträge	**83**	1.419	80

Ein Erstattungsbetrag wird auf das dem Finanzamt benannte Konto überwiesen, soweit der Betrag nicht mit Steuerschulden verrechnet wird.

Verrechnung des Erstattungsbetrags erwünscht / Erstattungsbetrag ist abgetreten
(falls ja, bitte eine „1" eintragen) **29**

Geben Sie bitte die Verrechnungswünsche auf einem besonderen Blatt oder auf dem beim Finanzamt erhältlichen Vordruck „Verrechnungsantrag" an.

Die Einzugsermächtigung wird ausnahmsweise (z. B. wegen Verrechnungswünschen) für diesen Anmeldungszeitraum **widerrufen** (falls ja, bitte eine „1" eintragen) **26**

Ein ggf. verbleibender Restbetrag ist gesondert zu entrichten.

05.06.10 *Langer*

Datum, Unterschrift

Hinweis nach den Vorschriften der Datenschutzgesetze:
Die mit der Steueranmeldung angeforderten Daten werden auf Grund der §§ 149 ff. der Abgabenordnung und des § 41a des Einkommensteuergesetzes erhoben.
Die Angabe der Telefonnummer und der E-Mail-Adresse ist freiwillig.

Vom Finanzamt auszufüllen

Bearbeitungshinweis
1. Die aufgeführten Daten sind mit Hilfe des geprüften und genehmigten Programms sowie ggf. unter Berücksichtigung der gespeicherten Daten maschinell zu verarbeiten.
2. Die weitere Bearbeitung richtet sich nach den Ergebnissen der maschinellen Verarbeitung.

11   **19**

   12

Kontrollzahl und/oder Datenerfassungsvermerk

Datum, Namenszeichen/Unterschrift

8.09 - **LStA** - Lohnsteuer-Anmeldung 2010 -   (BayLfSt – 70 000 N/120 000 M – 10.09 – 1962)

5.9.2 Berechnung der Sozialversicherung

Neben den Steuern muss der Unternehmer vom Bruttogehalt die Sozialversicherungsbeiträge berechnen und an die Krankenkasse abführen. Die Erklärung und Abführung müssen spätestens am **drittletzten Bankarbeitstag des laufenden Abrechnungsmonats** erfolgen. Bei Unternehmen mit variablen Lohnbestandteilen ist eine Schätzung vorzunehmen. Die Steuerklasse, Kinderfreibeträge und auch Steuerfreibeträge bleiben bei Berechnung der Sozialversicherungsbeiträge unberücksichtigt.

Folgende Sozialversicherungsbeiträge hat der Unternehmer abzuführen (Stand Januar 2010):

- Rentenversicherung (19,9 % vom Bruttogehalt)
- Arbeitslosenversicherung (2,8 % vom Bruttogehalt)
- Pflegeversicherung (1,95 % vom Bruttogehalt)

Zum **01.01.2009 ist der Gesundheitsfonds** eingeführt worden. Dieser sieht für sämtliche Krankenkassen einen **einheitlichen Beitrag** vor. Der Beitrag des Arbeitnehmers ist grundsätzlich um 0,9 % höher als der des Arbeitgebers und deckt die Sonderbeiträge für Zahnersatz (0,4 %) und für das Krankengeld (0,5 %) ab.

Seit dem 01. Juli 2009 beträgt der **allgemeine Krankenkassenbeitragssatz 14,9 %.** 7 % sind dabei vom Arbeitgeber, 7,9 % vom Arbeitnehmer zu tragen. In den folgenden Aufgaben wird von einem Gesamtbeitrag in Höhe von 14,9 % ausgegangen.

Die Sozialversicherungsbeiträge sind i.d.R. je zur Hälfte vom Arbeitnehmer und vom Arbeitgeber zu tragen (paritätische Finanzierung). Bezüglich der **Pflegeversicherung** ergibt sich für den Arbeitnehmer folgender **Sonderbeitrag:** Kinderlose Arbeitnehmer, die das 23. Lebensjahr vollendet haben und nach dem 1. Januar 1940 geboren wurden, müssen einen Zuschlag auf die Pflegeversicherung in Höhe von 0,25 % entrichten. Der Arbeitgeber zahlt dann wie bisher 0,975 % (die Hälfte von 1,95 %), der Arbeitnehmer 1,225 %. Als Kinder gelten auch erwachsene Kinder (ohne Altersgrenze).

> **Bitte beachten Sie:**

Die Beitragssätze für die Sozialversicherung, die Versicherungspflichtgrenze und die Beitragsbemessungsgrenze werden durch Verordnung des Bundesministeriums für Gesundheit neu festgelegt. Die aktuellen Daten sollten bei der Krankenkasse erfragt werden.

Beispiel

Fortführung des Beispiels 1 aus 5.9.1:

Bewertung:

Bruttolohn	1.970,00 €	
	Arbeitnehmeranteil	Arbeitgeberanteil
Rentenversicherung	196,02 €	196,02 €
Arbeitslosenversicherung	27,58 €	27,58 €
Krankenversicherung	196,02 €	137,90 €
Pflegeversicherung	19,21 € + 4,93 €	19,21 €
Gesamte Sozialversicherung	**196,02 €**	**380,71 €**

Steuern	27,58 €	
Nettogehalt	**1.278,01 €**	
Lohnkosten		**2.350,71 €**

Erfassung in der Anlage EÜR:

Die gesamten Lohnkosten in Höhe von 2.350,71 € (Bruttolohn + Arbeitgeberanteil) sind als Betriebsausgabe in der **Zeile 25** zu erfassen.

Fortführung des Beispiels 4 aus 5.9.1:

Bewertung:

	Arbeitnehmeranteil	Arbeitgeberanteil
Bruttolohn	2.136,00 €	
Rentenversicherung	212,53 €	212,53 €
Arbeitslosenversicherung	29,90 €	29,90 €
Krankenversicherung	168,74 €	149,52 €
Pflegeversicherung	20,83 €	20,83 €
Gesamte Sozialversicherung	**432,00 €**	**412,78 €**
Steuern	276,08 €	
Nettogehalt	**1.427,92 €**	
Lohnkosten		**2.548,78 €**

Die Sozialversicherungsbeiträge werden von 2.136,00 € berechnet, der auf der Steuerkarte eingetragene Freibetrag ist nur bei Ermittlung der Steuerbeträge maßgebend. Herr Brutus zahlt keinen Zuschlag zur Pflegeversicherung, da auch das Kind aus erster Ehe berücksichtigt wird. Die Daten für die Sozialversicherung sind in den Beitragsnachweis der Krankenkasse zu übernehmen und auf elektronischem Wege an die Krankenkasse zu übermitteln. Die Krankenkassen verfügen über entsprechende Internetportale. Herr Brutus ist Arbeiter.

Zusätzlich zu den bisher dargestellten Sozialversicherungsbeiträgen muss der Arbeitgeber verschiedene Umlagen an die Krankenkasse abführen (Ausgleichsverfahren). Der Arbeitnehmer ist von diesen Umlagen nicht betroffen.

1. Entgeltfortzahlung im Krankheitsfall (U1-Umlage) bzw. Ausgleich von Arbeitgeberaufwendungen bei Krankheit

In diese Umlage sind alle Arbeitgeber einbezogen, die in der Regel nicht mehr als 30 Arbeitnehmer beschäftigen. Bei der Umlage U1 kann man zwischen vier Erstattungssätzen wählen:

Erstattungssatz 70 %	Umlagesatz 1,8 % des Bruttogehalts (Regelsatz)
Erstattungssatz 50 %	Umlagesatz 1,1 % des Bruttogehalts (mit Wahlerklärung)
Erstattungssatz 60 %	Umlagesatz 1,5 % des Bruttogehalts (mit Wahlerklärung)
Erstattungssatz 80 %	Umlagesatz 3,9 % des Bruttogehalts (mit Wahlerklärung)

2. Entgeltfortzahlung bei Mutterschaft (U2-Umlage)

In das Ausgleichsverfahren der Entgeltfortzahlung bei Mutterschaft sind alle Arbeitgeber unabhängig von der Anzahl der Beschäftigten einbezogen. Dies gilt auch für Unternehmen mit ausschließlich männlichen Beschäftigten.

Der Erstattungssatz beträgt einheitlich 100 %, der Umlagesatz 0,28 % des Bruttogehalts.

3. Insolvenzgeldumlage (U3-Umlage)

Seit dem 01.01.2009 ist die Insolvenzgeldumlage nicht mehr an die Berufsgenossenschaft (im Auftrag der Bundesagentur für Arbeit), sondern an die Krankenkasse abzuführen.

Die Umlage wird prozentual vom Arbeitsentgelt (Bruttogehalt) erhoben und beträgt im Jahr 2010 0,41 %.

Die Umlagesätze werden jährlich angepasst. Diese und nähere Informationen zu den Umlagen erhalten Sie auf den Internetportalen im Geschäftskundenbereich der Krankenkassen.

Im Beispiel 4 beträgt die Insolvenzgeldumlage (U3) 8,76 €, die Umlage U2 5,98 € und die Umlage U1 38,45 € (70 % Regelsatz). Insofern erhöhen sich die Lohnkosten um 53,19 € und betragen 2.601,97 €.

Arbeitgeber:		Betriebs-/ Beitragskonto des Arbeitg.
		5018261935 – 01

			Tag	Monat	Jahr
	Zeitraum	von	01	07	2010

Name und Anschrift der Krankenkasse

		Tag	Monat	Jahr
	bis			

Rechtskreis	Ost	West
		X

Dauer-Beitragsnachweis	X

Bisheriger Dauer-Beitragnachweis
gilt erneut ab nächsten Monat

Korrektur-Beitragnachweis

Beitragsnachweis

Beitragsnachweis	Beitrags-gruppe	€	Cent
Beiträge zur Krankenversicherung - allgemeiner Beitrag	1000	318	26
Beiträge zur Krankenversicherung - erhöhter Beitrag	2000		
Beiträge zur Krankenversicherung - ermäßigter Beitrag	3000		
Beiträge zur Krankenversicherung für geringfügig Beschäftigte	6000		
Beiträge zur Rentenversicherung der Arbeiter - voller Beitrag	0100	425	06
Beiträge zur Rentenversicherung der Angestellten - voller Beitrag	0200		
Beiträge zur Rentenversicherung der Arbeiter - voller Beitrag	0300		
Beiträge zur Rentenversicherung - halber Beitrag	0400		
Beiträge zur Rentenversicherung der Arbeiter für geringfügig Beschäftigte	0500		
Beiträge zur Rentenversicherung der Angestellten für geringfügig Beschäftigte	0600		
Beiträge zur Arbeitsförderung - voller Beitrag	0010	59	80
Beiträge zur Arbeitsförderung - halber Beitrag	0020		
Beiträge zur sozialen Pflegeversicherung	0001	41	66
Umlage für Krankheitsaufwendungen	U1	38	45
Umlage für Mutterschaftsaufwendungen	U2	5	98
Umlage für Insolvenzgeld	U3	8	76
Gesamtsumme		897	97

Es wird bestätigt, dass die Angaben mit denen der Lohn- und Gehaltsunterlagen übereinstimmen und in diesen sämtliche Engelte enthalten sind.	Beiträge zur Krankenversicherung für freiwillig Krankenversicherte		
	Beiträge zur Pflegeversicherung für freiwillig Krankenversicherte		
	abzüglich Erstattung		
	zu zahlender Betrag/Guthaben		

Datum, Unterschrift
10.07.10

Der hier angekreuzte Dauer-Beitragsnachweis hat so lange Gültigkeit, bis eine Änderung im Gehalt oder bei den Beitragssätzen zur Sozialversicherung eintritt. Die Beitragssätze werden regelmäßig zum Beginn eines Jahres neu festgelegt, der Beitragsnachweis muss entsprechend angepasst werden. Die aktuellen Daten können bei den Krankenkassen erfragt werden.

Im Beitragsnachweis sind jeweils die Beiträge, die der Arbeitnehmer und der Arbeitgeber zusammen tragen müssen, zu deklarieren.

Die halben Beitragssätze sind relevant, wenn der Unternehmer einen in der Renten- und Arbeitslosenversicherung **nicht** versicherungspflichtigen Arbeitnehmer beschäftigt (z.B. einen Rentner). Um gegenüber anderen Unternehmern keinen Wettbewerbsvorteil zu erhalten, muss trotzdem der Arbeitgeberanteil abgeführt werden.

> ➤ **Bitte beachten Sie:**
>
> Beträgt der Lohn (das Gehalt) maximal 400,00 € (Minijob), muss der Unternehmer für die Steuern und die Sozialversicherungsbeiträge pauschal 30,67 % des Bruttolohns an die Minijob-Zentrale (Bundesknappschaft) in Essen abführen. Der Bruttolohn wird komplett an den Arbeitnehmer ausgezahlt (brutto für netto), die Vorlage der Steuerkarte ist nicht erforderlich. Bei einem Lohn über 400,00 € bis 800,00 € gibt es für die Sozialversicherungsbeiträge eine Gleitzone, durch die der Arbeitnehmer entlastet wird. Broschüren mit Beispielen sind bei den Krankenkassen erhältlich. Zudem gibt es im Internet einen Beitragsrechner für die Gleitzone. Dieser wird von den Krankenkassen zur Verfügung gestellt.

5.9.3 Die Beitragsbemessungsgrenze

Die Beitragsbemessungsgrenze gibt den Betrag an, bis zu dem Versicherungsbeiträge einbehalten werden müssen. Überschreitet das Gehalt diese Grenze, besteht für die überschreitenden Beträge keine Versicherungspflicht. Zurzeit beträgt die Beitragsbemessungsgrenze (Stand Januar 2010):

- ■ für die Rentenversicherung   5.500,00 € (West) bzw. 4.650,00 € (Ost)
- ■ für die Arbeitslosenversicherung   5.500,00 € (West) bzw. 4.650,00 € (Ost)
- ■ für die Krankenversicherung   3.750,00 € (bundesweit)
- ■ für die Pflegeversicherung   3.750,00 € (bundesweit)

Beispiel

> **Beispiel 1:**
>
> Herr Schlau aus Köln hat ein Bruttogehalt von 4.500,00 €, er ist freiwilliges Mitglied in einer gesetzlichen Krankenkasse.
>
> *Bewertung:*
> - ■ Berechnung der Rentenversicherung   von 4.500,00 €
> - ■ Berechnung der Arbeitslosenversicherung   von 4.500,00 €
> - → Das Gehalt liegt jeweils **unter** der relevanten Beitragsbemessungsgrenze.
>
> - ■ Berechnung der Krankenversicherung   von 3.750,00 €
> - ■ Berechnung der Pflegeversicherung   von 3.750,00 €
> - → Das Gehalt liegt jeweils **über** der relevanten Beitragsbemessungsgrenze.

> **Beispiel 2:**

Frau Reich aus Hannover hat ein Bruttogehalt von 7.000,00 €, sie ist freiwilliges Mitglied in einer gesetzlichen Krankenkasse.

Bewertung:
- ■ Berechnung der Rentenversicherung   von 5.500,00 €
- ■ Berechnung der Arbeitslosenversicherung   von 5.500,00 €
- → Das Gehalt liegt jeweils **über** der relevanten Beitragsbemessungsgrenze.

- ■ Berechnung der Krankenversicherung   von 3.750,00 €
- ■ Berechnung der Pflegeversicherung   von 3.750,00 €
- → Das Gehalt liegt jeweils **über** der relevanten Beitragsbemessungsgrenze.

> **Bitte beachten Sie:**

Ist ein Angestellter Mitglied in einer privaten Krankenkasse, sind die Beiträge nicht von der Höhe des Gehalts abhängig. Es ist ein festgesetzter Beitrag zu zahlen, der das Alter und das persönliche Risiko des Versicherten berücksichtigt. Der Unternehmer muss auch hier den halben Beitrag übernehmen, dieser wird auf das Konto des Angestellten überwiesen. Der Arbeitgeber muss allerdings maximal den Betrag übernehmen, den er zu tragen hätte, wäre der Arbeitnehmer freiwilliges Mitglied in einer gesetzlichen Krankenversicherung. Die Mitgliedschaft in einer privaten Krankenversicherung ist möglich, wenn das regelmäßige Jahresarbeitsentgelt die Jahresarbeitsentgeltgrenze (sogenannte Versicherungspflichtgrenze) in drei aufeinanderfolgenden Kalenderjahren überstiegen hat. Die Krankenversicherungspflicht in der gesetzlichen Krankenversicherung endet dann an dieser Pflichtgrenze (für das Jahr 2010: 49.950,00 €, monatlich 4.162,50 €), der Angestellte kann als freiwilliges Mitglied in der gesetzlichen Krankenkasse bleiben oder sich privat versichern. Der Verzicht auf einen Versicherungsschutz ist nicht möglich.

5.10 Weitere Betriebseinnahmen und Betriebsausgaben

Inzwischen wurden die wichtigsten und teilweise recht komplexen Komponenten der Einnahmen-Überschuss-Rechnung dargestellt. Die in der Anlage EÜR bisher noch nicht angesprochenen Zeilen werden Sie in diesem Abschnitt kennenlernen. Damit wären Sie in der Lage, einen vollständigen und ordnungsgemäßen Jahresabschluss zu erstellen.

5.10.1 Weitere Betriebseinnahmen

> **Zeile 10**

Zeile 10 ist nur für Land- und Forstwirte relevant, die ihre Umsätze **nicht nach den allgemeinen Vorschriften** versteuern. Durch die Versteuerung nach Durchschnittssätzen vereinfacht sich für Land- und Forstwirte die Buchhaltung, zudem fällt in der Regel der Gewinn niedriger aus als bei Anwendung der allgemeinen Vorschriften. Die sich daraus ergebende Steuerreduzierung ist sozialpolitisch gewollt.

➤ Zeile 12

In diese Zeile gehören die Betriebseinnahmen, die umsatzsteuerfrei bzw. nicht umsatzsteuerbar sind. Hierzu zählen z. B. Zinsen, öffentliche Zuschüsse aber auch Entschädigungen (siehe Kapitel 5.6.1) und sonstige Subventionen.

Beispiel

Aus einer Festgeldanlage erzielt das Unternehmen Zinsen in Höhe von 1.000,00 € (auf die Darstellung der anrechenbaren Kapitalertragsteuer wird verzichtet).

Bewertung:

Die 1.000,00 € sind in der **Zeile 12** zu erfassen.

➤ Bitte beachten Sie:

Zum Betriebsvermögen eines Einnahmen-Überschuss-Rechners (insbesondere eines Freiberuflers) gehören regelmäßig nur die Wirtschaftsgüter, die in einem gewissen objektiven Zusammenhang mit dem Betrieb stehen, d. h. dem Betriebszweck unmittelbar dienen. Dieser Zusammenhang ist bei Geldgeschäften wie z. B. einer Festgeldanlage grundsätzlich nicht gegeben. Demnach ist es fraglich, ob diese Einnahmen dem Betrieb überhaupt zurechenbar sind. Geldanlagen sollten daher regelmäßig im Privatvermögen durchgeführt werden. In diesen Fällen kann der Sparerfreibetrag in Anspruch genommen werden, dieser entfällt, wenn die Anlage im Betriebsvermögen gehalten wird.

Zum 01.01.2009 wurde die **Abgeltungssteuer** in Deutschland eingeführt. Zinseinkünfte im Privatvermögen sind dann pauschal mit 25 % + Solidaritätszuschlag + Kirchensteuer zu versteuern. Diese Beträge werden direkt von den Banken einbehalten und an die Finanzbehörden abgeführt. Sollte der persönliche Steuersatz des Steuerpflichtigen unter 25 % liegen, können die Zinseinkünfte auf Antrag mit diesem geringeren Steuersatz versteuert werden. Der von den Banken abgeführte Betrag wird dann angerechnet. Zinseinkünfte im Betriebsvermögen unterliegen dem **Teileinkünfteverfahren**. Demnach sind 60 % der Einnahmen steuerpflichtig, 40 % bleiben steuerfrei.

5.10.2 Weitere Betriebsausgaben

➤ Zeile 21

In dieser Zeile können hauptberuflich schriftstellerisch oder journalistisch Tätige ihre gesamten Betriebsausgaben pauschal erfassen. Der pauschale Betriebsausgabenabzug kann in Höhe von 30 % der Betriebseinnahmen vorgenommen werden, maximal jedoch 2.455,00 € jährlich. Dieses Vorgehen ist sehr einfach, lohnt sich aber nur, wenn die tatsächlichen Betriebsausgaben unter der Pauschale liegen. Gewerbetreibende dürfen dieses Verfahren grundsätzlich nicht anwenden.

9 Froemer - ISBN 978-3-8120-0649-1

Der Journalist Hermes erzielt im Jahr 2010 Betriebseinnahmen in Höhe von 20.000,00 € und möchte die Betriebsausgaben pauschal ermitteln.

Bewertung:

Es können grundsätzlich 30 % als Betriebsausgabe abgezogen werden, das entspricht 6.000,00 €, allerdings greift die Begrenzung auf 2.455,00 €.

Herr Hermes erzielt somit einen Gewinn in Höhe von 17.545,00 €, weitere Betriebsausgaben können nicht geltend gemacht werden. Der Betrag aus **Zeile 21** ist in die **Zeilen 57 und 62** zu übernehmen.

Ähnlich ist die Regelung bei Unternehmern, die nebenberuflich wissenschaftlich, künstlerisch, schriftstellerisch oder als Dozent tätig sind. Dann können 25 % der Betriebseinnahmen, höchstens jedoch 614,00 € im Jahr pauschal als Betriebsausgaben abgezogen werden.

Der nebenberufliche Alleinunterhalter Munter erzielt im Jahr 2010 Betriebseinnahmen in Höhe von 2.000,00 €, Betriebsausgaben hat er nicht aufgezeichnet.

Bewertung:

Herr Munter kann 500,00 € pauschal als Betriebsausgabe in der **Zeile 21** erfassen, der Gewinn beträgt 1.500,00 €. Auch in diesem Fall sind in den **Zeilen 22 bis 56** keine Eintragungen vorzunehmen.

Nebenberuflichen Übungsleitern steht ein Freibetrag von 2.100,00 € (§ 3 Nr. 26 EStG) pro Jahr zu. Dieser Betrag wird in der **Zeile 21** eingetragen, wenn keine höheren tatsächlichen Betriebsausgaben geltend gemacht werden können.

➤ Zeile 22

Zeile 22 ist nur für Land- und Forstwirte relevant, hier sei auf die Erläuterungen in der „Anleitung zum Vordruck Anlage EÜR" verwiesen.

➤ Zeile 24

In dieser Zeile werden Leistungen anderer Unternehmen erfasst, die in unmittelbarem Zusammenhang mit der Unternehmensleistung stehen. Hierzu gehören u. a. Ausgaben für Leiharbeit, Aufwendungen für Fertigungslizenzen und Fremdleistungen für Erzeugnisse.

➤ Zeile 27

Zu den immateriellen Wirtschaftsgütern gehören unter anderem Patente und der erworbene Firmenwert. Ein Firmenwert entsteht, wenn beim Erwerb eines Unternehmens der Kaufpreis über dem Substanzwert liegt. Der Firmenwert ist planmäßig über 15 Jahre abzuschreiben, ein Patent über die Dauer des Rechtsschutzes.

Beispiel

Frau Marten erwirbt ein Unternehmen für 200.000,00 €. Sie übernimmt Vermögensgegenstände für 150.000,00 € und Schulden in Höhe von 25.000,00 €.

Bewertung:

$$
\begin{array}{rl}
& 150.000,00 \text{ € Vermögen} \\
- & 25.000,00 \text{ € Schulden} \\
\hline
= & 125.000,00 \text{ € Substanzwert}
\end{array}
$$

$$
\begin{array}{rl}
& 200.000,00 \text{ € Kaufpreis} \\
- & 125.000,00 \text{ € Substanzwert} \\
\hline
= & 75.000,00 \text{ € Firmenwert}
\end{array}
$$

Der Firmenwert ist in ein spezielles Anlagenverzeichnis aufzunehmen und über 15 Jahre mit jeweils 5.000,00 € abzuschreiben.

> **Zeile 38**

Tragen Sie hier die Aufwendungen für betrieblich genutzte Grundstücke ein, z. B. Grundsteuer und Instandhaltungsaufwendungen. Die AfA ist in der **Zeile 26** zu erfassen, Schuldzinsen in den **Zeilen 42 und 43**. Die Aufwendungen für ein häusliches Arbeitszimmer sind mit ihrem abziehbaren Betrag in der **Zeile 51** einzutragen.

> **Zeile 40**

Ausgaben für Fortbildungen sind in dieser Zeile aufzuführen. Voraussetzung für die Abzugsfähigkeit ist der betriebliche Charakter der Ausgaben. Die Ausgaben für Fachliteratur (Fachzeitschriften) gehören in die **Zeile 47**.

> **Zeile 41**

Die mit der Inanspruchnahme eines Steuerberaters oder eines Rechtsanwaltes entstandenen Ausgaben werden in dieser Zeile deklariert. Nicht dazu gehört die Einkommensteuererklärung des Unternehmers. Diese Ausgaben sind seit 2006 nicht mehr abziehbar.

> **Zeilen 42 und 43**

In diesen Zeilen sind die gezahlten Schuldzinsen für betriebliche Darlehen zu erfassen. Unterschieden wird zwischen Schuldzinsen aus der Finanzierung von Anschaffungskosten bzw. Herstellungskosten von Wirtschaftsgütern des Anlagevermögens in der **Zeile 42** und den übrigen Schuldzinsen in der **Zeile 43**.

Die gezahlten Zinsen sind in einen abziehbaren und in einen nicht abziehbaren Betrag aufzuteilen. Die **Schuldzinsen zur Finanzierung der Anschaffungskosten/Herstellungskosten von Wirtschaftsgütern des Anlagevermögens bleiben von dieser Regelung unberührt,** sie sind immer in voller Höhe abziehbar. Nicht abziehbar sind Schuldzinsen, wenn Überentnahmen getätigt wurden. Eine **Überentnahme** ist der Betrag, um den die Entnahmen die Summe des Gewinns und der Einlagen des Wirtschaftsjahres übersteigen. Um den Betrag der Überentnahme ermitteln zu können, müssen in den **Zeilen 78 und 79** die Entnahmen und Einlagen aufgezeichnet werden.

> **Bitte beachten Sie:**

Damit die Schuldzinsen zur Finanzierung der Anschaffungskosten/Herstellungskosten von Wirtschaftsgütern des Anlagevermögens nicht von der Überentnahmeregelung erfasst werden, ist die Aufnahme eines eigens hierfür vorgesehenen Darlehens erforderlich. Nicht begünstigt sind Kredite, die für Erhaltungsaufwendungen aufgenommen werden.

Beispiel 1:

Der Unternehmer Baum erwirbt eine Maschine für 20.000,00 € + 3.8000 € USt. Zu diesem Zwecke überzieht er sein Kontokorrentkonto (Disago), das anschließend einen Sollsaldo in Höhe von 30.000,00 € aufweist.

Bewertung:

Die für den Kontokorrentkredit zu zahlenden Zinsen unterliegen der Überentnahmeregelung, da eine konkrete Zuordnung der Zinszahlungen auf das Anlagegut nicht möglich ist.

> **Praxistipp:**

Richten Sie ein zweites Konto ein, von dem nur Zinszahlungen für Investitionsvorhaben geleistet werden, eine Vermischung mit privaten Entnahmen wird vermieden. Auf diese Weise ist es möglich, die Überentnahmeregelung legal zu umgehen.

Beispiel 2:

Die Unternehmerin Grau hat im Jahr 2010 einen Gewinn in Höhe von 30.000,00 € erzielt, weiterhin hat sie eine Einlage von 100.000,00 € getätigt. Zum Bau eines Privathauses entnimmt sie 200.000,00 €.

Bewertung:

	30.000,00 €	Gewinn
+	100.000,00 €	Einlage
–	200.000,00 €	Entnahme
=	– 70.000,00 €	Überentnahme

Die Aufteilung der Schuldzinsen in einen abziehbaren und in einen nicht abziehbaren Teil ist relativ kompliziert und vollzieht sich in drei Schritten:

1. Ermittlung der fiktiven Schuldzinsen der Überentnahme:

	Überentnahmen des Wirtschaftsjahres
+	Überentnahmen der Vorjahre
–	Unterentnahmen der Vorjahre
=	Summe der Überentnahmen

davon werden 6 % ermittelt

2. Ermittlung des Höchstbetrages:

Schuldzinsen des Wirtschaftsjahres
- 2.050,00 € (unschädlicher Betrag)
- Schuldzinsen für Darlehen zur
  Finanzierung von Anlagegütern

= Höchstbetrag

3. Ermittlung des nicht abziehbaren Betrages:

- ■ **wenn** 6 % der Summe der Überentnahmen > Höchstbetrag
- ■ **dann** Höchstbetrag nicht abziehbar

- ■ **wenn** 6 % der Summe der Überentnahmen < Höchstbetrag
- ■ **dann** 6 % der Summe der Überentnahmen nicht abziehbar

Beispiel

Beispiel 3:

Der Unternehmer Thorsten Berlin hat am 01. 01. 10 sein Unternehmen mit einer Einlage von 80.000,00 € eröffnet. Zum 31. 12. 10 ermittelt er einen Gewinn von 20.000,00 €. Für seine private Lebensführung hat er 120.000,00 € entnommen. Betrieblich veranlasste kurzfristige Schuldzinsen fielen in Höhe von 15.000,00 € an. Die Zinsen für ein Investitionsdarlehen, das auf einem separaten Konto geführt wurde, sind in Höhe von 10.000,00 € angefallen.

Bewertung:

	20.000,00 €	Gewinn
+	80.000,00 €	Einlage
−	120.000,00 €	Entnahme
=	− 20.000,00 €	Überentnahme

→ 6 % von 20.000,00 € = 1.200,00 €

	25.000,00 €	gezahlte Zinsen
−	10.000,00 €	Finanzierung Anlagen
−	2.050,00 €	unschädlicher Betrag
=	12.950,00 €	Höchstbetrag

Der Höchstbetrag von 12.950,00 € wird durch die fiktiven Zinsen auf die Überentnahme nicht überschritten, die nicht abziehbaren Schuldzinsen sind daher mit 1.200,00 € anzusetzen.

Zur **Ermittlung der nicht abziehbaren Schuldzinsen** gibt es eine spezielle **Anlage**, die der Einnahmen-Überschuss-Rechnung zur Vermeidung von Rückfragen beigefügt werden sollte.

Die oben durchgeführten Berechnungen werden in die Anlage übernommen:

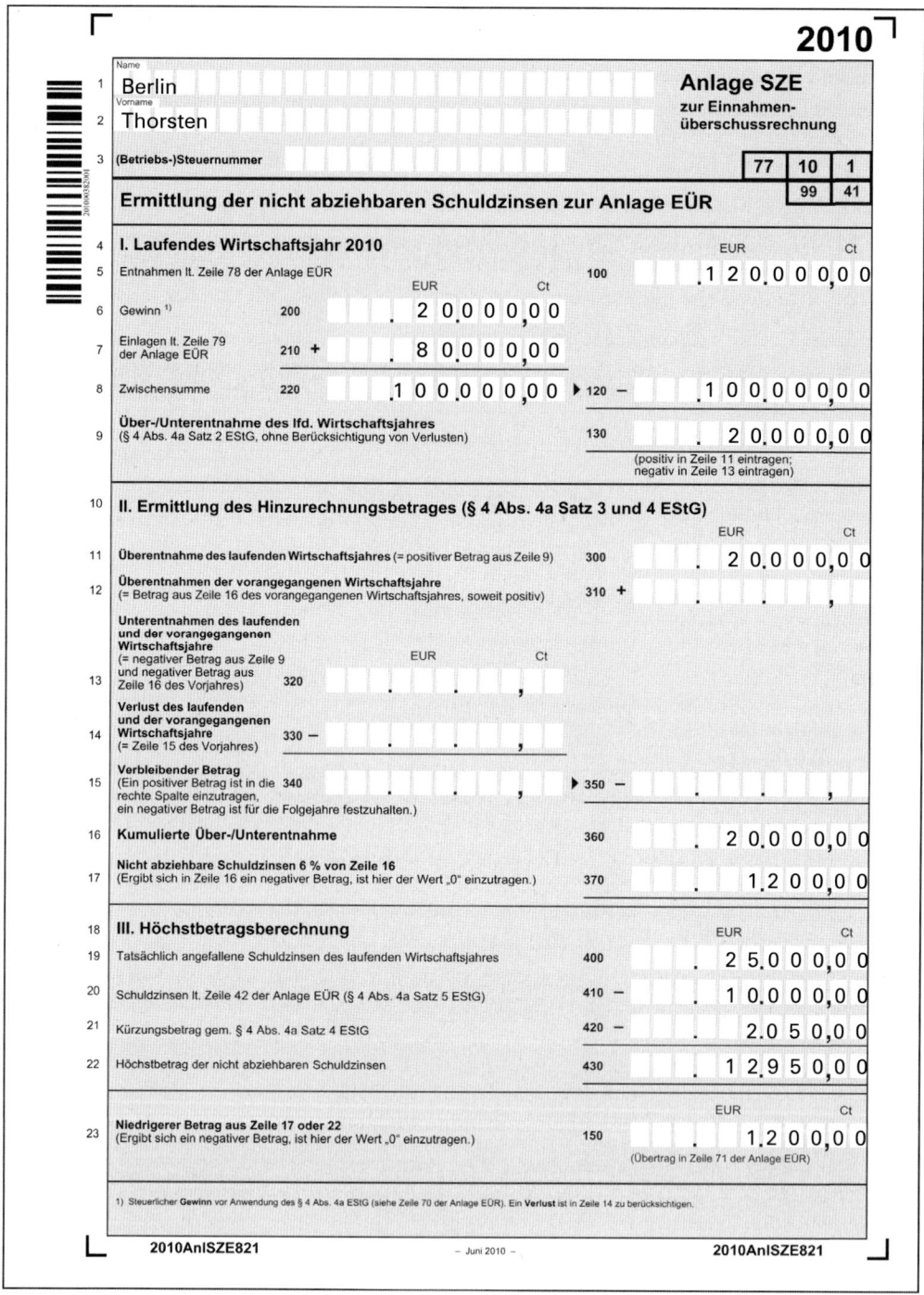

2010

1 Name **Berlin**

2 Vorname **Thorsten**

Anlage SZE
zur Einnahmen-
überschussrechnung

3 (Betriebs-)Steuernummer

| 77 | 10 | 1 |
| 99 | 41 | |

Ermittlung der nicht abziehbaren Schuldzinsen zur Anlage EÜR

4 **I. Laufendes Wirtschaftsjahr 2010**

5 Entnahmen lt. Zeile 78 der Anlage EÜR — 100 — .1 2 0.0 0 0,0 0

6 Gewinn [1] — 200 — 2 0.0 0 0,0 0

7 Einlagen lt. Zeile 79 der Anlage EÜR — 210 + . 8 0.0 0 0,0 0

8 Zwischensumme — 220 — .1 0 0.0 0 0,0 0 ▶ 120 − .1 0 0.0 0 0,0 0

9 Über-/Unterentnahme des lfd. Wirtschaftsjahres (§ 4 Abs. 4a Satz 2 EStG, ohne Berücksichtigung von Verlusten) — 130 — 2 0.0 0 0,0 0

(positiv in Zeile 11 eintragen; negativ in Zeile 13 eintragen)

10 **II. Ermittlung des Hinzurechnungsbetrages (§ 4 Abs. 4a Satz 3 und 4 EStG)**

11 Überentnahme des laufenden Wirtschaftsjahres (= positiver Betrag aus Zeile 9) — 300 — . 2 0.0 0 0,0 0

12 Überentnahmen der vorangegangenen Wirtschaftsjahre (= Betrag aus Zeile 16 des vorangegangenen Wirtschaftsjahres, soweit positiv) — 310 +

13 Unterentnahmen des laufenden und der vorangegangenen Wirtschaftsjahre (= negativer Betrag aus Zeile 9 und negativer Betrag aus Zeile 16 des Vorjahres) — 320

14 Verlust des laufenden und der vorangegangenen Wirtschaftsjahre (= Zeile 15 des Vorjahres) — 330 −

15 Verbleibender Betrag (Ein positiver Betrag ist in die rechte Spalte einzutragen, ein negativer Betrag ist für die Folgejahre festzuhalten.) — 340 ▶ 350 −

16 Kumulierte Über-/Unterentnahme — 360 — . 2 0.0 0 0,0 0

17 Nicht abziehbare Schuldzinsen 6 % von Zeile 16 (Ergibt sich in Zeile 16 ein negativer Betrag, ist hier der Wert „0" einzutragen.) — 370 — . 1.2 0 0,0 0

18 **III. Höchstbetragsberechnung**

19 Tatsächlich angefallene Schuldzinsen des laufenden Wirtschaftsjahres — 400 — . 2 5.0 0 0,0 0

20 Schuldzinsen lt. Zeile 42 der Anlage EÜR (§ 4 Abs. 4a Satz 5 EStG) — 410 − . 1 0.0 0 0,0 0

21 Kürzungsbetrag gem. § 4 Abs. 4a Satz 4 EStG — 420 − . 2.0 5 0,0 0

22 Höchstbetrag der nicht abziehbaren Schuldzinsen — 430 — . 1 2.9 5 0,0 0

23 Niedrigerer Betrag aus Zeile 17 oder 22 (Ergibt sich ein negativer Betrag, ist hier der Wert „0" einzutragen.) — 150 — . 1.2 0 0,0 0

(Übertrag in Zeile 71 der Anlage EÜR)

1) Steuerlicher **Gewinn** vor Anwendung des § 4 Abs. 4a EStG (siehe Zeile 70 der Anlage EÜR). Ein **Verlust** ist in Zeile 14 zu berücksichtigen.

2010AnlSZE821 — Juni 2010 — 2010AnlSZE821

Erfassung in der Anlage EÜR:

- **Zeile 42:** Die unbeschränkt abziehbaren Schuldzinsen (10.000,00 €) zur Finanzierung des Anlagevermögens werden eingetragen.
- **Zeile 43:** Die übrigen Schuldzinsen betragen 15.000,00 €.
- **Zeile 71:** Die nicht abziehbaren Schuldzinsen in Höhe von 1 200,00 € werden dem Gewinn an dieser Stelle hinzugerechnet.
- **Zeile 78:** Die Entnahmen (120.000,00 €) sind einzutragen.
- **Zeile 79:** Die Einlage zur Unternehmenseröffnung ist hier einzutragen (80.000,00 €).

> ▶ **Bitte beachten Sie:**

Bei der Ermittlung der Überentnahmen ist vom Gewinn ohne Berücksichtigung der nicht abziehbaren Schuldzinsen auszugehen.

> ▶ **Zeile 48**

Geschenke aus betrieblichem Anlass an Personen, die nicht Arbeitnehmer des Steuerpflichtigen sind (Kunden), dürfen einen jährlichen Gesamtbetrag von 35,00 € Anschaffungskosten (netto) nicht übersteigen.

Beispiel

Der Unternehmer Ranz hat seinen Kunden im Laufe des Jahres Geschenke in unterschiedlicher Höhe gemacht (jeweils netto):

- Kunde Meier: 1 Flasche Champagner für   30,00 €
                            1 Karton Sektgläser für   20,00 €
- Kunde Müller: 1 Füllfederhalter für   25,00 €
- Kunde Schmidt: 1 Flasche Wein für   15,00 €
                            1 Flaschenzieher für   18,00 €

Bewertung:

Die Geschenke für den Kunden Meier sind nicht abzugsfähig, da die gesamten Zuwendungen 35,00 € übersteigen (**50,00 € Zeile 48, Feld 164**). Die Geschenke für die Kunden Müller und Schmidt sind in voller Höhe abzugsfähig (**58,00 € Zeile 48, Feld 174**).

Ist ein **Geschenk nicht als Betriebsausgabe abzugsfähig**, kann auch die **gezahlte Umsatzsteuer nicht als Vorsteuer** geltend gemacht werden. Bei Abzugsfähigkeit ist die gezahlte Umsatzsteuer in der **Zeile 44** einzutragen. Grundsätzlich muss aus den Belegen und Aufzeichnungen der Geschenkempfänger zu ersehen sein.

> ▶ **Praxistipp:**

Hätte Herr Ranz dem Kunden Meier die Gläser privat und den Champagner betrieblich zukommen lassen, wären 30,00 € voll als Betriebsausgabe abzugsfähig gewesen. Übersteigt der Einzelpreis der Geschenke jeweils die 35,00 €-Grenze, ist eine Aufteilung in einen privaten und einen betrieblichen Teil nicht mehr möglich.

> ▶ **Zeile 49**

Ausgaben für die Bewirtung von Personen aus geschäftlichem Anlass sind zu 70 % als Betriebsausgaben abziehbar, wenn die Höhe als angemessen anzusehen ist und die betriebliche Veranlassung nachgewiesen wird. Die im Rechnungsbetrag enthaltene Umsatzsteuer ist **komplett** als

Vorsteuer abziehbar (Urteil des Bundesfinanzhofes aus dem Jahr 2005). Angemessen ist die Bewirtung, wenn ein Betrag von 50,00 € pro Person nicht überschritten wird. Bei höheren Beträgen muss die Angemessenheit im Zweifel dargelegt werden. Die betriebliche Veranlassung ist durch schriftliche Angaben zu Ort, Tag, Teilnehmer, Anlass der Bewirtung und durch die Höhe der Ausgaben nachzuweisen.

Bei Bewirtung in einer Gaststätte ist die **maschinell erstellte** Rechnung beizufügen. Aus dieser muss sich der Name und die Anschrift der Gaststätte sowie der Tag der Bewirtung ergeben. Weiterhin sind Angaben zu dem Anlass und zu den Teilnehmern der Bewirtung zu machen. Die Rechnung muss den Namen **des bewirtenden Steuerpflichtigen** enthalten, wenn der Gesamtbetrag 100,00 € übersteigt.

Beispiel

Herr Kant bewirtet seine Kunden in einer Gaststätte für insgesamt 300,00 € + 57,00 € USt. Der Gesamtbetrag ist als angemessen anzusehen, die Rechnung enthält die erforderlichen Angaben.

Bewertung:

70 % Betriebsausgabe   =   210,00 € + 57,00 € USt
30 % nicht abziehbar   =   90,00 € + 0,00 € USt

In der Anlage EÜR werden in der **Zeile 49 im Feld 165** 90,00 € eingetragen, im **Feld 175** die abziehbaren 210,00 €. Die gezahlte Umsatzsteuer ist mit 57,00 € als Vorsteuer anzumelden und zusätzlich in der **Zeile 44** zu erfassen.

➤ Bitte beachten Sie:

Bewirtungen im Haushalt des Steuerpflichtigen sind grundsätzlich nicht als Betriebsausgabe abziehbar, diese gelten stets als privat veranlasst.

➤ Zeile 50

Reisekosten sind voll abzugsfähig, auch das Vorsteuerabzugsverbot ist mit der Anpassung an das EU-Recht entfallen. Eine Ausnahme gilt für die bei einer Reise notwendige Verpflegung. Ein Abzug ist nur in Höhe der in § 4 Abs. 5 EStG definierten Pauschalen möglich.

Danach gilt:

- Abwesenheit des Reisenden ab 8 Stunden →   6,00 € für die Verpflegung
- Abwesenheit des Reisenden ab 14 Stunden → 12,00 € für die Verpflegung
- Abwesenheit des Reisenden 24 Stunden → 24,00 € für die Verpflegung

Beispiel

Der Unternehmer Braun aus Köln begibt sich am 10.10.10 um 8.00 Uhr auf eine Geschäftsreise nach Süddeutschland. Am 12.10.10 kehrt er um 18.00 Uhr von der Geschäftsreise nach Hause zurück.

Das Hotel hat für zwei Übernachtungen 150,00 € + 10,50 € (7 % USt) in Rechnung gestellt, für Verpflegung hat er in verschiedenen Restaurants Rechnungen in Höhe von 100,00 € + 19,00 € USt erhalten.

Bewertung:

Die Hotelkosten sind voll abzugsfähig, die gezahlte Umsatzsteuer kann als Vorsteuer geltend gemacht werden.

Die Ausgaben für die Verpflegung sind nur in Höhe der Pauschalen möglich, eine **Vorsteuerabzugsmöglichkeit besteht nicht.**

- 10.10.10 Abwesenheit 16 Stunden (8.00 Uhr – 24.00 Uhr) = 12,00 €
- 11.10.10 Abwesenheit 24 Stunden (0.00 Uhr – 24.00 Uhr) = 24,00 €
- 12.10.10 Abwesenheit 18 Stunden (0.00 Uhr – 18.00 Uhr) = 12,00 €

→ Gesamtpauschale = 48,00 €

Erfassung in der Anlage EÜR:

Zeile 50 erfasst die Verpflegungspauschale in Höhe von 48,00 €. Die Hotelkosten sind hingegen in der **Zeile 47** zu deklarieren. (Reisekosten für Arbeitnehmer gehören in die **Zeile 25**.) Die abziehbare Vorsteuer (10,50 €) ist in der **Zeile 44** zu deklarieren.

Die Pauschale kann auch dann angesetzt werden, wenn die tatsächlichen Ausgaben geringer sind (z.B. nur 30,00 €).

➤ Zeile 52

Repräsentationskosten wie z.B. Luxusteppiche sind grundsätzlich nicht abzugsfähig. Allerdings kommt es hierbei auch auf den Gesamteindruck des Unternehmens an. So wird ein Luxusteppich bei einem PC-Vertrieb nicht als Betriebsausgabe anerkannt, es erfolgt eine Zurechnung zur privaten Lebensführung. Eine andere Bewertung kann sich bei einem gut verdienenden Anwalt ergeben, der überwiegend wohlhabende Klienten berät, die ein entsprechendes Ambiente erwarten. Somit ist über die Abzugsfähigkeit im Einzelfall zu entscheiden, in den meisten Fällen sind beim Abzug von Repräsentationskosten Auseinandersetzungen mit dem Finanzamt zu erwarten.

Zu den **nicht abzugsfähigen Ausgaben** gehören (§ 4 Abs. 5 EStG):

- Ausgaben für Einrichtungen des Steuerpflichtigen, soweit sie der Bewirtung, Beherbergung oder Unterhaltung von Personen, die nicht Arbeitnehmer des Steuerpflichtigen sind, dienen (Gästehäuser) und sich außerhalb des Orts eines Betriebes des Steuerpflichtigen befinden.
- Ausgaben für Jagd oder Fischerei, für Segel- oder Motoryachten sowie für ähnliche Zwecke und den damit zusammenhängenden Bewirtungen.
- Aufwendungen, die die private Lebensführung des Steuerpflichtigen betreffen, soweit sie nach allgemeiner Verkehrsauffassung als unangemessen anzusehen sind, z.B. ein Ferrari im Betriebsvermögen eines Unternehmers mit 30.000,00 € Umsatz.
- Zinsen auf hinterzogene Steuern.
- Geldbußen, Verwarnungsgelder und Ordnungsgelder, die von einer Behörde oder einem Gericht festgesetzt wurden.

➤ Zeile 65

Kinderbetreuungskosten für Kinder, die das 14. Lebensjahr noch nicht vollendet haben, sind abziehbar, sofern sie wegen der Erwerbstätigkeit des Steuerpflichtigen angefallen sind. Es handelt sich zwar um privat veranlasste Aufwendungen, die aber wie Betriebsausgaben abgezogen werden können (siehe § 9c Abs. 1 EStG). Abziehbar sind **zwei Drittel der Aufwendungen, höchstens jedoch 4.000,00 € je Kind.** Im Fall des Zusammenlebens der Elternteile gilt das nur, wenn beide Elternteile erwerbstätig sind.

Beispiel

Die alleinerziehende Unternehmerin Breuer hat im Jahr 2010 3.000,00 € für die erwerbsbedingte Betreuung ihres 10-jährigen Sohnes aufgewendet.

Abziehbar sind zwei Drittel der Aufwendungen (2.000,00 €), die in der **Zeile 65** einzutragen sind.

Hätte Frau Breuer im Jahr 2010 9.000,00 € aufgewendet, könnte sie nur den Höchstbetrag von 4.000,00 € abziehen.

5.11 Der Wechsel von der Einnahmen-Überschuss-Rechnung zur kaufmännischen Buchführung

Überschreitet der Unternehmer eine der relevanten Größen (Umsatz 500.000,00 €, Gewinn 50.000,00 €), wird er vom Finanzamt aufgefordert, eine kaufmännische Buchführung einzurichten.

Der Gewinn der kaufmännischen Buchführung des ersten Jahres ist um Hinzurechnungen und Abrechnungen zu korrigieren (siehe R 4.6 EStR):

Warenanfangsbestand (Hinzurechnung)
Warenforderungsanfangsbestand (Hinzurechnung)
Warenschuldenanfangsbestand (Abrechnung)

Beispiel

Ein Unternehmer wird zum 01.01.10 buchführungspflichtig. Er ermittelt zum 01.01.10 einen Warenbestand von 19.000,00 €, einen Warenforderungsbestand von 15.000,00 € und einen Warenschuldenbestand von 10.000,00 €.

Die Gewinnkorrektur im Jahr 2010 beläuft sich auf:

+ 19.000,00 €
+ 15.000,00 €
− 10.000,00 €
= 24.000,00 € (Gewinnerhöhung)

Begründung für die Gewinnkorrekturen:

Der Warenanfangsbestand wurde bei der Einnahmen-Überschuss-Rechnung bereits bei der Bezahlung als Betriebsausgabe berücksichtigt. Bei der kaufmännischen Buchführung entsteht der Aufwand erst mit dem Verkauf der Ware.

Der Forderungsanfangsbestand ist bei der Einnahmen-Überschuss-Rechnung noch nicht als Einnahme erfasst worden, es gilt das Zuflussprinzip (**vereinnahmte Entgelte**). Bei buchführungspflichtigen Unternehmen entsteht der Ertrag bereits mit der Leistungserbringung unabhängig vom Geldzufluss (**vereinbarte Entgelte**).

Der Warenschuldenbestand wurde bei der Einnahmen-Überschuss-Rechnung noch nicht als Betriebsausgabe erfasst, es gilt das Abflussprinzip. Bei buchführungspflichtigen Unternehmen entsteht der Aufwand ebenfalls mit der Leistungserbringung, unabhängig vom Geldabfluss.

In der Regel kommt es bei einem Wechsel von der Einnahmen-Überschuss-Rechnung zur kaufmännischen Buchführung zu einer Gewinnerhöhung und damit zu einer Erhöhung der Einkommensteuer. Um die mit der Steuererhöhung entstehenden besonderen Härten zu mildern, kann die **Gewinnerhöhung auf drei Jahre verteilt** werden (Wahlrecht).

Im obigen Beispiel erhöht sich der Gewinn in den Jahren 2010, 2011 und 2012 jeweils um 8.000,00 €.

Bei Unterschreiten der Umsatz- **und** der Gewinngrenze ist ein **Wechsel von der kaufmännischen Buchführung zur Einnahmen-Überschuss-Rechnung** möglich (Wahlrecht). Freiberufler können jederzeit einen Wechsel von der kaufmännischen Buchführung zur Einnahmen-Überschuss-Rechnung vornehmen, dieser Berufsstand unterliegt grundsätzlich keiner Buchführungspflicht.

Nach einem Wechsel der Gewinnermittlungsart ist der Steuerpflichtige grundsätzlich für drei Jahre an diese Wahl gebunden. Bei Vorliegen eines besonderen wirtschaftlichen Grundes ist ein Wechsel auch vor Ablauf dieser Frist möglich.

Der Gewinn des ersten Jahres ist mit umgekehrten Vorzeichen zu korrigieren:

> Warenendbestand des Vorjahres (Abrechnung)
> Warenforderungsbestand des Vorjahres (Abrechnung)
> Warenschuldenbestand des Vorjahres (Hinzurechnung)

Die Gewinnerhöhung bzw. Gewinnminderung ist in der **Zeile 67** zu erklären.

5.12 Check-up

5.12.1 Im Überblick

Löhne/Gehälter			
Sozialversicherung/Beitragsbemessungsgrenze			
Krankenversicherung	Pflegeversicherung	Rentenversicherung	Arbeitslosenversicherung
einheitlich 14,9 % 7 % AG u. 7,9 % AN/ 3.750,00 €	1,95 %/3.750,00 €	19,9 %/5.500,00 € (West) bzw. 4.650,00 € (Ost)	2,8 %/5.500,00 € (West) bzw. 4.650,00 € (Ost)
	Zuschlag 0,25 % für Kinderlose		
Lohnsteuer			
Steuerabführung	Kalenderjahr	Kalendervierteljahr	Monat
	Jahressteuerschuld ≦ 1.000,00 €	Jahressteuerschuld ≦ 4.000,00 €	Jahressteuerschuld > 4.000,00 €

Gewerbesteuer			
Steuermessbetrag	Hebesatz	Freibetrag für Einzel-unternehmen und Personengesellschaften	
5 %	unterschiedlich	24.500,00 €	
Investitionsabzugsbetrag/Sonderabschreibung			
Bildung	Höchstbeträge	Auflösung	Sonderabschreibung
max. 40 % der geplanten Investition	200.000,00 €	nach 3 Jahren	20 % der Anschaffungs-kosten innerhalb von 5 Jahren
Geschenke (betriebliche Veranlassung)			
abziehbar bis max. 35,00 € (netto) je Person im Jahr			
Bewirtung (betrieblich)			
70 % als Betriebsausgabe abziehbar, wenn angemessen, Vorsteuer komplett abziehbar			
Verpflegung (nur Pauschale abziehbar)			
Abwesenheit	ab 8 Stunden	ab 14 Stunden	24 Stunden
	6,00 €	12,00 €	24,00 €
Pauschale Betriebsausgaben (bestimmte Freiberufler)			
■ 25 % der Betriebseinnahmen, maximal 614,00 € bei Nebentätigkeit ■ 30 % der Betriebseinnahmen, maximal 2.455,00 € bei Hauptberuf			

✔ Die Entnahme von Waren, Leistungen und Gegenständen stellt eine umsatzsteuerpflichtige Betriebseinnahme dar. Die Umsatzsteuerpflicht entfällt, wenn bei der vorausgegangenen Betriebsausgabe kein Vorsteuerabzug möglich war.

✔ Der Privatanteil bei der Pkw-Nutzung kann mit dem Fahrtenbuch oder mit der 1 %-Regelung ermittelt werden. Die 1 %-Regelung ist allerdings nur anwendbar, wenn die betriebliche Nutzung über 50 % liegt.

✔ Der Geldabfluss bei nicht abnutzbaren Anlagegütern führt nicht zu einer Betriebsausgabe, Abschreibungen sind ebenfalls nicht möglich.

✔ Der Unternehmer kann für künftige Anschaffungen einen Investitionsabzugsbetrag in Anspruch nehmen. Dieser Betrag ist auf 40 % der geplanten Anschaffungskosten beschränkt. Nach spätestens drei Jahren ist der Abzugsbetrag dem Gewinn hinzuzurechnen, wenn ein Anlagegut erworben wurde. Erwirbt der Unternehmer kein Anlagegut, muss er den Abzugsbetrag nachversteuern.

✔ Der Steuermessbetrag ist mit dem Hebesatz der Gemeinde zu multiplizieren.

✔ Von den Bruttolöhnen (Bruttogehältern) muss der Unternehmer Steuern bis zum 10. des Folgemonats und Sozialversicherungsbeiträge bis zum drittletzten Bankenarbeitstag des laufenden Monats abführen. Abhängig von der Höhe der Steuern ist eine monatliche, vierteljährliche oder jährliche Anmeldung erforderlich, die Sozialversicherungsbeiträge sind monatlich anzumelden.

✔ Beim Wechsel von der Einnahmen-Überschuss-Rechnung zur kaufmännischen Buchführung erhöht sich in der Regel der Gewinn. Dieser kann auf drei Jahre verteilt werden.

✔ Ist die Entschädigung für ein durch höhere Gewalt ausgeschiedenes Wirtschaftsgut höher als die Wiederbeschaffungskosten, ist die Übertragung der stillen Reserve nur anteilig möglich.

$$\text{übertragbare Reserve} = \frac{\text{aufgedeckte Reserve} \cdot \text{AK des neuen Wirtschaftsgutes}}{\text{Entschädigung}}$$

5.12.2 Arbeitsaufgaben und Übungen

Hinweis: Sämtliche Aufgaben beziehen sich auf umsatzsteuerpflichtige Unternehmer.

➤ Arbeitsaufgabe zu Entnahmen für private Zwecke

1. Der Unternehmer Dr. Scharke hat im Jahr 2010 Waren für 30.000,00 € + 5.700,00 € USt verkauft (Barverkäufe), Betriebsausgaben sind in Höhe von 25.000,00 € + 4.750,00 € USt angefallen (komplett bezahlt). Im Laufe des Jahres hat Herr Dr. Scharke Waren für private Zwecke entnommen.

   Der Warenwert beträgt: 2.000,00 € netto Einkaufspreis
   3.500,00 € netto Verkaufspreis

   Die Umsatzsteuerbeträge sind komplett dem Jahr 2010 zuzurechnen, in jedem Quartal hat sich eine Umsatzsteuerzahllast ergeben.

   Aufgabe:
   Erstellen Sie die Einnahmen-Überschuss-Rechnung für das Jahr 2010.

➤ Lösung auf Seite 177

➤ Arbeitsaufgaben zur Privatnutzung von betrieblichen Pkws

1. Im Januar 2010 erwirbt der Unternehmer Schmitz einen neuen Pkw, der auch privat genutzt wird, zum Listenpreis von 20.000,00 € + 3.800,00 € USt. Die betriebsgewöhnliche Nutzungsdauer beträgt 6 Jahre.

   Aufgaben:
   1.1 Ermitteln Sie die maximal mögliche Abschreibung für das Jahr 2010.
   1.2 Wie hoch ist die abziehbare Vorsteuer aus dem Autokauf?
   1.3 Ermitteln Sie den Anteil der privaten Nutzung und die darauf entfallende USt.

2. Im März 2011 kauft die Unternehmerin Ellinger einen Pkw, der auch privat genutzt wird. Der Wagen wird von einer Privatperson gebraucht für 15.000,00 € erworben. Der Listenpreis betrug 20.000,00 € netto, für Zubehör waren 1.500,00 € netto zu zahlen.

Aufgaben:

2.1 Ermitteln Sie die Höhe des Vorsteuerabzugs.

2.2 Ermitteln Sie den privaten Nutzungsanteil.

3. Der Unternehmer Bruns hält im Jahr 2010 einen Pkw im Betriebsvermögen mit einem Bruttolistenneupreis von 35.700,00 €. Der Pkw, der auch privat genutzt wird, wurde im Jahr 2009 zum Listenneupreis angeschafft. Die betriebsgewöhnliche Nutzungsdauer beträgt 6 Jahre, die Abschreibung wird linear vorgenommen.

Weitere Angaben:

Gesamtfahrleistung 24.000 km, davon 6.000 km für private Fahrten. Herr Bruns hat seine Betriebsstätte an 250 Tagen aufgesucht, die einfache Entfernung beträgt 20 km.

Im Laufe des Jahres 2010 hat Herr Bruns folgende Pkw-Ausgaben aufgezeichnet:

Benzin	3.000,00 €	+ 570,00 € USt
Reparaturen	1.500,00 €	+ 285,00 € USt
Versicherung	600,00 €	
Kfz-Steuer	216,00 €	

Aufgabe:

Ermitteln Sie für das Jahr 2010 mit der Fahrtenbuchmethode und mit der 1%-Regelung die abzugsfähigen Betriebsausgaben, die Höhe der Privatnutzung und die Höhe der Umsatzsteuer. Übertragen Sie die Werte jeweils in die Anlage EÜR.

➤ **Lösungen ab Seite 177**

➤ **Arbeitsaufgabe zur degressiven Abschreibung**

1. Der Unternehmer Kant kauft eine Maschine für 70.000,00 €, hinzu kommen 2.000,00 € Transportkosten und 3.000,00 € Montagekosten (Beträge sind Nettobeträge). Die betriebsgewöhnliche Nutzungsdauer beträgt neun Jahre.

Aufgabe:

Schreiben Sie die Maschine anfangs degressiv ab, wechseln Sie zum steuerlich optimalen Zeitpunkt zur linearen Abschreibung.

➤ **Lösung auf Seite 182**

➤ **Arbeitsaufgaben zum Investitionsabzugsbetrag (IAB)**

1. Der Rechtsanwalt Müller möchte im Jahr 2010 Investitionsabzugsbeträge für folgende Wirtschaftsgüter in Anspruch nehmen. Die Voraussetzungen liegen vor.

    1. Kauf einer eigenen Kanzlei für ca. 200.000,00 €

    2. Kauf neuer Büromöbel für ca. 16.000,00 €

    3. Kauf eines gebrauchten Pkws für ca. 12.000,00 €

Aufgaben:

1.1 Ermitteln Sie, in welcher Höhe Herr Müller Investitionsabzugsbeträge in Anspruch nehmen kann.

1.2 Welche Auswirkung hat der Investitionsabzugsbetrag?

1.3 Wann muss Herr Müller den Investitionsabzugsbetrag dem Gewinn hinzurechnen? Welche Wirkungen ergeben sich daraus?

2. Im Jahr 2009 hat der Unternehmer Meurer für den geplanten Kauf einer neuen PC-Anlage einen Investitionsabzugsbetrag in Anspruch genommen. Der Kaufpreis wurde mit 12.000,00 € geschätzt, der Investitionsabzugsbetrag mit 4.800,00 € angesetzt. Die betriebsgewöhnliche Nutzungsdauer beträgt 3 Jahre.

Aufgaben:

Welche Auswirkungen ergeben sich zum Ende des Jahres 2012, wenn im Januar:

2.1 eine PC-Anlage für 12.000,00 € netto erworben wurde (Nutzungsdauer 3 Jahre)?

2.2 eine PC-Anlage für 15.000,00 € netto erworben wurde (Nutzungsdauer 3 Jahre)?

2.3 eine PC-Anlage für 8.000,00 € netto erworben wurde (Nutzungsdauer 3 Jahre)?

2.4 keine PC-Anlage erworben wurde?

Nehmen Sie jeweils die erforderlichen Berechnungen vor. Sonderabschreibungen sollen in maximaler Höhe vorgenommen werden.

➤ **Lösungen ab Seite 182**

➤ Arbeitsaufgaben zu Rücklagen für Ersatzbeschaffung

1. Am 01.04.10 scheidet eine Maschine der Unternehmerin Weil infolge höherer Gewalt aus dem Betriebsvermögen aus. Am 01.01.10 stand die Maschine mit 60.000,00 € im Anlagenverzeichnis, die jährliche Abschreibung wurde linear mit jährlich 15.000,00 € vorgenommen. Am 20.06.10 überweist die Versicherung 85.000,00 €. Darin sind 6.000,00 € für den entgangenen Gewinn enthalten. Frau Weil bestellt im Juli 2010 eine gleichartige Maschine, die im Jahr 2011 geliefert wird.

Aufgabe:

Ermitteln Sie die Höhe der Rücklage, die im Jahr 2010 gebildet werden kann.

2. Am 13.10.10 scheidet ein bewegliches Wirtschaftsgut des Unternehmers Brenner infolge höherer Gewalt aus dem Betriebsvermögen aus. Der Buchwert beträgt zu diesem Zeitpunkt 75.000,00 €. Am 12.12.10 überweist die Versicherung eine Entschädigung in Höhe von 90.000,00 €. Am 15.12.10 bestellt Herr Brenner ein gleichartiges Ersatzwirtschaftsgut.

Aufgaben:

2.1 Ermitteln Sie die Höhe der Rücklage für das Jahr 2010 und nehmen Sie die erforderlichen Eintragungen in der Anlage EÜR vor.

2.2 Im Januar 2011 wird das Ersatzwirtschaftsgut geliefert, der Kaufpreis beträgt 100.000,00 €, die betriebsgewöhnliche Nutzungsdauer beträgt 8 Jahre. Übertragen Sie die Rücklage auf das neue Wirtschaftsgut und nehmen Sie die erforderlichen Eintragungen in der Anlage EÜR vor.

2.3 Im Januar 2011 wird das Ersatzwirtschaftsgut geliefert, der Kaufpreis beträgt 60.000,00 €, die betriebsgewöhnliche Nutzungsdauer beträgt 8 Jahre. Übertragen Sie die Rücklage auf das neue Wirtschaftsgut und nehmen Sie die erforderlichen Eintragungen in der Anlage EÜR vor.

2.4 Im Jahr 2011 verzichtet Herr Brenner auf die Anschaffung des Ersatzwirtschaftsgutes. Nehmen Sie die erforderlichen Eintragungen in der Anlage EÜR vor.

3. Die Unternehmerin Bender verkauft im April 2010 ein betriebliches Grundstück für 240.000,00 €. Der Buchwert zum Zeitpunkt des Verkaufs beträgt 150.000,00 €. Das Grundstück befand sich seit dem Jahr 1996 im Betriebsvermögen.

Aufgaben:

3.1 Ermitteln Sie die Rücklage nach § 6 b EStG im Jahr 2010, nehmen Sie die erforderlichen Eintragungen in der Anlage EÜR vor.

3.2 Im Jahr 2012 wird ein anderes Grundstück für 180.000,00 € erworben. Nehmen Sie die erforderlichen Berechnungen zur Übertragung der Rücklage vor, übernehmen Sie die Daten in die Anlage EÜR.

3.3 Das neue Grundstück wird im Jahr 2012 für 50.000,00 € erworben. Nehmen Sie die erforderlichen Berechnungen zur Übertragung der Rücklage vor, übernehmen Sie die Daten in die Anlage EÜR.

3.4 Im Jahr 2012 entscheidet sich Frau Bender, kein Ersatzwirtschaftsgut zu erwerben und die Rücklage aufzulösen. Nehmen Sie die erforderlichen Berechnungen vor und übernehmen Sie die Daten in die Anlage EÜR.

➤ **Lösungen ab Seite 184**

➤ Arbeitsaufgabe zur Gewerbesteuer

1. Der gewerbliche Unternehmer Wöllner ermittelt für das Jahr 2010 mit der Einnahmen-Überschuss-Rechnung einen Gewinn in Höhe von 25.540,00 €. Der Hebesatz der Gemeinde beträgt 365 %. Hinzurechnungen sind nicht vorzunehmen.

   Ermitteln Sie den Gewerbeertrag und berechnen Sie die Gewerbesteuer.

2. Die gewerbliche Unternehmerin Bellheim (Einzelunternehmerin) hat einen Gewinn in Höhe von 41.000,00 € mit der Einnahmen-Überschuss-Rechnung ermittelt. Der Hebesatz der Gemeinde beträgt 440 %.

   Für betrieblich veranlasste Zinsen hat sie insgesamt 22.000,00 € bezahlt, die Leasingraten für eine Maschine betrugen 15.500,00 €, die Miete für die Büroräume hat insgesamt 36.000,00 € betragen.

   Ermitteln Sie den Gewerbeertrag und berechnen Sie die Gewerbesteuer.

➤ **Lösungen auf Seite 186**

➤ Arbeitsaufgabe zum nicht abnutzbaren Anlagevermögen

1. Die Unternehmerin Beimer kauft im März 2010 ein Grundstück für betriebliche Zwecke. Die Anschaffungskosten betragen 80.000,00 €.

   Zum 31.12.2010 beträgt der Wert des Grundstücks:

   Variante 1: 100.000,00 €
   Variante 2: 50.000,00 €

   Aufgaben:

   1.1 Wie sind die Wertveränderungen in der Einnahmen-Überschuss-Rechnung des Jahres 2010 zu behandeln?

   1.2 Das Grundstück wird im Mai 2014 verkauft. Der Verkaufserlös beträgt:
   bei Variante 1: 110.000,00 €
   bei Variante 2: 60.000,00 €

   Welche Auswirkungen ergeben sich in der Einnahmen-Überschuss-Rechnung des Jahres 2014?

➤ **Lösungen auf Seite 187**

➤ Arbeitsaufgaben zu Löhnen und Gehältern

2 159,99* **MONAT**

Abzüge an Lohnsteuer, Solidaritätszuschlag (SolZ) und Kirchensteuer (8%, 9%) in den Steuerklassen

I – VI (ohne Kinderfreibeträge) · I, II, III, IV (mit Zahl der Kinderfreibeträge ...)

Lohn/Gehalt bis €*	Kl	LSt	SolZ	8%	9%	Kl	LSt	0,5 SolZ	8%	9%	1 SolZ	8%	9%	1,5 SolZ	8%	9%	2 SolZ	8%	9%	2,5 SolZ	8%	9%	3** SolZ	8%	9%
2 117,99	I,IV	292,33	16,07	23,38	26,30	I	292,33	12,38	18,02	20,27	8,87	12,91	14,52	3,95	8,06	9,06	—	3,64	4,09	—	0,18	0,20	—	—	—
	II	261,66	14,39	20,93	23,54	II	261,66	10,78	15,68	17,64	7,35	10,69	12,02	—	5,96	6,71	—	1,96	2,20	—	—	—	—	—	—
	III	58,66	—	4,69	5,27	III	58,66	—	1,32	1,48	—	—	—												
	V	599,16	32,95	47,93	53,92	IV	292,33	14,20	20,66	23,24	12,38	18,02	20,27	10,61	15,43	17,36	8,87	12,91	14,52	7,18	10,45	11,75	3,95	8,06	9,06
	VI	630,50	34,67	50,44	56,74																				
2 120,99	I,IV	293,08	16,11	23,44	26,37	I	293,08	12,43	18,08	20,34	8,91	12,97	14,59	4,10	8,12	9,13	—	3,68	4,14	—	0,21	0,23	—	—	—
	II	262,50	14,43	21,—	23,62	II	262,50	10,82	15,74	17,71	7,39	10,75	12,09	—	6,02	6,77	—	2,—	2,25	—	—	—	—	—	—
	III	59,16	—	4,73	5,32	III	59,16	—	1,36	1,53															
	V	600,33	33,01	48,02	54,02	IV	293,08	14,25	20,73	23,32	12,43	18,08	20,34	10,65	15,49	17,42	8,91	12,97	14,59	7,22	10,51	11,82	4,10	8,12	9,13
	VI	631,66	34,74	50,53	56,84																				
2 123,99	I,IV	293,91	16,16	23,51	26,45	I	293,91	12,47	18,14	20,41	8,96	13,03	14,66	4,23	8,17	9,19	—	3,74	4,20	—	0,25	0,28	—	—	—
	II	263,33	14,48	21,06	23,69	II	263,33	10,87	15,81	17,78	7,43	10,81	12,16	—	6,07	6,83	—	2,04	2,30	—	—	—	—	—	—
	III	59,83	—	4,78	5,38	III	59,83	—	1,40	1,57															
	V	601,50	33,08	48,12	54,13	IV	293,91	14,30	20,80	23,40	12,47	18,14	20,41	10,69	15,55	17,49	8,96	13,03	14,66	7,26	10,57	11,89	4,23	8,17	9,19
	VI	633,—	34,81	50,64	56,97																				
2 126,99	I,IV	294,75	16,21	23,58	26,52	I	294,75	12,51	18,20	20,48	9,—	13,09	14,72	4,38	8,23	9,26	—	3,78	4,25	—	0,28	0,32	—	—	—
	II	264,08	14,52	21,12	23,76	II	264,08	10,91	15,87	17,85	7,47	10,87	12,23	—	6,13	6,89	—	2,08	2,34	—	—	—	—	—	—
	III	60,33	—	4,82	5,42	III	60,33	—	1,44	1,62															
	V	602,66	33,14	48,21	54,23	IV	294,75	14,34	20,86	23,46	12,51	18,20	20,48	10,73	15,62	17,57	9,—	13,09	14,72	7,31	10,63	11,96	4,38	8,23	9,26
	VI	634,16	34,87	50,73	57,07																				
2 129,99	I,IV	295,58	16,25	23,64	26,60	I	295,58	12,56	18,27	20,55	9,04	13,15	14,79	4,51	8,28	9,32	—	3,83	4,31	—	0,32	0,36	—	—	—
	II	264,91	14,57	21,19	23,84	II	264,91	10,95	15,93	17,92	7,51	10,93	12,29	—	6,18	6,95	—	2,12	2,39	—	—	—	—	—	—
	III	60,83	—	4,86	5,47	III	60,83	—	1,46	1,64															
	V	603,83	33,21	48,30	54,34	IV	295,58	14,38	20,92	23,54	12,56	18,27	20,55	10,78	15,68	17,64	9,04	13,15	14,79	7,34	10,68	12,02	4,51	8,28	9,32
	VI	635,50	34,95	50,84	57,19																				
2 132,99	I,IV	296,50	16,30	23,72	26,68	I	296,50	12,60	18,34	20,63	9,08	13,21	14,86	4,66	8,34	9,38	—	3,88	4,36	—	0,36	0,40	—	—	—
	II	265,75	14,61	21,26	23,91	II	265,75	11,—	16,—	18,—	7,55	10,99	12,36	—	6,24	7,02	—	2,17	2,44	—	—	—	—	—	—
	III	61,33	—	4,90	5,51	III	61,33	—	1,50	1,69															
	V	605,16	33,28	48,41	54,46	IV	296,50	14,43	20,99	23,61	12,60	18,34	20,63	10,82	15,74	17,70	9,08	13,21	14,86	7,38	10,74	12,08	4,66	8,34	9,38
	VI	636,66	35,01	50,93	57,29																				
2 135,99	I,IV	297,25	16,34	23,78	26,75	I	297,25	12,65	18,40	20,70	9,12	13,27	14,93	4,81	8,40	9,45	—	3,93	4,42	—	0,40	0,45	—	—	—
	II	266,58	14,66	21,32	23,99	II	266,58	11,04	16,06	18,06	7,59	11,04	12,42	—	6,30	7,08	—	2,21	2,48	—	—	—	—	—	—
	III	62,—	—	4,96	5,58	III	62,—	—	1,54	1,73															
	V	606,33	33,34	48,50	54,56	IV	297,25	14,47	21,06	23,69	12,65	18,40	20,70	10,86	15,80	17,78	9,12	13,27	14,93	7,42	10,80	12,15	4,81	8,40	9,45
	VI	638,—	35,09	51,04	57,42																				
2 138,99	I,IV	298,08	16,39	23,84	26,82	I	298,08	12,69	18,46	20,77	9,16	13,33	14,99	4,95	8,46	9,51	—	3,98	4,47	—	0,43	0,48	—	—	—
	II	267,41	14,70	21,39	24,06	II	267,41	11,08	16,12	18,13	7,63	11,10	12,49	—	6,35	7,14	—	2,26	2,54	—	—	—	—	—	—
	III	62,50	—	5,—	5,62	III	62,50	—	1,58	1,78															
	V	607,66	33,42	48,61	54,68	IV	298,08	14,52	21,12	23,76	12,69	18,46	20,77	10,90	15,86	17,84	9,16	13,33	14,99	7,47	10,86	12,22	4,95	8,46	9,51
	VI	639,16	35,15	51,13	57,52																				
2 141,99	I,IV	298,91	16,44	23,91	26,90	I	298,91	12,73	18,52	20,84	9,20	13,39	15,06	5,10	8,52	9,58	—	4,02	4,52	—	0,47	0,53	—	—	—
	II	268,25	14,75	21,46	24,14	II	268,25	11,12	16,18	18,20	7,67	11,16	12,56	—	6,40	7,20	—	2,30	2,58	—	—	—	—	—	—
	III	63,16	—	5,05	5,68	III	63,16	—	1,62	1,82															
	V	608,83	33,48	48,70	54,79	IV	298,91	14,56	21,18	23,83	12,73	18,52	20,84	10,94	15,92	17,91	9,20	13,39	15,06	7,51	10,92	12,29	5,10	8,52	9,58
	VI	640,33	35,21	51,22	57,62																				
2 144,99	I,IV	299,75	16,48	23,98	26,97	I	299,75	12,78	18,59	20,91	9,24	13,45	15,13	5,25	8,58	9,65	—	4,08	4,59	—	0,50	0,56	—	—	—
	II	269,—	14,79	21,52	24,21	II	269,—	11,16	16,24	18,27	7,71	11,22	12,62	—	6,46	7,26	—	2,34	2,63	—	—	—	—	—	—
	III	63,66	—	5,09	5,72	III	63,66	—	1,66	1,87															
	V	610,—	33,55	48,80	54,90	IV	299,75	14,61	21,25	23,90	12,78	18,59	20,91	10,99	15,99	17,99	9,24	13,45	15,13	7,55	10,98	12,35	5,25	8,58	9,65
	VI	641,66	35,29	51,33	57,74																				
2 147,99	I,IV	300,58	16,53	24,04	27,05	I	300,58	12,82	18,65	20,98	9,29	13,51	15,20	5,38	8,63	9,71	—	4,12	4,64	—	0,54	0,61	—	—	—
	II	269,83	14,84	21,58	24,28	II	269,83	11,21	16,30	18,34	7,75	11,28	12,69	0,10	6,52	7,33	—	2,39	2,69	—	—	—	—	—	—
	III	64,16	—	5,13	5,77	III	64,16	—	1,70	1,91															
	V	611,33	33,62	48,90	55,01	IV	300,58	14,65	21,32	23,98	12,82	18,65	20,98	11,03	16,05	18,05	9,29	13,51	15,20	7,59	11,04	12,42	5,38	8,63	9,71
	VI	643,—	35,36	51,44	57,87																				
2 150,99	I,IV	301,50	16,58	24,12	27,13	I	301,50	12,87	18,72	21,06	9,33	13,58	15,27	5,53	8,69	9,77	—	4,18	4,70	—	0,58	0,65	—	—	—
	II	270,66	14,88	21,65	24,35	II	270,66	11,25	16,37	18,41	7,80	11,34	12,76	0,23	6,57	7,39	—	2,43	2,73	—	—	—	—	—	—
	III	64,83	—	5,18	5,83	III	64,83	—	1,74	1,96															
	V	612,50	33,68	49,—	55,12	IV	301,50	14,70	21,38	24,05	12,87	18,72	21,06	11,07	16,11	18,12	9,33	13,58	15,27	7,63	11,10	12,48	5,50	8,69	9,77
	VI	644,33	35,43	51,54	57,98																				
2 153,99	I,IV	302,33	16,62	24,18	27,20	I	302,33	12,91	18,78	21,12	9,37	13,64	15,34	5,68	8,75	9,84	—	4,22	4,75	—	0,62	0,69	—	—	—
	II	271,50	14,93	21,72	24,43	II	271,50	11,29	16,43	18,48	7,84	11,40	12,83	0,38	6,63	7,46	—	2,48	2,79	—	—	—	—	—	—
	III	65,33	—	5,22	5,88	III	65,33	—	1,78	2,—															
	V	613,83	33,76	49,10	55,24	IV	302,33	14,74	21,45	24,13	12,91	18,78	21,12	11,12	16,18	18,20	9,37	13,64	15,34	7,67	11,16	12,55	5,68	8,75	9,84
	VI	645,33	35,49	51,62	58,07																				
2 156,99	I,IV	303,16	16,67	24,25	27,28	I	303,16	12,95	18,84	21,20	9,41	13,70	15,41	5,81	8,80	9,90	—	4,27	4,80	—	0,66	0,74	—	—	—
	II	272,33	14,97	21,78	24,50	II	272,33	11,33	16,49	18,55	7,88	11,46	12,89	0,51	6,68	7,52	—	2,52	2,84	—	—	—	—	—	—
	III	65,83	—	5,26	5,92	III	65,83	—	1,82	2,05															
	V	614,83	33,81	49,18	55,33	IV	303,16	14,79	21,51	24,20	12,95	18,84	21,20	11,16	16,24	18,27	9,41	13,70	15,41	7,71	11,22	12,62	5,81	8,80	9,90
	VI	646,58	35,56	51,72	58,19																				
2 159,99	I,IV	304,—	16,72	24,32	27,36	I	304,—	12,99	18,90	21,26	9,46	13,76	15,48	5,96	8,86	9,97	—	4,32	4,86	—	0,69	0,77	—	—	—
	II	273,16	15,02	21,85	24,58	II	273,16	11,38	16,56	18,63	7,92	11,52	12,96	0,66	6,74	7,58	—	2,56	2,88	—	—	—	—	—	—
	III	66,50	—	5,32	5,98	III	66,50	—	1,86	2,09															
	V	616,16	33,88	49,29	55,45	IV	304,—	14,83	21,58	24,27	12,99	18,90	21,26	11,20	16,30	18,33	9,46	13,76	15,48	7,75	11,28	12,69	5,96	8,86	9,97
	VI	647,83	35,63	51,82	58,30																				

* Die ausgewiesenen Tabellenwerte sind amtlich. Siehe Erläuterungen auf der Umschlaginnenseite (U2).
** Bei mehr als 3 Kinderfreibeträgen ist die „Ergänzungs-Tabelle 3,5 bis 6 Kinderfreibeträge" anzuwenden.

T 37

10 Froemer - ISBN 978-3-8120-0649-1

1. Zu Ihrem Angestellten Herrn Bolduan, 58 Jahre alt, liegen folgende Daten vor:

    Bruttogehalt 2.150,00 €
    Steuerklasse I (keine Kinder)
    evangelisch (9 %)
    Ansonsten gelten die gesetzlichen Regelungen.

    Aufgabe:
    Erstellen Sie die Gehaltsabrechnung und ermitteln Sie die Lohnkosten.

2. Zu Ihrer Angestellten Frau Zwalina, 37 Jahre alt, liegen folgende Daten vor:

    Bruttogehalt 2.120,00 €
    Steuerklasse II
    römisch-katholisch (9 %)
    Kinderfreibeträge 2,0
    Ansonsten gelten die gesetzlichen Regelungen.

    Aufgabe:
    Erstellen Sie die Gehaltsabrechnung und ermitteln Sie die Lohnkosten.

3. Zu Ihrem Angestellten Herrn Maus, 24 Jahre alt, liegen folgende Daten vor:

    Bruttogehalt 2.140,00 €
    Steuerklasse V (keine Kinder)
    konfessionslos
    Ansonsten gelten die gesetzlichen Regelungen.

    Aufgabe:
    Erstellen Sie die Gehaltsabrechnung und ermitteln Sie die Lohnkosten.

4. Zu Ihrem Angestellten Herrn Geier, 50 Jahre alt, liegen folgende Daten vor:

    Bruttogehalt 2.297,00 €
    Steuerklasse IV
    evangelisch (9 %)
    Kinderfreibeträge 1,0
    Steuerfreibetrag 150,00 € monatlich
    Ansonsten gelten die gesetzlichen Regelungen.

    Aufgabe:
    Erstellen Sie die Gehaltsabrechnung und ermitteln Sie die Lohnkosten.

➤ **Lösungen ab Seite 187**

> **Arbeitsaufgaben zu sonstigen Betriebseinnahmen und Betriebsausgaben**

1. Carola Binder hat im Jahr 2010 20.000,00 € in ihr Unternehmen eingelegt, der Gewinn beträgt 30.000,00 €. Für eine private Anschaffung hat sie 80.000,00 € entnommen. Die Zinsen für das Kontokorrentkonto belaufen sich auf 3.000,00 €, für Investitionen hat Carola Binder separate Kredite aufgenommen.

    Aufgabe:

    Ermitteln Sie die Höhe der Überentnahme und die Höhe der nicht abziehbaren Zinsen. Füllen Sie auch die Anlage zur Ermittlung der nicht abziehbaren Schuldzinsen aus.

2. Der Unternehmer Abraham hat seinen Kunden im Jahr 2010 folgende Geschenke gemacht:

    Kunde Günther: 1 gerahmtes Bild für 500,00 € + 95,00 € USt

    Kundin Schmidt: 1 Füllfederhalterset für 20,00 € + 3,80 € USt

    Kunde Beier: 1 Sektkühler für 15,00 € + 2,85 € USt
                      1 Weinregal für 30,00 € + 5,70 € USt

    Aufgabe:

    Ermitteln Sie die abziehbaren und die nicht abziehbaren Ausgaben.

3. Frau Glaser unternimmt vom 03.03.10 bis zum 06.03.10 eine Geschäftsreise. Sie startet am 03.03.10 um 9.00 Uhr und kehrt am 06.03.10 um 19.00 Uhr zurück. Für Übernachtungen hat sie 200,00 € + 14,00 € USt bezahlt, für die notwendige Verpflegung kann Sie Quittungen in Höhe von 150,00 € + 28,50 € USt nachweisen.

    Aufgabe:

    Ermitteln Sie die abziehbaren und die nicht abziehbaren Ausgaben.

4. Am 07.07.10 bewirtet die Unternehmerin Dangl einen Kunden in ihrem Stammlokal. Die maschinell erstellte Rechnung über 90,00 € + 17,10 € USt enthält alle erforderlichen Angaben, die Höhe der Bewirtungskosten ist angemessen.

    Aufgabe:

    Ermitteln Sie die abziehbaren und die nicht abziehbaren Ausgaben.

5. Herr Janssen hat im Jahr 2010 nebenberuflich als Dozent 1.800,00 € eingenommen. Betriebsausgaben hat er nicht aufgezeichnet.

    Aufgabe:

    Ermitteln Sie den Gewinn für das Jahr 2010.

> **Lösungen ab Seite 188**

> **Arbeitsaufgabe zum Wechsel von der Einnahmen-Überschuss-Rechnung zur kaufmännischen Buchführung**

1. Die Unternehmerin Hoppe ist vom Finanzamt aufgefordert worden, zum 01.01.10 eine kaufmännische Buchführung einzurichten.

    Am 01.01.10 hat sie Waren im Wert von 15.000,00 € im Lager. Ihren Lieferanten schuldet sie 8.000,00 €, offene Kundenrechnungen sind im Wert von 18.000,00 € vorhanden.

Aufgaben:

1.1 Nehmen Sie die notwendigen Korrekturen vor und begründen Sie die Vorgehensweise.

1.2 Welche Erleichterungen kann Frau Hoppe in Anspruch nehmen?

➤ **Lösungen auf Seite 191**

5.12.3 Übungsaufgaben zur Wiederholung und Vertiefung

1. Der Unternehmer Herbert Frings, der sein Unternehmen **von seiner Wohnung aus betreibt** und die Istbesteuerung beantragt hat, weist für 2010 folgende Einnahmen und Ausgaben aus:

Betriebseinnahmen aus Warenverkäufen (geschriebene Rechnungen):
80.000,00 € + 15.200,00 € USt.

Betriebsausgaben:

Wareneinkauf	33.125,00 € + 6.293,75 € USt (komplett bezahlt)
Miete	16.500,00 €
Porto	375,00 €

Zum 31.12.10 sind folgende Vorgänge noch nicht berücksichtigt:

a) Von den Warenverkäufen sind Rechnungen in Höhe von 4.000,00 € netto noch nicht bezahlt.

b) Die Dezembermiete für die Büroräume (1.500,00 €) wird erst am 06.01.11 bezahlt (nicht in den Betriebsausgaben enthalten).

c) Der Warenbestand hat am 31.12.10 einen Wert von 3.500,00 €.

d) Im Laufe des Jahres hat Herr Frings Waren für private Zwecke im Wert von 2.000,00 € netto entnommen.

e) Den Firmenwagen mit einem Kaufpreis von 26.180,00 € (entspricht dem Bruttolistenneupreis) hat Herr Frings auch privat genutzt. Der Wagen wurde im Jahr 2009 angeschafft und linear abgeschrieben, die betriebsgewöhnliche Nutzungsdauer beträgt 6 Jahre. Für Benzin und Instandhaltung sind 2.900,00 € + 551,00 € USt angefallen. Diese Ausgaben und die Abschreibung für das Jahr 2010 sind in den Betriebsausgaben noch nicht enthalten.

f) Herr Frings plant die Anschaffung einer neuen Büroausstattung im Jahr 2011. Die Anschaffungskosten schätzt er auf 15.000,00 €. Hierfür soll ein Investitionsabzugsbetrag in Anspruch genommen werden.

Weitere Angaben:

Die Umsatzsteuer-Voranmeldungen ergaben in jedem Quartal eine Zahllast. Die Zahllast für das 4. Quartal 2010 wird am 07.01.11 überwiesen und ist als Betriebsausgabe dem Jahr 2010 zuzurechnen (10-Tage-Regelung).

Aufgabe:

Erstellen Sie die Einnahmen-Überschuss-Rechnung für das Jahr 2010 und übernehmen Sie die Daten in die Anlage EÜR.

➤ **Lösung ab Seite 192**

2. Herr Dünnwald hat für das Jahr 2010 mit der Einnahmen-Überschuss-Rechnung einen vorläufigen Gewinn von 12.000,00 € ermittelt. Für die Umsatzsteuer gilt die Istbesteuerung. Folgende Geschäftsfälle wurden bisher nicht berücksichtigt:

   a) Eine Forderung über 595,00 € brutto wurde am 13.12.10 uneinbringlich (Insolvenz des Kunden).

   b) Am 07.11.10 leistete Herr Dünnwald für einen neuen Pkw eine Anzahlung gegen Rechnung über 5.000,00 € + 950,00 € USt. Der Pkw mit einer sechsjährigen Nutzungsdauer, der nur betrieblich genutzt wird, wurde am 20.01.11 geliefert. Der Preis des Pkws beträgt 24.000,00 € + 4.560,00 € USt (= Listenpreis).

   c) Am 10.10.10 wurde eine Maschine mit einer neunjährigen Nutzungsdauer für 20.000,00 € + 3.800,00 € USt gekauft. Die Bezahlung erfolgte am 30.10.10. Im Vorjahr wurde ein Investitionsabzugsbetrag in Höhe von 5.000,00 € in Anspruch genommen.

   d) Am 19.11.10 überweist ein Kunde 1.500,00 € + 285,00 € USt zum Rechnungsausgleich.

   e) Bei einem Überfall wurden aus der Geschäftskasse 2.000,00 € entwendet. Weiterhin wurden Waren im Wert von 500,00 € gestohlen.

   Aufgabe:

   Ermitteln Sie den Gewinn des Jahres 2010. Die Voraussetzungen für Sonderabschreibungen liegen vor. Für die Umsatzsteuer gilt **nicht** die 10-Tage-Regelung.

> **Lösung auf Seite 196**

3. Frau Emmerich hat mit der Einnahmen-Überschuss-Rechnung für das Jahr 2010 einen vorläufigen Gewinn von 14.700,00 € ermittelt. Für die Umsatzsteuer gilt die Istbesteuerung. Folgende Geschäftsfälle wurden bisher nicht berücksichtigt:

   a) Ein Kunde leistete am 10.12.10 eine Anzahlung von 1.500,00 € + 285,00 € USt. Die Ware ist noch nicht geliefert worden.

   b) Für einen guten Kunden hat Frau Emmerich ein Geschenk für 100,00 € + 19,00 € USt gekauft.

   c) Ein Posten Ware mit 800,00 € Anschaffungskosten musste am 28.12.10 defekt aussortiert werden.

   d) Am 31.10.10 hat Frau Emmerich einen Kredit über 20.000,00 € aufgenommen. Die Bank hat 500,00 € Disagio einbehalten. Die 9 % Zinsen sind nachträglich am 31.01.11 zu zahlen.

   e) Frau Emmerich beabsichtigt im Jahr 2011 den Kauf einer neuen Maschine für 25.000,00 €. Hierfür soll ein Investitionsabzugsbetrag in Anspruch genommen werden.

   Aufgabe:

   Ermitteln Sie den Gewinn des Jahres 2010. Für die Umsatzsteuer gilt **nicht** die 10-Tage-Regelung.

> **Lösung ab Seite 196**

4. Herr Bullrich hat mit der Einnahmen-Überschuss-Rechnung für das Jahr 2010 einen vorläufigen Gewinn von 20.500,00 € ermittelt. Für die Umsatzsteuer gilt die Istbesteuerung. Folgende Geschäftsfälle wurden bisher nicht berücksichtigt:

   a) Am 10.06.10 hat Herr Bullrich 500,00 € an das Deutsche Rote Kreuz gespendet.

   b) Am 15.10.10 wird ein Pkw mit einer betriebsgewöhnlichen Nutzungsdauer von sechs Jahren für 28.560,00 € brutto gekauft. Der Pkw wird nur betrieblich genutzt.

c) Am 05.01.11 überweist Herr Bullrich die Versicherungsprämie für den Zeitraum Dezember 10 bis November 11. Die Prämie beträgt 600,00 €.

d) Im Jahr 2010 hat Herr Bullrich 2.400,00 € an seine private Krankenversicherung überwiesen.

e) Am 20.12.10 verkauft Herr Bullrich eine gebrauchte Maschine mit einem Buchwert von 2.000,00 € für 3.000,00 € zuzüglich 19 % USt. Der Kunde begleicht die Rechnung am 08.01.11.

f) Am 18.12.10 kauft Herr Bullrich einen PC für 1.200,00 € zuzüglich 19 % Umsatzsteuer. Die Rechnung begleicht er am 17.01.11. Die betriebsgewöhnliche Nutzungsdauer beträgt 3 Jahre.

Aufgabe:

Ermitteln Sie den Gewinn des Jahres 2010. Die Abschreibungen sollen linear vorgenommen werden. Die Voraussetzungen für Sonderabschreibungen liegen nicht vor. Für die Umsatzsteuer gilt **nicht** die 10-Tage-Regelung.

➤ **Lösung auf Seite 197**

5. Frau Keldenich hat mit der Einnahmen-Überschuss-Rechnung für das Jahr 2010 einen vorläufigen Gewinn von 18.800,00 € ermittelt. Für die Umsatzsteuer gilt die Istbesteuerung. Folgende Geschäftsfälle wurden bisher nicht berücksichtigt:

a) Einem Kunden wird am 10.10.10 eine Rechnung über 1.000,00 € + 190,00 € erlassen, da er sich in finanziellen Schwierigkeiten befindet.

b) Am 20.12.10 gewährt Frau Keldenich einem Mitarbeiter ein Darlehen über 2.000,00 €. Die Rückzahlung soll ab Februar 2011 beginnen.

c) Ein Kunde wird für 100,00 € + 19,00 € bewirtet. Es liegt eine ordnungsgemäße Rechnung vor, die Bewirtungskosten sind in der Höhe angemessen.

d) Ein PC mit einem Buchwert von 600,00 € zum 01.01.10 scheidet im Juli 2010 defekt aus (Anschaffungskosten 750,00 €, befindet sich im Pool).

e) Am 01.07.10 schafft Frau Keldenich eine Maschine für 5.000,00 € + 950,00 € USt an. Die betriebsgewöhnliche Nutzungsdauer beträgt 8 Jahre. Im Vorjahr wurde ein Investitionsabzugsbetrag in Höhe von 2.500,00 € in Anspruch genommen.

Aufgabe:

Ermitteln Sie den Gewinn des Jahres 2010. Die Voraussetzungen für Sonderabschreibungen liegen vor. Für die Umsatzsteuer gilt **nicht** die 10-Tage-Regelung.

➤ **Lösung auf Seite 198**

6. Herr Brumshagen hat mit der Einnahmen-Überschuss-Rechnung für das Jahr 2010 einen vorläufigen Gewinn von 22.700,00 € ermittelt. Für die Umsatzsteuer gilt die Istbesteuerung. Folgende Geschäftsfälle wurden bisher nicht berücksichtigt:

a) Am 10.08.10 hat Herr Brumshagen ein unbebautes Grundstück für betriebliche Zwecke erworben. Der Kaufpreis beträgt 30.000,00 €. Für die Grunderwerbsteuer waren 1.050,00 € zu zahlen, für Gerichtsgebühren 400,00 € und für den Notar 500,00 € + 95,00 € USt.

b) Die am 01.10.10 für 10.000,00 € + 1.900,00 € USt erworbene Maschine wird am 20.10.10 mit 2 % Skontoabzug bezahlt. Die betriebsgewöhnliche Nutzungsdauer der Maschine beträgt 8 Jahre.

c) Am 20.04.10 hat Herr Brumshagen ein Faxgerät für 300,00 € + 57,00 € USt erworben.

Aufgabe:

Ermitteln Sie den Gewinn des Jahres 2010. Die Voraussetzungen für Sonderabschreibungen liegen nicht vor. Für die Umsatzsteuer gilt **nicht** die 10-Tage-Regelung.

> ➤ **Lösung ab Seite 198**

7. Herr Kröger hat mit der Einnahmen-Überschuss-Rechnung für das Jahr 2010 einen vorläufigen Gewinn von 11.300,00 € ermittelt. Für die Umsatzsteuer gilt die Sollbesteuerung. Folgende Geschäftsfälle wurden bisher nicht berücksichtigt:

   a) Am 01.11.10 hat Herr Kröger ein Darlehen über 25.000,00 € zu 7,5 % aufgenommen. Die Bank hat 2 % Disagio einbehalten, die Zinsen sind halbjährlich nachträglich zu zahlen.

   b) Am 15.11.10 verkauft Herr Kröger die gebrauchte Büroausstattung für 400,00 € + 76,00 € USt auf Rechnung. Der Buchwert zum Zeitpunkt des Verkaufs beträgt 250,00 €. Die Zahlung des Kunden wird am 08.01.11 gutgeschrieben. Die Anschaffungskosten betrugen 1.200,00 €.

   c) Zum 31.12.10 beträgt der Marktwert der Computeranlage 500,00 €, der Buchwert wird mit 1.200,00 € ermittelt.

   d) Die Januarmiete für das Jahr 2011 über 1.200,00 € wird bereits am 22.12.10 überwiesen.

   e) Am 23.12.10 hat Herr Kröger Waren für Privatzwecke entnommen. Der Nettoeinkaufspreis beträgt 800,00 €, der Nettoverkaufspreis 1.300,00 €.

   f) Den Betriebs-Pkw hat Herr Kröger auch für Privatfahrten genutzt. Ein Fahrtenbuch hat er nicht geführt. Der Listenneupreis des Pkws beträgt 18.000,00 € netto. Die Ausgaben für den Pkw sind bereits erfasst. Die betriebliche Nutzung des Pkws liegt über 50 %.

   g) Eine Rechnung vom 30.11.10 an den Kunden Schmitt über 4.000,00 € + 760,00 € USt ist bis zum 31.12.10 noch nicht bezahlt.

   h) Am 28.12.10 kauft Herr Kröger Ware für 6.000,00 € + 1.140,00 € USt gegen Rechnung. Die Bezahlung erfolgt am 02.02.11.

Aufgabe:

Ermitteln Sie den Gewinn des Jahres 2010. Für die Umsatzsteuer gilt **nicht** die 10-Tage-Regelung.

> ➤ **Lösung ab Seite 199**

6 | Lösungen

6.1 Lösungen zu Kapitel 1

Zu Aufgabe 1:

Herr Müller betreibt ein Gewerbe und hat die Gewinngrenze von 50.000,00 € überschritten, das Finanzamt hat ihn rechtmäßig aufgefordert, eine kaufmännische Buchführung einzurichten.

Herr Müller muss zum 01.01.12 eine kaufmännische Buchführung einrichten.

Zu Aufgabe 2:

Herr Schmidt ist als Freiberufler grundsätzlich nicht buchführungspflichtig, auch nicht bei Überschreiten der Umsatz- und Gewinngrenze. Diese Grenzen gelten nur für Gewerbetreibende.

Herr Schmidt muss keine kaufmännische Buchführung einrichten, freiwillig wäre das jedoch möglich.

Zu Aufgabe 3:

Eine GmbH ist immer buchführungspflichtig, die Umsatz- und Gewinngrenze ist irrelevant.

Die Brüder Schnell können für die Büchervertriebs-GmbH keine Einnahmen-Überschuss-Rechnung einrichten.

Zu Aufgabe 4:

Herr Mutig kann auch bei anfangs geringen Umsätzen und Gewinnen eine kaufmännische Buchführung einrichten. Die kaufmännische Buchführung ist zu jedem Zeitpunkt freiwillig möglich.

Zu Aufgabe 5:

$$\begin{array}{ll} & \text{Betriebseinnahmen} \\ - & \text{Betriebsausgaben} \\ \hline = & \text{Gewinn/Verlust} \\ \hline \end{array}$$

6.2 Lösungen zu Kapitel 2

Zu Aufgabe 1:

$$\begin{array}{ll} & 110.000,00 \text{ € bezahlte Rechnungen} \\ + & 4.000,00 \text{ € Verkauf des Behandlungsstuhls} \\ \hline = & 114.000,00 \text{ € Summe der Betriebseinnahmen} \\ \hline \end{array}$$

Der Verkauf des Fernsehers gehört zur Privatsphäre und führt somit nicht zu einer Betriebseinnahme. Für die Rechnungen gilt das Zuflussprinzip, die nicht bezahlten Rechnungen sind erst mit der Bezahlung als Betriebseinnahme zu erfassen.

Zu Aufgabe 2:

```
    14.400,00 € Miete
+      250,00 € Büromaterial
=   14.650,00 € Summe der Betriebsausgaben
```

Die Rückzahlung des Darlehens ist ein erfolgsneutraler Vorgang und daher keine Betriebsausgabe. Für die Mietzahlungen gilt die 10-Tage-Regelung, somit ist auch die Dezembermiete, die erst im Januar 2011 bezahlt wird, dem Jahr 2010 zuzurechnen (Dauerschuldverhältnis).

Zu Aufgabe 3:

Anschaffungskosten 21.600,00 €
Abschreibung für ein Jahr 21.600,00 € : 6 = 3.600,00 €
Abschreibung für neun Monate 3.600,00 € : 12 · 9 = 2.700,00 €

Die Abschreibung ist nur anteilig ab dem Monat der Anschaffung möglich. Damit beträgt die Abschreibung (Betriebsausgabe) für das Jahr 2010 2.700,00 €.

Zu Aufgabe 4:

Der Büroschrank ist für die Zeit bis zum Verkauf planmäßig abzuschreiben (vier Monate).

180,00 € : 12 · 4 = 60,00 € Abschreibung

```
    720,00 € Buchwert zum 01.01.10
-    60,00 € Abschreibung
=   660,00 € Buchwert bei Verkauf
```

```
    900,00 € Betriebseinnahmen
    660,00 € Betriebsausgabe durch Buchwertabgang
+    60,00 € Betriebsausgabe durch Abschreibung
    720,00 € gesamte Betriebsausgaben
```

Zu Aufgabe 5:

```
     67.000,00 € Betriebseinnahmen
-    40.000,00 € allgemeine Betriebsausgaben
-       350,00 € Abschreibung Laptop
-        78,00 € Abschreibung Büroschrank (Sammelposten)      (390,00 €)*
-        25,00 € Taschenrechner
=    26.547,00 € Gewinn                                   (26.235,00 €)*
```

* Werte in Klammern mit 410,00-€-Wahlrecht

Der Laptop kann nur anteilig ab dem Monat der Anschaffung (für 7 Monate) abgeschrieben werden. Der Büroschrank kann in den Sammelposten (Pool) eingestellt und über 5 Jahre abgeschrieben werden (wie dargestellt). Der Zeitpunkt des Zugangs ist dabei irrelevant. Der Taschenrechner wird nicht in das Anlageverzeichnis aufgenommen, der Geldabfluss führt sofort zur Betriebsausgabe (GWG). Alternativ hätten die Anschaffungskosten des Büroschranks auch direkt als Betriebsausgabe berücksichtigt werden können (410,00-€-Regel)

6.3 Lösungen zu Kapitel 3

Zu Aufgabe 1:

1.1

Einnahmen-Überschuss-Rechnung nach § 4 Abs. 3 EStG, § 19 Abs. 1 UStG für 2010:
Anke Meier, Handel mit Diätprodukten
    Steuer-Nr. 167/4080/0526

A)	**Betriebseinnahmen**			
	laufende Einnahmen	12.800,00 €		
	Private Telefonnutzung			
		12.800,00 €	12.800,00 €	
B)	**Betriebsausgaben**			
	Wareneinkäufe	12.300,00 €		
	Kfz-Kosten	186,00 €		
	Porto	110,00 €		
	Lager	480,00 €		
	Gebühren	0,00 €		
	Kosten des Geldverkehrs	85,00 €		
	Telefongebühren	187,50 €		
	AfA PC	166,67 €		
	Telefon	60,00 €		
	Büromöbel	83,33 €		
		13.658,50 €	13.658,50 €	
	Verlust		858,50 €	

Erstellt nach Aufzeichnungen und Belegen.

31.05.11

Für die Betriebseinnahmen gilt das Zuflussprinzip, die Rechnung über 1.200,00 € ist erst im Zeitpunkt der Bezahlung zu berücksichtigen.

Der Lagerbestand ist irrelevant, es gilt das Abflussprinzip, mit der Bezahlung der Ware ist die Betriebsausgabe zu berücksichtigen.

Für die Pkw-Nutzung können 0,30 €/km als Betriebsausgabe in die Einnahme-Überschuss-Rechnung übernommen werden.

Für die Mietzahlungen gilt die 10-Tage-Regelung, der Abfluss am 08.01.11 ist bereits im Jahr 2010 als Betriebsausgabe zu erfassen.

Die Abschreibung für die Büromöbel ist für 10 Monate möglich, der PC kann nur vier Monate abgeschrieben werden.

Die Abschreibung der Telefonanlage beträgt 240,00 € p.a. Zu erfassen ist nur der betriebliche Anteil in Höhe von 60,00 € (25 % von 240,00 €).

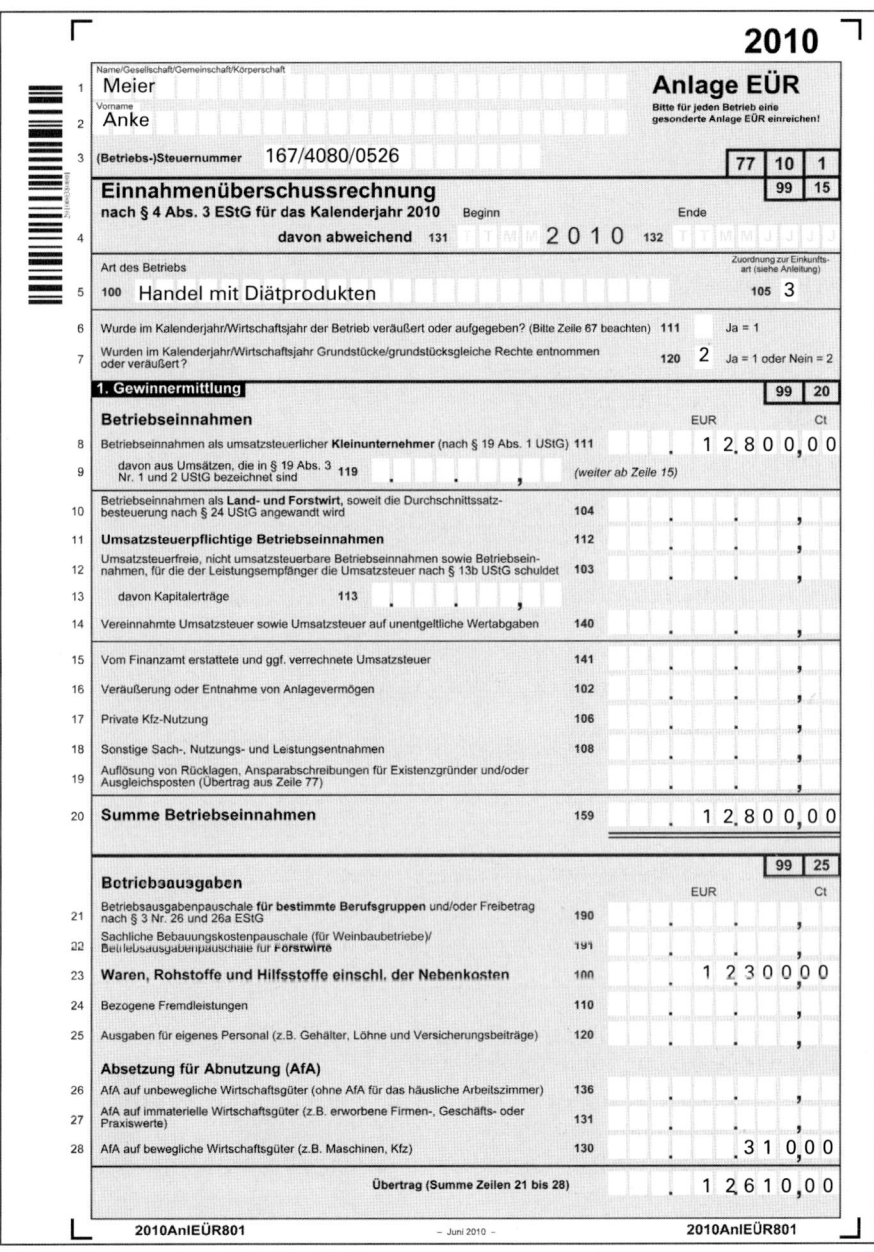

167/4080/0526 (2010AnlEÜR802)

(Betriebs-)Steuernummer 167/4080/0526

Nr.	Position	Feld	EUR	Ct
30	Übertrag (Summe Zeilen 21 bis 28)		1 2 6 1 9 0 0	
31	Sonderabschreibungen nach § 7g EStG	134		
32	Herabsetzungsbeträge nach § 7g Abs. 2 EStG (Erläuterung auf gesondertem Blatt)	138		
33	Aufwendungen für geringwertige Wirtschaftsgüter nach § 6 Abs. 2 EStG	132		
34	Auflösung Sammelposten nach § 6 Abs. 2a EStG	137		
35	Restbuchwert der ausgeschiedenen Anlagegüter	135		

Raumkosten und sonstige Grundstücksaufwendungen (ohne häusliches Arbeitszimmer)

Nr.	Position	Feld	EUR	Ct
36	Miete/Pacht für Geschäftsräume und betrieblich genutzte Grundstücke	150	4 8 0,	0 0
37	Miete/Aufwendungen für doppelte Haushaltsführung	152		
38	Sonstige Aufwendungen für betrieblich genutzte Grundstücke (ohne Schuldzinsen und AfA)	151		

Sonstige unbeschränkt abziehbare Betriebsausgaben

Nr.	Position	Feld	EUR	Ct
39	Aufwendungen für Telekommunikation (z.B. Telefon)	280	1 8 7,	5 0
40	Fortbildungskosten	281		
41	Rechts- und Steuerberatung, Buchführung	194		
42	Schuldzinsen zur Finanzierung von Anschaffungs- und Herstellungskosten von Wirtschaftsgütern des Anlagevermögens	232		
43	Übrige Schuldzinsen	234		
44	Gezahlte Vorsteuerbeträge	185		
45	An das Finanzamt gezahlte und ggf verrechnete Umsatzsteuer	186		
46	Rücklagen, stille Reserven und/oder Ausgleichsposten (Übertrag aus Zeile 77)	183	1 9 5,	0 0
47	Übrige unbeschränkt abziehbare Betriebsausgaben			

Beschränkt abziehbare Betriebsausgaben und Gewerbesteuer

Nr.	Position	Feld	nicht abziehbar EUR	Ct	Feld	abziehbar EUR	Ct
48	Geschenke	164					
49	Bewirtungsaufwendungen	165					
50	Verpflegungsmehraufwendungen	171					
51	Aufwendungen für ein häusliches Arbeitszimmer (einschl. AfA und Schuldzinsen)	162					
52	Sonstige beschränkt abziehbare Betriebsausgaben	168					
53	Gewerbesteuer	217			218		

Kraftfahrzeugkosten und andere Fahrtkosten

Nr.	Position	Feld	EUR	Ct
54	Tatsächliche Kraftfahrzeugkosten und andere Fahrtkosten (laufende und feste Kosten ohne AfA und Zinsen)	140	1 8 6,	0 0
55	Kraftfahrzeugkosten für Wege zwischen Wohnung und Betriebsstätte, Familienheimfahrten (pauschaliert oder tatsächlich)	142 −		
56	Mindestens abziehbare Kraftfahrzeugkosten für Wege zwischen Wohnung und Betriebsstätte (Pendlerpauschale), Familienheimfahrten	176 +		
57	**Summe Betriebsausgaben**	199	1 3 6 5 8,	5 0

167/4080/0526 (2010AnlEÜR803)

(Betriebs-)Steuernummer 167/4080/0526

Ermittlung des Gewinns

Nr.	Position	Feld	EUR	Ct
61	Summe der Betriebseinnahmen (Übertrag aus Zeile 20)		1 2 8 0 0,	0 0
62	abzüglich Summe der Betriebsausgaben (Übertrag aus Zeile 57)	−	1 3 6 5 8,	5 0
63	zuzüglich Hinzurechnung der Investitionsabzugsbeträge nach § 7g Abs. 2 EStG (Erläuterung auf gesondertem Blatt)	188 +		
64	Gewinnzuschlag nach § 6b Abs. 7 und 10 EStG	123 +		
65	abzüglich erwerbsbedingte Kinderbetreuungskosten nach § 9c EStG	184 −		
66	Investitionsabzugsbeträge nach § 7g Abs. 1 EStG (Erläuterung auf gesondertem Blatt)	187 −		
67	Hinzurechnungen und Abrechnungen bei Wechsel der Gewinnermittlungsart	250		
68	Korrigierter Gewinn/Verlust	290	−, 8 5 8,	5 0 Korrekturbetrag
69	Bereits berücksichtigte Beträge, (261) für die das Teileinkünfte-verfahren bzw. § 8b KStG gilt	262		Gesamtbetrag
70	Steuerpflichtiger Gewinn/Verlust vor Anwendung des § 4 Abs. 4a EStG	293		
71	Hinzurechnungsbetrag nach § 4 Abs. 4a EStG	271 +		
72	**Steuerpflichtiger Gewinn/Verlust**	219	−, 8 5 8,	5 0

2. Ergänzende Angaben

Rücklagen, stille Reserven und Ansparabschreibungen

Nr.	Position	Feld Bildung/Übertragung	EUR	Ct	Feld Auflösung	EUR	Ct
73	Rücklagen nach § 6c i.V.m. § 6b EStG, R 6.6 EStR	187			120		
74	Übertragung von stillen Reserven nach § 6c i.V.m. § 6b EStG, R 6.6 EStR	170					
75	Ansparabschreibungen für Existenzgründer nach § 7g Abs. 7 und 8 EStG a.F.				122		
76	Ausgleichsposten nach § 4g EStG	191			125		
77	Gesamtsumme	190			124	Übertrag in Zeile 46	

Entnahmen und Einlagen

Nr.	Position	Feld	EUR	Ct
78	Entnahmen einschl. Sach-, Leistungs- und Nutzungsentnahmen	122		
79	Einlagen einschl. Sach-, Leistungs- und Nutzungseinlagen	123		

Übertrag in Zeile 19

1.2

Einnahmen-Überschuss-Rechnung nach § 4 Abs. 3 EStG, § 19 Abs. 1 UStG für 2010:
Anke Meier, Handel mit Diätprodukten
      Steuer-Nr. 167/4080/0526

A) Betriebseinnahmen

laufende Einnahmen	12.800,00 €	
Private Telefonnutzung	742,50 €	
	13.542,50 €	13.542,50 €

B) Betriebsausgaben

Wareneinkäufe		12.300,00 €	
Kfz-Kosten		186,00 €	
Porto		110,00 €	
Lager		480,00 €	
Gebühren		0,00 €	
Kosten des Geldverkehrs		85,00 €	
Telefongebühren		750,00 €	
AfA	PC	166,67 €	
	Telefon	240,00 €	
	Büromöbel	83,33 €	
		14.401,00 €	14.401,00 €
	Verlust		858,50 €

Erstellt nach Aufzeichnungen und Belegen.

31.05.11

Anlage EÜR 2010

Name/Gesellschaft/Gemeinschaft/Körperschaft
Meier

Vorname
Anke

(Betriebs-)Steuernummer **167/4080/0526**

Bitte für jeden Betrieb eine gesonderte Anlage EÜR einreichen! 77 | 10 | 1

99 | 15

Einnahmenüberschussrechnung
nach § 4 Abs. 3 EStG für das Kalenderjahr 2010

Beginn 2 0 1 0 Ende 131

davon abweichend 131 132

Zuordnung zur Einkunftsart siehe Anleitung 105 | 3

Art des Betriebs
100 Handel mit Diätprodukten

6 Wurde im Kalenderjahr/Wirtschaftsjahr der Betrieb veräußert oder aufgegeben? (Bitte Zeile 67 beachten) 111 — Ja = 1

7 Wurden im Kalenderjahr/Wirtschaftsjahr Grundstücke/grundstücksgleiche Rechte entnommen oder veräußert? 120 | 2 — Ja = 1 oder Nein = 2

1. Gewinnermittlung

		EUR	Ct
Betriebseinnahmen		99	20
8 Betriebseinnahmen als umsatzsteuerlicher **Kleinunternehmer** (nach § 19 Abs. 1 UStG) 111		1 2.8 0 0,0 0
9 davon aus Umsätzen, die in § 19 Abs. 3 Nr. 1 und 2 UStG bezeichnet sind 119			
10 Betriebseinnahmen als **Land- und Forstwirt**, soweit die Durchschnittssatz- besteuerung nach § 24 UStG angewandt wird 104			
Umsatzsteuerpflichtige Betriebseinnahmen			
11 Umsatzsteuerpflichtige Betriebseinnahmen 112			
12 Umsatzsteuerfreie, nicht umsatzsteuerbare Betriebseinnahmen sowie Betriebsein- nahmen, für die der Leistungsempfänger die Umsatzsteuer nach § 13b UStG schuldet 103			
13 davon Kapitalerträge 113			
14 Vereinnahmte Umsatzsteuer sowie Umsatzsteuer auf unentgeltliche Wertabgaben 140			
15 Vom Finanzamt erstattete und ggf. verrechnete Umsatzsteuer 141			
16 Veräußerung oder Entnahme von Anlagevermögen 102			
17 Private Kfz-Nutzung 106			
18 Sonstige Sach-, Nutzungs- und Leistungsentnahmen 108		7 4 2,5 0
19 Auflösung von Rücklagen, Ansparabschreibungen für Existenzgründer und/oder Ausgleichsposten (Übertrag aus Zeile 77)			
20 Summe Betriebseinnahmen 159		1 3.5 4 2,5 0

		EUR	Ct
Betriebsausgaben		99	25
21 Betriebsausgabenpauschale für bestimmte Berufsgruppen und/oder Freibetrag nach § 3 Nr. 26 und 26a EStG 190			
22 Sächliche Bebauungskostenpauschale (für Weinbaubetriebe)/ Betriebsausgabenpauschale für Forstwirte 191			
23 **Waren, Rohstoffe und Hilfsstoffe einschl. der Nebenkosten** 100		1 2.3 0 0,0 0
24 Bezogene Fremdleistungen 110			
25 Ausgaben für eigenes Personal (z.B. Gehälter, Löhne und Versicherungsbeiträge) 120			
Absetzung für Abnutzung (AfA)			
26 AfA auf unbewegliche Wirtschaftsgüter (ohne AfA für das häusliche Arbeitszimmer) 135			
27 AfA auf immaterielle Wirtschaftsgüter (z.B. erworbene Firmen-, Geschäfts- oder Praxiswerte) 131			
28 AfA auf bewegliche Wirtschaftsgüter (z.B. Maschinen, Kfz) 130		4 9 0,0 0
Übertrag (Summe Zeilen 21 bis 28)		1 2.7 9 0,0 0

2010AnlEÜR801

(Betriebs-)Steuernummer **167/4080/0526**

Übertrag (Summe Zeilen 21 bis 28)

		EUR	Ct
		1 2.7 9 0,0 0
31 Sonderabschreibungen nach § 7g EStG 134			
32 Herabsetzungsbeträge nach § 7g Abs. 2 EStG (Erläuterung auf gesondertem Blatt) 138			
33 Aufwendungen für geringwertige Wirtschaftsgüter nach § 6 Abs. 2 EStG 132			
34 Auflösung Sammelposten nach § 6 Abs. 2a EStG 137			
35 Restbuchwert der ausgeschiedenen Anlagegüter 135			
Raumkosten und sonstige Grundstücksaufwendungen (ohne häusliches Arbeitszimmer)			
36 Miete/Pacht für Geschäftsräume und betrieblich genutzte Grundstücke 150		.4 8 0,0 0
37 Miete/Aufwendungen für doppelte Haushaltsführung 152			
38 Sonstige Aufwendungen für betrieblich genutzte Grundstücke (ohne Schuldzinsen und AfA) 151			
Sonstige unbeschränkt abziehbare Betriebsausgaben			
39 Aufwendungen für Telekommunikation (z.B. Telefon) 280		7 5 0,0 0
40 Fortbildungskosten 281			
41 Rechts- und Steuerberatung, Buchführung 194			
42 Schuldzinsen zur Finanzierung von Anschaffungs- und Herstellungskosten von Wirtschaftsgütern des Anlagevermögens 232			
43 Übrige Schuldzinsen 234			
44 Gezahlte Vorsteuerbeträge 185			
45 An das Finanzamt gezahlte und ggf. verrechnete Umsatzsteuer 186			
46 Rücklagen, stille Reserven und/oder Ausgleichsposten (Übertrag aus Zeile 77) 183			
47 Übrige unbeschränkt abziehbare Betriebsausgaben		1 9 5,0 0

Beschränkt abziehbare Betriebsausgaben und Gewerbesteuer	nicht abziehbar EUR	abziehbar EUR	Ct
48 Geschenke 164			
49 Bewirtungsaufwendungen 165			
50 Verpflegungsmehraufwendungen 171			
51 Aufwendungen für ein häusliches Arbeitszimmer (einschl. AfA und Schuldzinsen) 162			
52 Sonstige beschränkt abziehbare Betriebsausgaben 168			
53 Gewerbesteuer 217			

Kraftfahrzeugkosten und andere Fahrtkosten			
54 Tatsächliche Kraftfahrzeugkosten und andere Fahrtkosten (laufende und feste Kosten ohne AfA und Zinsen) 140		1 8 6,0 0
55 Kraftfahrzeugkosten für Wege zwischen Wohnung und Betriebsstätte (pauschaliert oder tatsächlich) 142 —		
56 Mindestens abziehbare Kraftfahrzeugkosten für Wege zwischen Wohnung und Betriebsstätte (Pendlerpauschale); Familienheimfahrten 176 +		
57 Summe Betriebsausgaben 199		1 4.4 0 1,0 0

2010AnlEÜR802

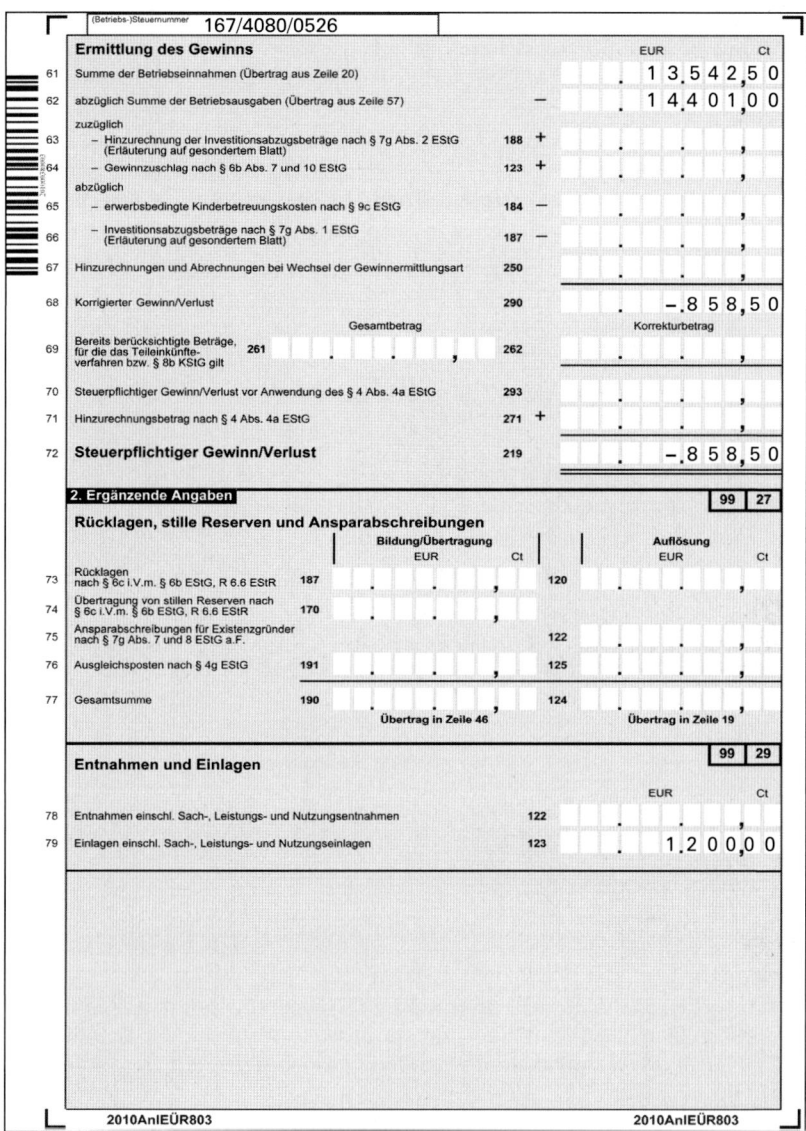

(Betriebs-)Steuernummer 167/4080/0526

Ermittlung des Gewinns

			EUR	Ct
61	Summe der Betriebseinnahmen (Übertrag aus Zeile 20)		13.542	50
62	abzüglich Summe der Betriebsausgaben (Übertrag aus Zeile 57) −		14.401	00
	zuzüglich			
63	− Hinzurechnung der Investitionsabzugsbeträge nach § 7g Abs. 2 EStG (Erläuterung auf gesondertem Blatt) 188 +			
64	− Gewinnzuschlag nach § 6b Abs. 7 und 10 EStG 123 +			
	abzüglich			
65	− erwerbsbedingte Kinderbetreuungskosten nach § 9c EStG 184 −			
66	− Investitionsabzugsbeträge nach § 7g Abs. 1 EStG (Erläuterung auf gesondertem Blatt) 187 −			
67	Hinzurechnungen und Abrechnungen bei Wechsel der Gewinnermittlungsart 250			
68	Korrigierter Gewinn/Verlust 290		−.858	50

	Gesamtbetrag		Korrekturbetrag
69	Bereits berücksichtigte Beträge, für die das Teileinkünfte-verfahren bzw. § 8b KStG gilt **261**	262	

70	Steuerpflichtiger Gewinn/Verlust vor Anwendung des § 4 Abs. 4a EStG 293			
71	Hinzurechnungsbetrag nach § 4 Abs. 4a EStG 271 +			
72	**Steuerpflichtiger Gewinn/Verlust** 219		−.858	50

2. Ergänzende Angaben 99 | 27

Rücklagen, stille Reserven und Ansparabschreibungen

		Bildung/Übertragung EUR	Ct		Auflösung EUR	Ct
73	Rücklagen nach § 6c i.V.m. § 6b EStG, R 6.6 EStR **187**			120		
74	Übertragung von stillen Reserven nach § 6c i.V.m. § 6b EStG, R 6.6 EStR **170**					
75	Ansparabschreibungen für Existenzgründer nach § 7g Abs. 7 und 8 EStG a.F.			122		
76	Ausgleichsposten nach § 4g EStG **191**			125		
77	Gesamtsumme **190**			124		
		Übertrag in Zeile 46			Übertrag in Zeile 19	

Entnahmen und Einlagen 99 | 29

			EUR	Ct
78	Entnahmen einschl. Sach-, Leistungs- und Nutzungsentnahmen 122			
79	Einlagen einschl. Sach-, Leistungs- und Nutzungseinlagen 123		1.200	00

2010AnlEÜR803   2010AnlEÜR803

Die Einlage des Telefons mit einem Wert von 1.200,00 € ist in der **Zeile 79** anzugeben.

1.3 Die betriebliche Nutzung des Pkws liegt mit 3,65 % unter 50 % bzw. unter 10 %. Eine Überführung in das Betriebsvermögen ist nicht zulässig, unabhängig davon, auf welche Art (1 %-Regelung/Fahrtenbuch) der Privatanteil erfasst werden soll.

Zu Aufgabe 2:

Einnahmen-Überschuss-Rechnung nach § 4 Abs. 3 EStG, § 19 Abs. 1 UStG für 2010:

Marko Rübsamen, PC-Vertrieb
Steuer-Nr. 167/4030/0525

A)	**Betriebseinnahmen**			
	laufende Einnahmen		15.200,00 €	
	Einnahmen aus Hilfsgeschäften		250,00 €	
			15.450,00 €	15.450,00 €
B)	**Betriebsausgaben**			
	Wareneinkäufe		5.000,00 €	
	Kfz-Kosten		240,00 €	
	Porto		95,00 €	
	Lager		1.350,00 €	
	Büromaterial		120,00 €	
	Kosten des Geldverkehrs		0,00 €	
	Buchwert PC		250,00 €	
	AfA	Laptop	150,00 €	
		Pool 2010 (Teppich)	160,00 €	
		PC	250,00 €	
			7.615,00 €	7.615,00 €
	Gewinn			7835,00 €

Erstellt nach Aufzeichnungen und Belegen.

31. 05. 11

Der Verkauf des PCs erscheint als Einnahme aus Hilfsgeschäften in der Einnahmen-Überschuss-Rechnung. Der PC wird für ein halbes Jahr abgeschrieben (250,00 €), der Restbuchwert (250,00 €) ist ebenfalls als Betriebsausgabe zu erfassen.

Die Mietzahlungen für 2010 werden komplett als Betriebsausgabe erfasst, die Vorauszahlung für das erste Halbjahr 2011 ebenfalls, es gilt das Abflussprinzip, die 10-Tage-Regelung ist nicht anwendbar. Möglicherweise wird die vorgezogene Mietzahlung für das Jahr 2011 nicht von allen Finanzämtern als Betriebsausgabe für das Jahr 2010 akzeptiert, argumentiert wird mit Gestaltungsmissbrauch. Die Rechtsprechung hat bisher diese Gestaltungsmöglichkeit als zulässig erkannt, im Zweifel sollten Sie Einspruch gegen den Steuerbescheid einlegen.

Der Laptop kann im Jahr 2010 für drei Monate abgeschrieben werden, relevant ist der Zeitpunkt der Anschaffung, nicht der Geldabfluss.

Der Teppich wurde in den Sammelposten (Pool) eingestellt und wird über 5 Jahre abgeschrieben.

Anlage EÜR 2010

Name/Gesellschaft/Gemeinschaft/Körperschaft: Rübsamen
Vorname: Marko

(Betriebs-)Steuernummer: 167/4030/0525

Einnahmenüberschussrechnung
nach § 4 Abs. 3 EStG für das Kalenderjahr 2010

77 | 10 | 1
99 | 15

Beginn .... Ende ....
davon abweichend 131

Art des Betriebs
100 PC-Vertrieb

Wurde im Kalenderjahr/Wirtschaftsjahr der Betrieb veräußert oder aufgegeben? (Bitte Zeile 67 beachten) 111 — Ja = 1
Wurden im Kalenderjahr/Wirtschaftsjahr Grundstücke/grundstücksgleiche Rechte entnommen oder veräußert? 120 | 2 — Ja = 1 oder Nein = 2

Zurechnung zur Einkunftsart/ seine Anteilung: 105 | 3

1. Gewinnermittlung

Betriebseinnahmen

		EUR	Ct
Betriebseinnahmen als umsatzsteuerlicher Kleinunternehmer (nach § 19 Abs. 1 UStG) 111		1 5.2 0 0	0,0 0
davon aus Umsatzen, die in § 19 Abs. 3 Nr. 1 und 2 UStG bezeichnet sind 119	(weiter ab Zeile 15)		
Betriebseinnahmen als Land- und Forstwirt, soweit die Durchschnittssatzbesteuerung nach § 24 UStG angewandt wird 104			
Umsatzsteuerpflichtige Betriebseinnahmen 112			
Umsatzsteuerfreie, nicht umsatzsteuerbare Betriebseinnahmen sowie Betriebseinnahmen, für die der Leistungsempfänger die Umsatzsteuer nach § 13b UStG schuldet 103			
davon Kapitalerträge 113			
Vereinnahmte Umsatzsteuer sowie Umsatzsteuer auf unentgeltliche Wertabgaben 140			
Vom Finanzamt erstattete und ggf. verrechnete Umsatzsteuer 141			
Veräußerung oder Entnahme von Anlagevermögen 102			
Private Kfz-Nutzung 106		2 5 0	0,0 0
Sonstige Sach-, Nutzungs- und Leistungsentnahmen 108			
Auflösung von Rücklagen, Ansparabschreibungen für Existenzgründer und/oder Ausgleichsposten (Übertrag aus Zeile 77) 159			
Summe Betriebseinnahmen 159		1 5.4 5 0	0,0 0

Betriebsausgaben

		EUR	Ct
Betriebsausgabenpauschale für bestimmte Berufsgruppen und/oder Freibetrag 190			
Sächliche Bebauungskostenpauschale (für Weinbaubetriebe) Betriebsausgabenpauschale für Forstwirte 191			
Waren, Rohstoffe und Hilfsstoffe einschl. der Nebenkosten 100		5.0 0 0	0,0 0
Bezogene Fremdleistungen 110			
Ausgaben für eigenes Personal (z.B. Gehälter, Löhne und Versicherungsbeiträge) 120			
Absetzung für Abnutzung (AfA) 136			
AfA auf unbewegliche Wirtschaftsgüter (ohne AfA für das häusliche Arbeitszimmer) 131			
AfA auf immaterielle Wirtschaftsgüter (z.B. erworbene Firmen-, Geschäfts- oder Praxiswerte) 130		4 0 0	0,0 0
AfA auf bewegliche Wirtschaftsgüter (z.B. Maschinen, Kfz) 130		5.4 0 0	0,0 0
Übertrag (Summe Zeilen 21 bis 28)		5.4 0 0	0,0 0

2010AnlEÜR801

(Betriebs-)Steuernummer: 167/4080/0526

Übertrag (Summe Zeilen 21 bis 28) | 5.4 0 0 | 0,0 0 (EUR / Ct)

		EUR	Ct
Sonderabschreibungen nach § 7g EStG 134			
Herabsetzungsbeträge nach § 7g Abs. 2 EStG (Erläuterung auf gesondertem Blatt) 138			
Aufwendungen für geringwertige Wirtschaftsgüter nach § 6 Abs. 2 EStG 132			
Auflösung Sammelposten nach § 6 Abs. 2a EStG 137		.1 6 0	0,0 0
Restbuchwert der ausgeschiedenen Anlagegüter 135		.2 5 0	0,0 0
Raumkosten und sonstige Grundstücksaufwendungen (ohne häusliches Arbeitszimmer)			
Miete/Pacht für Geschäftsräume und betrieblich genutzte Grundstücke 150		1.3 5 0	0,0 0
Sonstige Aufwendungen für betrieblich genutzte Grundstücke 152			
(ohne Schuldzinsen und AfA) 151			
Sonstige unbeschränkt abziehbare Betriebsausgaben			
Aufwendungen für Telekommunikation (z.B. Telefon) 280			
Fortbildungskosten 281			
Rechts- und Steuerberatung, Buchführung 194			
Schuldzinsen zur Finanzierung von Anschaffungs- und Herstellungskosten von Wirtschaftsgütern des Anlagevermögens 232			
Übrige Schuldzinsen 234			
Gezahlte Vorsteuerbeträge 185			
An das Finanzamt gezahlte und ggf. verrechnete Umsatzsteuer 186			
Rücklagen, stille Reserven und/oder Ausgleichsposten (Übertrag aus Zeile 77) 183		2 1 5	0,0 0
Übrige unbeschränkt abziehbare Betriebsausgaben 183			
Beschränkt abziehbare Betriebsausgaben und Gewerbesteuer (nicht abziehbar EUR Ct / abziehbar EUR Ct)			
Geschenke 164			
Bewirtungsaufwendungen 165			
Verpflegungsmehraufwendungen 171			
Aufwendungen für ein häusliches Arbeitszimmer (einschl. AfA und Schuldzinsen) 162			
Sonstige beschränkt abziehbare Betriebsausgaben 168			
Gewerbesteuer 217			
Kraftfahrzeugkosten und andere Fahrtkosten			
Tatsächliche Kraftfahrzeugkosten und andere Fahrtkosten (laufende und feste Kosten ohne AfA und Zinsen) 140		.2 4 0	0,0 0
Kraftfahrzeugkosten für Wege zwischen Wohnung und Betriebsstätte; Familienheimfahrten (pauschaliert oder tatsächlich) 142 —			
Mindestens abziehbare Kraftfahrzeugkosten für Wege zwischen Wohnung und Betriebsstätte (Pendlerpauschale); Familienheimfahrten 176 +			
Summe Betriebsausgaben 199		7.6 1 5	0,0 0

2010AnlEÜR802

11 Froemer - ISBN 978-3-8120-0649-1

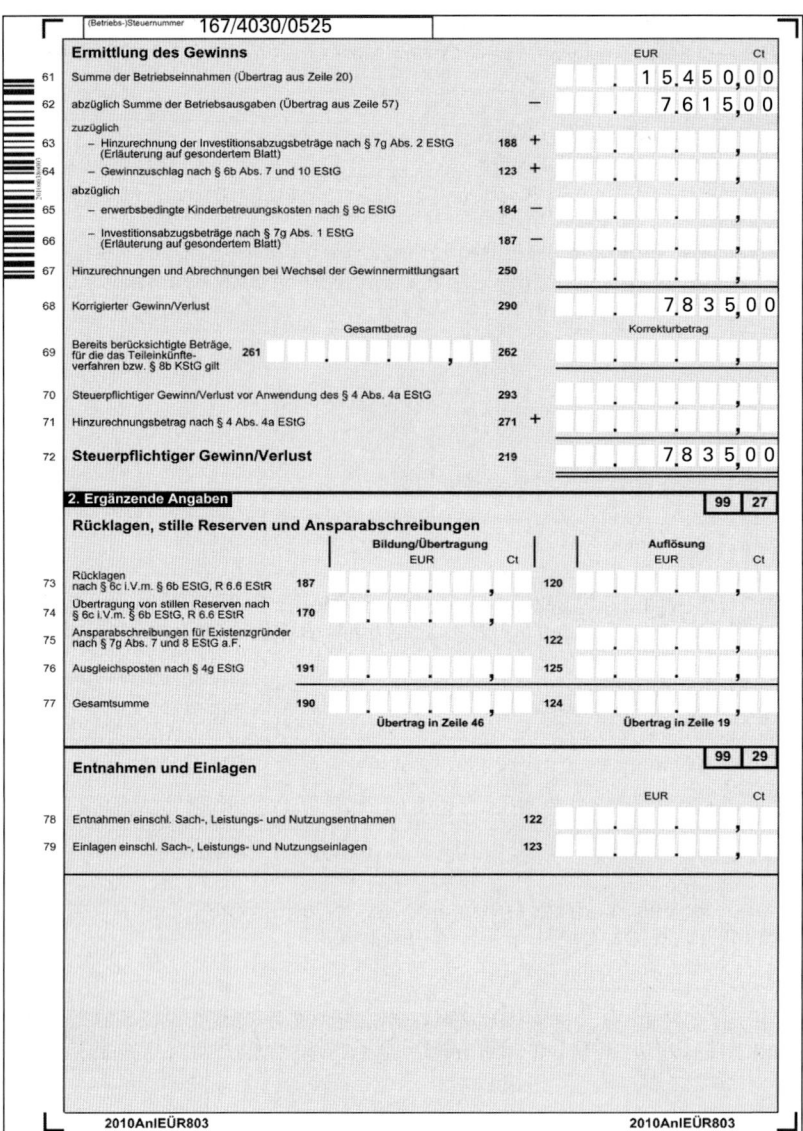

Zu Aufgabe 3:

Zu a)   1.276,00 € Anschaffungskosten
   –   49,08 € Abschreibung 2008
   –   98,15 € Abschreibung 2009
   = 1.128,77 € theoretischer Buchwert zum 31.12.09/01.01.10

Der Teilwert liegt unter dem theoretischen Buchwert (fortgeführte Anschaffungskosten), der Schrank ist innerhalb der ersten drei Jahre nach der Anschaffung mit dem Teilwert, höchstens jedoch mit den fortgeführten Anschaffungskosten in das

Anlageverzeichnis zu übernehmen. Da der Teilwert unter den fortgeführten Anschaffungskosten liegt, ist der Schrank mit dem Teilwert (650,00 €) in das Anlageverzeichnis zu übernehmen.

Zu b) 357,00 € Anschaffungskosten
– 59,50 € Abschreibung 2009
= 297,50 € theoretischer Buchwert zum 31.12.09/01.01.10

In diesem Fall liegt der theoretische Buchwert unter dem Teilwert, der Ansatz hat daher mit 297,50 € zu erfolgen. Das Faxgerät ist in den Sammelposten (Pool) einzustellen.

6.4 Lösungen zu Kapitel 4

Zu Aufgabe 1:

1.1

Nr.	Gegenstand/Hersteller	Erwerb/Anschaffungskosten	Nutzungsdauer/gewöhnliche jährl. AfA/AfA 2010	Buchwert zum 31.12.10
	Anlageverzeichnis der Firma Baader für das Jahr 2010			
1	PC komplett/Siemens	10.01.2010/1.500,00 €	3 J./500,00 €/500,00 €	1.000,00 €
2	Büromöbel/B + G	15.01.2010/3.900,00 €	13 J./300,00 €/300,00 €	3.600,00 €
3	Pool 2010	300,00 €	60,00 €	240,00 €

Alternativ kann das Faxgerät auch komplett abgeschrieben werden (410,00-€-Regel), der Buchwert zum 31.12.10. ist dann gleich null.

1.2 1. Quartal:

Betriebseinnahmen (netto)		USt	Betriebsausgaben (netto)		USt
Verkauf	10.200,00 €	1.938,00 €	Einkauf	8.500,00 €	1.615,00 €
			Porto	160,00 €	0,00 €
			Telefon	200,00 €	38,00 €
			Strom	100,00 €	19,00 €
			Gesamt	8.960,00 €	1.672,00 €
			Büromöbel		741,00 €
			PC		285,00 €
			Fax		57,00 €
					2.755,00 €

163

gezahlte Umsatzsteuer (Vorsteuer)	2.755,00 €	
erhaltene Umsatzsteuer	1.938,00 €	
Überhang	817,00 €	(Erstattung 2. Quartal)

Die Betriebsausgaben für die Büromöbel, den PC und das Faxgerät werden über die AfA erfasst.

2. Quartal:

Betriebseinnahmen (netto)		USt	Betriebsausgaben (netto)		USt
Verkauf	22.500,00 €	4.275,00 €	Einkauf	10.800,00 €	2.052,00 €
Steuer	817,00 €		Porto	250,00 €	0,00 €
Gesamt	23.317,00 €	4.275,00 €	Telefon	350,00 €	66,50 €
			Strom	100,00 €	19,00 €
			Gesamt	11.500,00 €	2.137,50 €

gezahlte Umsatzsteuer (Vorsteuer)	2.137,50 €
erhaltene Umsatzsteuer	4.275,00 €
Zahllast	2.137,50 €

3. Quartal:

Betriebseinnahmen (netto)		USt	Betriebsausgaben (netto)		USt
Verkauf	15.200,00 €	2.888,00 €	Einkauf	11.750,00 €	2.232,50 €
			Porto	270,00 €	0,00 €
			Telefon	280,00 €	53,20 €
			Strom	100,00 €	19,00 €
			Steuer	2.137,50 €	
			Gesamt	14.537,50 €	2.304,70 €

gezahlte Umsatzsteuer (Vorsteuer)	2.304,70 €
erhaltene Umsatzsteuer	2.888,00 €
Zahllast	583,30 €

4. Quartal:

Betriebseinnahmen (netto)		USt	Betriebsausgaben (netto)		USt
Verkauf	25.500,00 €	4.845,00 €	Einkauf	13.100,00 €	2.489,00 €
			Porto	216,00 €	0,00 €
			Telefon	340,00 €	64,60 €
			Strom	100,00 €	19,00 €
			Steuer	583,30 €	
			Gesamt	14.339,30 €	2.572,60 €

gezahlte Umsatzsteuer (Vorsteuer)	2.572,60 €
erhaltene Umsatzsteuer	4.845,00 €
Zahllast	2.272,40 €

Bei Anwendung der 10-Tage-Regelung ist die abgeführte Umsatzsteuer des vierten Quartals im Jahr 2010 als Betriebsausgabe zu erfassen.

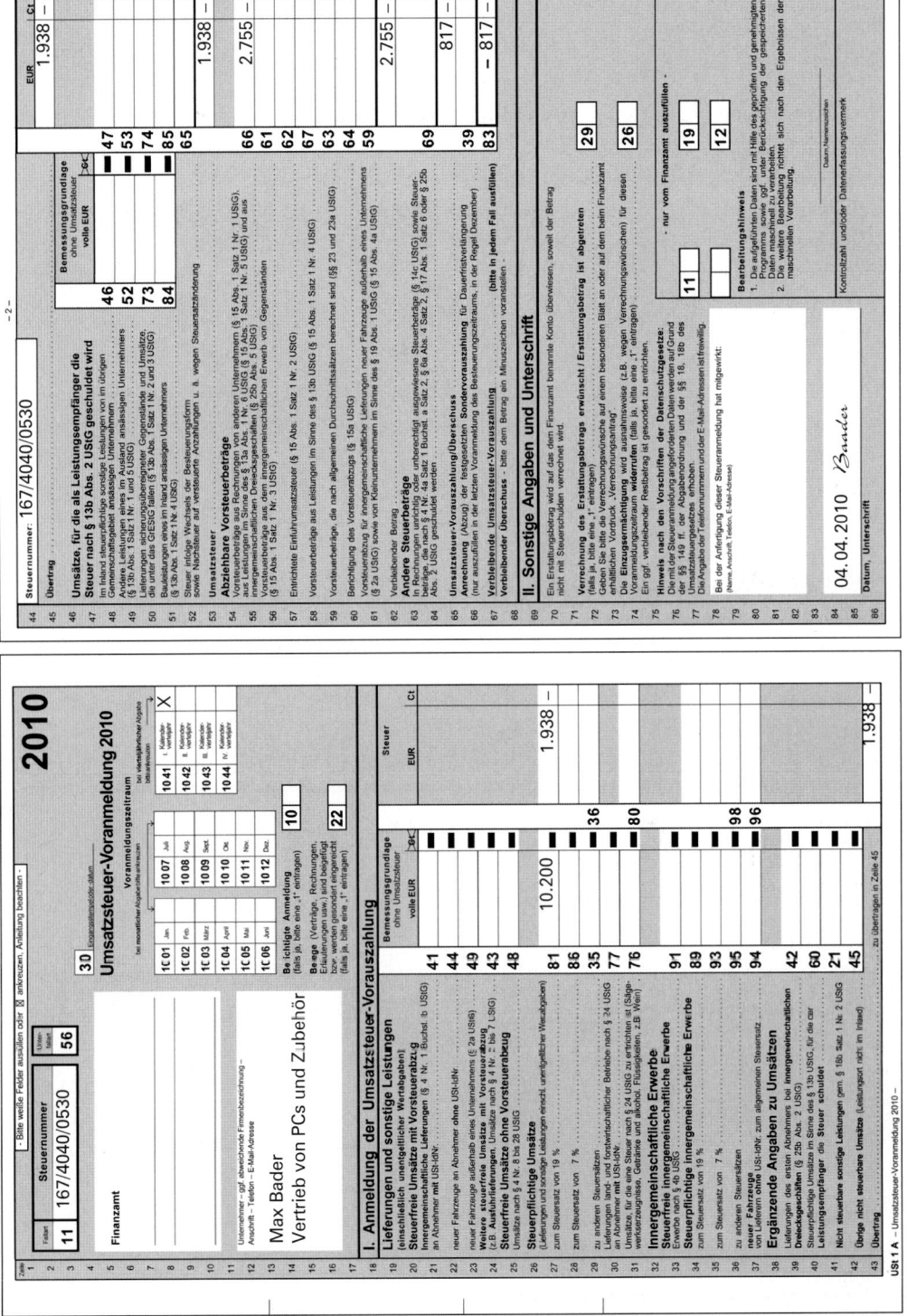

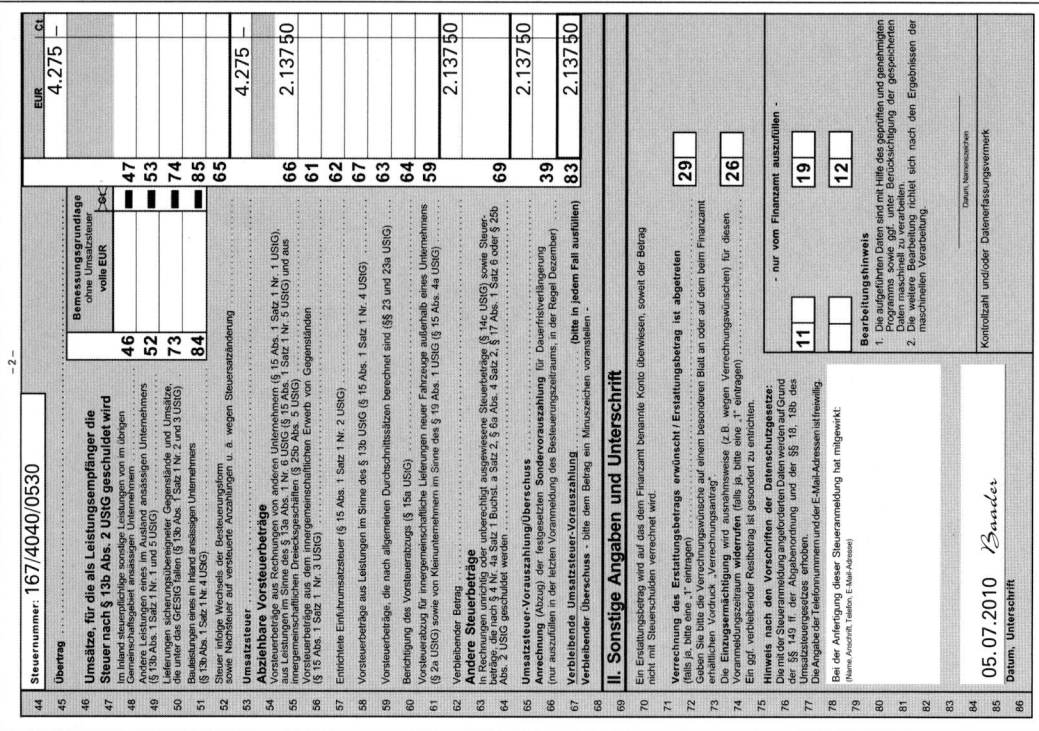

1.3

Einnahmen-Überschuss-Rechnung nach § 4 Abs. 3 EStG für das Jahr 2010:

Max Baader, PC-Vertrieb

Steuer-Nr. 167/4040/0530

A)	**Betriebseinnahmen**			
	laufende Einnahmen	73.400,00 €		
	erhaltene USt	13.946,00 €		
	erstattete UST	817,00 €		
		88.163,00 €	88.163,00 €	
B)	**Betriebsausgaben**			
	Wareneinkäufe	44.150,00 €		
	Telefon	1.170,00 €		
	Porto	896,00 €		
	Miete	14.400,00 €		
	Strom	400,00 €		
	gezahlte USt (Vorsteuer)	9.769,80 €		
	abgeführte USt	4.993,20 €		
	AfA Büromöbel	300,00 €		
	PC	500,00 €		
	Pool 2010 (Fax)	60,00 €	(300,00 €)*	
		76.639,00 €	76.639,00 €	(76.879,00 €)*
	Gewinn		11.524,00 €	(11.284,00 €)*

Erstellt nach Aufzeichnungen und Belegen.

31. 05. 11

* Werte in Klammern mit 410,00-€-Wahlrecht

2010 — Anlage EÜR

Bitte für jeden Betrieb eine gesonderte Anlage EÜR einreichen!

Name/Gesellschaft/Gemeinschaft/Körperschaft	Baader
Vorname	Max
(Betriebs-)Steuernummer	167/4040/0530

Einnahmenüberschussrechnung nach § 4 Abs. 3 EStG für das Kalenderjahr 2010

	77	10	1
Beginn 131	Ende 132	99	15

davon abweichend 131

Art des Betriebs

100 PC-Vertrieb

Zuordnung zur Einkunftsart laut Anleitung 105 **3**

6 Wurde im Kalenderjahr/Wirtschaftsjahr der Betrieb veräußert oder aufgegeben? (Bitte Zeile 67 beachten) 111 — Ja = 1

7 Wurden im Kalenderjahr/Wirtschaftsjahr Grundstücke/grundstücksgleiche Rechte entnommen oder veräußert? 120 **2** — Ja = 1 oder Nein = 2

1 Gewinnermittlung

Betriebseinnahmen

Zeile	Bezeichnung	Feld	EUR	Ct
8	Betriebseinnahmen als umsatzsteuerlicher Kleinunternehmer (nach § 19 Abs. 1 UStG)	111		
9	davon nicht steuerbare Umsätze bzw. Umsätze nach § 19 Abs. 3 Nr. 1 und 2 UStG bezeichnet sind	119		
10	Betriebseinnahmen als Land- und Forstwirt, soweit die Durchschnittssatzbesteuerung nach § 24 UStG angewandt wird	104		
11	Umsatzsteuerpflichtige Betriebseinnahmen	112	73.400	0,00
12	Umsatzsteuerfreie, nicht umsatzsteuerbare Betriebseinnahmen sowie Betriebseinnahmen, für die der Leistungsempfänger die Umsatzsteuer nach § 13b UStG schuldet	103		
13	davon Kapitalerträge	113		
14	Vereinnahmte Umsatzsteuer sowie ggf. verrechnete Umsatzsteuer	140	13.946	0,0
15	Vom Finanzamt erstattete und ggf. verrechnete Umsatzsteuer	141		817,00
16	Veräußerung oder Entnahme von Anlagevermögen	102		
17	Private Kfz-Nutzung	106		
18	Sonstige Sach-, Nutzungs- und Leistungsentnahmen	108		
19	Auflösung von Rücklagen, Ansparabschreibungen für Existenzgründer und/oder Ausgleichsposten (Übertrag aus Zeile 77)			
20	**Summe Betriebseinnahmen**	159	88.163	0,00

Betriebsausgaben

Zeile	Bezeichnung	Feld	EUR	Ct
21	Betriebsausgabenpauschale für bestimmte Berufsgruppen und/oder Freibetrag nach § 3 Nr. 26 und 26a EStG	190		
22	Sächliche Bebauungskostenpauschale (für Weinbaubetriebe)/ Betriebsausgabenpauschale für Forstwirte	191		
23	Waren, Rohstoffe und Hilfsstoffe einschl. der Nebenkosten	100	44.150	0,00
24	Bezogene Fremdleistungen	110		
25	Ausgaben für eigenes Personal (z.B. Gehälter, Löhne und Versicherungsbeiträge)	120		
	Absetzung für Abnutzung (AfA)			
26	AfA auf unbewegliche Wirtschaftsgüter (ohne AfA für das häusliche Arbeitszimmer)	136		
27	AfA auf immaterielle Wirtschaftsgüter (z.B. erworbene Firmen-, Geschäfts- oder Praxiswerte)	131		
28	AfA auf bewegliche Wirtschaftsgüter (z.B. Maschinen, Kfz)	130		800,00
	Übertrag (Summe Zeilen 21 bis 28)	199	44.950	0,00

	167/4040/0530

(Betriebs-)Steuernummer

Zeile	Bezeichnung	Feld	EUR	Ct
	Übertrag (Summe Zeilen 21 bis 28)		44.950	0,00
31	Sonderabschreibungen nach § 7g EStG	134		
32	Herabsetzungsbeträge nach § 7g Abs. 2 EStG (Erläuterung auf gesondertem Blatt)	138		
33	Aufwendungen für geringwertige Wirtschaftsgüter nach § 6 Abs. 2 EStG	132		
34	Auflösung Sammelposten nach § 6 Abs. 2a EStG	137		60,00
35	Restbuchwert der ausgeschiedenen Anlagegüter	135		
	Raumkosten und sonstige Grundstücksaufwendungen (ohne häusliches Arbeitszimmer)			
36	Miete/Pacht für Geschäftsräume und betrieblich genutzte Grundstücke	150	1.170	0,00
37	Aufwendungen für doppelte Haushaltsführung	152		
38	Sonstige Aufwendungen für betrieblich genutzte Grundstücke (ohne Schuldzinsen und AfA)	151		
	Sonstige unbeschränkt abziehbare Betriebsausgaben			
39	Aufwendungen für Telekommunikation (z.B. Telefon)	280		
40	Fortbildungskosten	281		
41	Rechts- und Steuerberatung, Buchführung	194		
42	Schuldzinsen zur Finanzierung von Anschaffungs- und Herstellungskosten von Wirtschaftsgütern des Anlagevermögens	232		
43	Übrige Schuldzinsen	234		
44	Gezahlte Vorsteuerbeträge	185	9.769	80
45	An das Finanzamt gezahlte und ggf. verrechnete Umsatzsteuer	186	4.993	20
46	Rücklagen, stille Reserven und/oder Ausgleichsposten (Übertrag aus Zeile 77)			
47	Übrige unbeschränkt abziehbare Betriebsausgaben	183		

	Beschränkt abziehbare Betriebsausgaben und Gewerbesteuer		nicht abziehbar EUR	Ct	abziehbar EUR	Ct
48	Geschenke	164				
49	Bewirtungsaufwendungen	165				
50	Verpflegungsmehraufwendungen	171				
51	Aufwendungen für ein häusliches Arbeitszimmer (einschl. AfA und Schuldzinsen)	162 / 172				
52	Sonstige beschränkt abziehbare Betriebsausgaben	168 / 177				
53	Gewerbesteuer	217 / 218			1.296	0,00

	Kraftfahrzeugkosten und andere Fahrtkosten			
54	Tatsächliche Kraftfahrzeugkosten und feste Fahrtkosten (laufende und feste Kosten ohne AfA und Zinsen)	140		
55	Kraftfahrzeugkosten für Wege zwischen Wohnung und Betriebsstätte; Familienfahrten (pauschaliert oder tatsächlich)	142 — / 176 +		
56	Mindestens abziehbare Kraftfahrzeugkosten für Wege zwischen Wohnung und Betriebsstätte (Pendlerpauschale); Familienheimfahrten			
57	**Summe Betriebsausgaben**	199	76.639	00

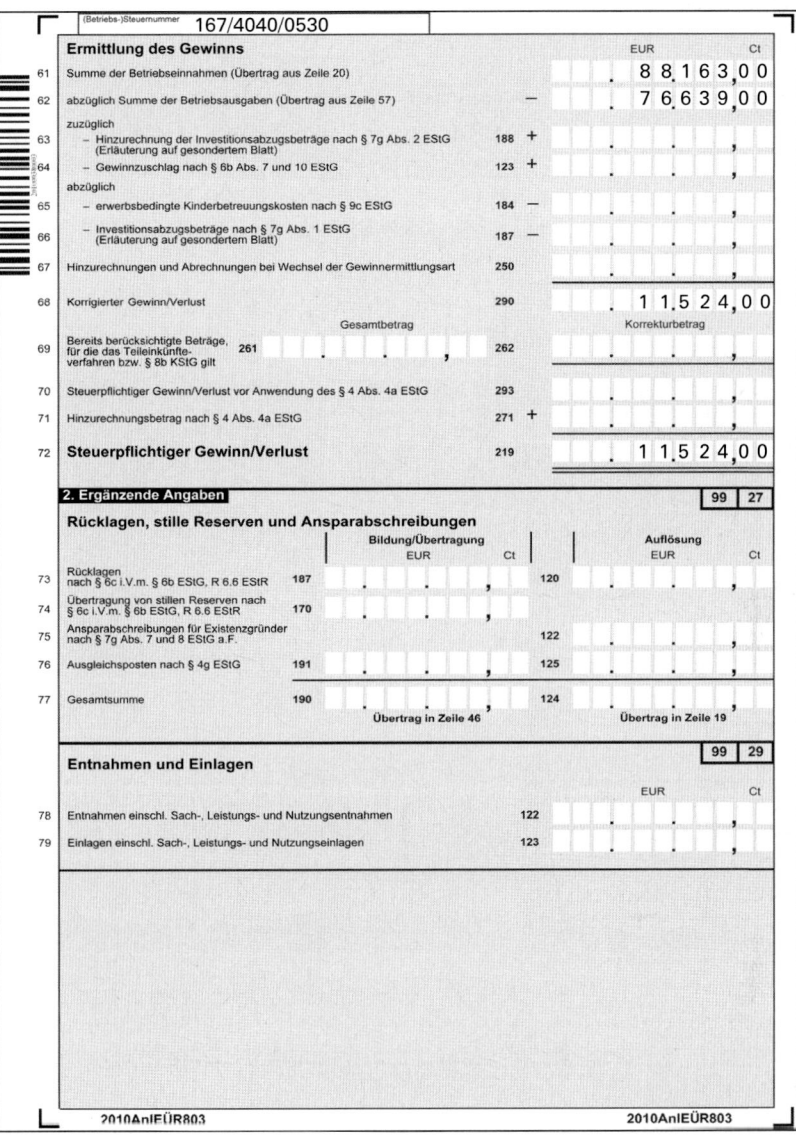

1.4

Erhaltene USt aus Verkäufen	13.946,00 €
gezahlte USt aus Einkäufen (Leistungen)	9.769,80 €
an das Finanzamt zu zahlen	4.176,20 €

an das Finanzamt gezahlt (2. – 4. Quartal)	4.993,20 €
vom Finanzamt erhalten (1. Quartal)	817,00 €
Nettozahlung an das Finanzamt	4.176,20 €

→ Differenz 0,00 €

2010

– Bitte weiße Felder ausfüllen oder ☒ ankreuzen, Anleitung beachten –

Zeile		
1	An das Finanzamt	Eingangsstempel

Zeile	Fallart	Steuernummer	Unter-fallart	Jahr	Vor-gang		Sach-bereich
2							
3	11	167/4040/0530	50	10	1	99	11

4

5   **Umsatzsteuererklärung**   121

6   Berichtigte Steuererklärung (falls ja, bitte eine „1" eintragen)   110

7

8   **A. Allgemeine Angaben**

9   Name des Unternehmers   ggf. abweichender Firmenname
     Max Baader

10   Art des Unternehmens
     PC-Vertrieb

11   Straße, Haus-Nr.

12   PLZ, Ort

13   E-Mail-Adresse   Telefon

14   **Dauer der Unternehmereigenschaft** (nur ausfüllen, falls nicht vom 1. Januar bis zum 31. Dezember 2010)   vom Tag Monat   bis zum Tag Monat

15   1. Zeitraum   200

16   2. Zeitraum   201

17   **Die Abschlusszahlung ist binnen einem Monat nach der Abgabe der Steuererklärung zu entrichten (§ 18 Abs. 4 UStG).** Ein Erstattungsbetrag wird auf das dem Finanzamt benannte Konto überwiesen, soweit der Betrag nicht mit Steuerschulden verrechnet wird.

18   **Verrechnung des Erstattungsbetrages erwünscht / Erstattungsbetrag ist abgetreten** (falls ja, bitte eine „1" eintragen) 129

19   Geben Sie bitte die Verrechnungswünsche auf einem besonderen Blatt an oder auf dem beim Finanzamt erhältlichen Vordruck „Verrechnungsantrag".

20   **Ein Umsatzsteuerbescheid ergeht nur, wenn von Ihrer Berechnung der Umsatzsteuer abgewichen wird.**

21   **Hinweis nach den Vorschriften der Datenschutzgesetze:** Die mit der Steuererklärung angeforderten Daten werden auf Grund der §§ 149 ff. der Abgabenordnung sowie der §§ 18, 18b des Umsatzsteuergesetzes erhoben. Die Angabe der Telefonnummer und der E-Mail-Adresse ist freiwillig.

22   **B. Angaben zur Besteuerung der Kleinunternehmer (§ 19 Abs. 1 UStG)**

23   Die Zeilen 24 und 25 sind nur auszufüllen, wenn der Umsatz 2009 (zuzüglich Steuer) nicht mehr als **17 500 €** betragen hat und auf die Anwendung des § 19 Abs. 1 UStG nicht verzichtet worden ist.   Betrag **volle EUR**

24   Umsatz im Kalenderjahr 2009   }   238
     (Berechnung nach § 19 Abs. 1 und 3 UStG)

25   Umsatz im Kalenderjahr 2010   239

26   **Unterschrift**   Bei der Anfertigung dieser Steuererklärung einschließlich der Anlagen hat mitgewirkt:
   Ich habe dieser Steuererklärung die Anlage UR

27   ☐ beigefügt.

28   ☒ nicht beigefügt, weil ich darin keine Angaben zu machen hatte.

29   30.05.2011   *Baader*

30   Datum, eigenhändige Unterschrift des Unternehmers

USt 2 A – Umsatzsteuererklärung 2010 – (modifiziert)

– 2 –

Steuernummer: 167/4040/0530

		Bemessungsgrundlage ohne Umsatzsteuer volle EUR		Steuer EUR	Ct

C. Steuerpflichtige Lieferungen, sonstige Leistungen und unentgeltliche Wertabgaben

Umsätze zum allgemeinen Steuersatz

Lieferungen und sonstige Leistungen .... zu 19 % — 29) — 73.400 — — 13.946 —

Unentgeltliche Wertabgaben
a) Lieferungen nach § 3 Abs. 1b UStG .... zu 19 % — 175
b) Sonstige Leistungen nach § 3 Abs. 9a UStG ... zu 19 % — 176

Umsätze zum ermäßigten Steuersatz

Lieferungen und sonstige Leistungen .... zu 7 % — 275

Unentgeltliche Wertabgaben
a) Lieferungen nach § 3 Abs. 1b UStG .... zu 7 % — 195
b) Sonstige Leistungen nach § 3 Abs. 9a UStG ... zu 7 % — 196

Umsätze aus früheren Kalenderjahren
zu anderen Steuersätzen .... 155 / 156

Umsätze land- und forstwirtschaftlicher Betriebe nach § 24 UStG

Lieferungen in das übrige Gemeinschaftsgebiet an Abnehmer mit USt-IdNr. — 777
Steuerpflichtige Lieferungen (einschließlich unentgeltlicher Wertabgaben) von Sägewerkserzeugnissen, die in den Anlage 2 zum UStG nicht aufgeführt sind — 255 / 256

c) Steuerpflichtige Umsätze (einschließlich unentgeltlicher Wertabgaben) von Getränken, die in der Anlage 2 zum UStG nicht aufgeführt sind, sowie von alkoholischen Flüssigkeiten (z.B. Wein) — 343
Umsätze aus früheren Kalenderjahren zu anderen Steuersätzen — 257 / 258
d) Übrige steuerpflichtige Umsätze land- und forstwirtschaftlicher Betriebe, für die keine Steuer zu entrichten ist — 331

Steuer infolge Wechsels der Besteuerungsform: Nachsteuer/Anrechnung der Steuer, die auf bereits versteuerte Anzahlungen entfällt (im Falle der Anrechnung bitte auch Zeile 57 ausfüllen). — 317
Betrag der Anzahlungen, für die die anzurechnende Steuer in Zeile 56 angegeben worden ist. — 367

Nachsteuer auf versteuerte Anzahlungen u.ä. wegen Steuersatzänderung — 319

Summe — — — — 13.946 —

(zu übertragen in Zeile 92)

– 3 –

Steuernummer: 167/4040/0530

		Steuer EUR	Ct

D. Abziehbare Vorsteuerbeträge (ohne die Berichtigung nach § 15a UStG)

Vorsteuerbeträge aus Rechnungen von anderen Unternehmern (§ 15 Abs. 1 Satz 1 Nr. 1 UStG) — 320 — 9.769 80
Vorsteuerbeträge aus innergemeinschaftlichen Erwerben von Gegenständen (§ 15 Abs. 1 Satz 1 Nr. 3 UStG) — 761
Entrichtete Einfuhrumsatzsteuer (§ 15 Abs. 1 Satz 1 Nr. 2 UStG) — 762
Vorsteuerabzug für die Steuer, die der Abnehmer als Auslagerer nach § 13a Abs. 1 Nr. 6 UStG schuldet (§ 15 Abs. 1 Satz 1 Nr. 5 UStG) — 466
Vorsteuerbeträge aus Leistungen im Sinne des § 13b Abs. 1 UStG (§ 15 Abs. 1 Satz 1 Nr. 4 UStG) — 467
Vorsteuerbeträge, die nach den allgemeinen Durchschnittssätzen berechnet sind (§ 23 UStG) — 333
Vorsteuerbeträge nach dem Durchschnittssatz für bestimmte Körperschaften, Personenvereinigungen und Vermögensmassen (§ 23a UStG) — 334
Vorsteuerabzug für innergemeinschaftliche Lieferungen neuer Fahrzeuge außerhalb eines Unternehmens (§ 2a UStG) sowie von Kleinunternehmern im Sinne des § 19 Abs. 1 UStG (§ 15 Abs. 4a UStG) — 759
Vorsteuerbeträge aus innergemeinschaftlichen Dreiecksgeschäften (§ 25b Abs. 5 UStG) — 760

Summe (zu übertragen in Zeile 99) — 9.769 80

E. Berichtigung des Vorsteuerabzugs (§ 15a UStG)

Sind im Kalenderjahr 2010 Grundstücke, Grundstücksteile, Gebäude oder Gebäudeteile, die innerhalb der letzten 10 Jahre erstmals tatsächlich verwendet wurden, erstmals tatsächlich zur Ausführung von Umsätzen verwendet worden? Falls ja, bitte eine „1" eintragen — 370
(Geben Sie bitte auf besonderem Blatt für jedes Grundstück oder Gebäude gesondert an: Lage, Zeitpunkt der erstmaligen tatsächlichen Verwendung, Art und Umfang der Verwendung im Erstjahr, insgesamt angefallene Vorsteuer, in den Vorjahren - Investitionsphase - bereits abgezogene Vorsteuer)

Haben sich im Jahre 2010 die für den ursprünglichen Vorsteuerabzug maßgebenden Verhältnisse geändert bei
1. Grundstücken, Grundstücksteilen, Gebäuden oder Gebäudeteilen, die innerhalb der letzten 10 Jahre erstmals tatsächlich und nicht nur einmalig zur Ausführung von Umsätzen verwendet worden sind? Falls ja, bitte eine „1" eintragen — 371
2. anderen Wirtschaftsgütern und sonstigen Leistungen, die innerhalb der letzten 5 Jahre erstmals tatsächlich und nicht nur einmalig zur Ausführung von Umsätzen verwendet worden sind? Falls ja, bitte eine „1" eintragen — 372
3. Wirtschaftsgütern und sonstigen Leistungen, die nur einmalig zur Ausführung von Umsätzen verwendet worden sind? Falls ja, bitte eine „1" eintragen — 369

Die Verhältnisse, die ursprünglich für die Beurteilung des Vorsteuerabzugs maßgebend waren, haben sich seitdem geändert durch

☐ Veräußerung ☐ Lieferung i.S. des § 3 Abs. 1b UStG ☐ Wechsel der Besteuerungsform, § 15a Abs. 7 UStG
☐ Nutzungsänderung, und zwar
☐ Übergang von steuerpflichtiger zu steuerfreier Vermietung oder umgekehrt bzw. Änderung des Verwendungsschlüssels bei gemischt genutzten Grundstücken (insbesondere bei Mietwechsel)
☐ steuerfreie Vermietung bisher eigengewerblich genutzter Räume oder umgekehrt; Übergang von einer Vermietung für NATOoder ähnliche Zwecke zu einer nach § 4 Nr. 12 UStG steuerfreien Vermietung

	nachträglich abziehbar EUR	Ct	zurückzuzahlen EUR	Ct

Vorsteuerberichtigungsbeträge

zu 1. (Grundstücke usw., § 15a Abs. 1 Satz 2 UStG) — 85
zu 2. (andere Wirtschaftsgüter, § 15a Abs. 1 Satz 1 UStG) — 86 / 87
zu 3. (Wirtschaftsgüter usw., § 15a Abs. 2 UStG) — 88

Summe — 357 / 359

(zu übertragen in Zeile 100)

171

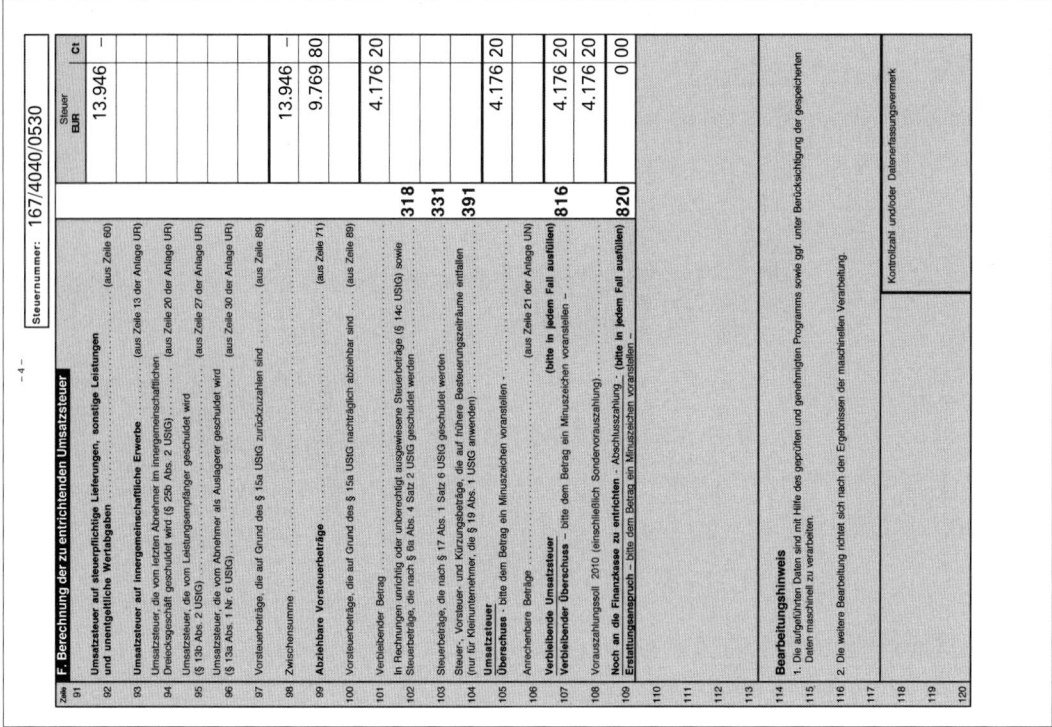

Zu Aufgabe 2:

2.1 Mit Anwendung der 10-Tage-Regelung und Istbesteuerung

	A) Betriebseinnahmen		
	laufende Einnahmen	22.500,00 €	
	vereinnahmte Umsatzsteuer	4.275,00 €	
	erstattete Umsatzsteuer	0,00 €	
		26.775,00 €	26.775,00 €
	B) Betriebsausgaben		
	Wareneinkäufe	17.000,00 €	
	abgeführte Umsatzsteuer	1.045,00 €	
	an Lieferer gezahlte Umsatzsteuer	3.230,00 €	
		21.275,00 €	21.275,00 €
	Gewinn		5.500,00 €

Für die Umsatzsteuervoranmeldung gilt:

Erhaltene USt aus Verkäufen	4.275,00 €
gezahlte USt aus Einkäufen (Leistungen)	3.230,00 €
an das Finanzamt zu zahlen	1.045,00 €

Für die Umsatzsteuer gilt bei der Einnahmen-Überschuss-Rechnung grundsätzlich das Zuflussprinzip, im Zuge der Istbesteuerung ist diese Regelung auch für die Umsatzsteuer anzuwenden. Die abgeführte Zahllast ist als Betriebsausgabe zu erfassen.

2.2 Mit Anwendung der 10-Tage-Regelung und Sollbesteuerung

A)	**Betriebseinnahmen**		
	laufende Einnahmen	22.500,00 €	
	vereinnahmte Umsatzsteuer	4.275,00 €	
	erstattete Umsatzsteuer	0,00 €	
		26.775,00 €	26.775,00 €
B)	**Betriebsausgaben**		
	Wareneinkäufe	17.000,00 €	
	abgeführte Umsatzsteuer	1.520,00 €	
	an Lieferer gezahlte Umsatzsteuer	3.230,00 €	
		21.750,00 €	21.750,00 €
	Gewinn		5.025,00 €

Für die Umsatzsteuervoranmeldung gilt:

Erhaltene USt aus Verkäufen	4.750,00 €
gezahlte USt aus Einkäufen (Leistungen)	3.230,00 €
an das Finanzamt zu zahlen	1.520,00 €

2.3 Ohne Anwendung der 10-Tage-Regelung und Istbesteuerung

A)	**Betriebseinnahmen**		
	laufende Einnahmen	22.500,00 €	
	vereinnahmte Umsatzsteuer	4.275,00 €	
	erstattete Umsatzsteuer	0,00 €	
		26.775,00 €	26.775,00 €
B)	**Betriebsausgaben**		
	Wareneinkäufe	17.000,00 €	
	abgeführte Umsatzsteuer	0,00 €	
	an Lieferer gezahlte Umsatzsteuer	3.230,00 €	
		20.230,00 €	20.230,00 €
	Gewinn		6.545,00 €

Für die Umsatzsteuervoranmeldung gilt:

Erhaltene USt aus Verkäufen	4.275,00 €
gezahlte USt aus Einkäufen (Leistungen)	3.230,00 €
an das Finanzamt zu zahlen	1.045,00 €

Wird die 10-Tage-Regelung nicht angewendet, ist die abgeführte Zahllast erst im Jahr der Abführung anzusetzen.

2.4 Ohne Anwendung der 10-Tage-Regelung und Sollbesteuerung

A)	**Betriebseinnahmen**		
	laufende Einnahmen	22.500,00 €	
	vereinnahmte Umsatzsteuer	4.275,00 €	
	erstattete Umsatzsteuer	0,00 €	
		26.775,00 €	26.775,00 €
B)	**Betriebsausgaben**		
	Wareneinkäufe	17.000,00 €	
	abgeführte Umsatzsteuer	0,00 €	
	an Lieferer gezahlte Umsatzsteuer	3.230,00 €	
		20.230,00 €	20.230,00 €
	Gewinn		6.545,00 €

Für die Umsatzsteuervoranmeldung gilt:

Erhaltene USt aus Verkäufen	4.750,00 €
gezahlte USt aus Einkäufen (Leistungen)	3.230,00 €
an das Finanzamt zu zahlen	1.520,00 €

Zu Aufgabe 3:

3.1 Mit Anwendung der 10-Tage-Regelung und Istbesteuerung

A)	**Betriebseinnahmen**		
	laufende Einnahmen	12.000,00 €	
	vereinnahmte Umsatzsteuer	2.280,00 €	
	erstattete Umsatzsteuer	798,00 €	
		15.078,00 €	15.078,00 €
B)	**Betriebsausgaben**		
	Wareneinkäufe	16.200,00 €	
	abgeführte Umsatzsteuer	0,00 €	
	an Lieferer gezahlte Umsatzsteuer	3.078,00 €	
		19.278,00 €	19.278,00 €
	Verlust		4.200,00 €

Für die Umsatzsteuervoranmeldung gilt:

Erhaltene USt aus Verkäufen	2.280,00 €
gezahlte USt aus Einkäufen (Leistungen)	3.078,00 €
Vorsteuerüberhang	798,00 €

Die erstattete Umsatzsteuer ist bei Anwendung der 10-Tage-Regelung dem Jahr 2010 zuzuordnen. In der Einnahme-Überschuss-Rechnung ist die gezahlte Vorsteuer stets im Zeitpunkt des Abflusses zu erfassen. Die gleichen Werte sind in der Umsatzsteuervoranmeldung zu deklarieren. Die Rechtsprechung des Bundesfinanzhofes erlaubt alternativ auch bei der Istbesteuerung den Abzug der in Rechnung gestellten Umsatzsteuerbeträge (3.420,00 €, Erstattung 1.140,00 €).

3.2 Mit Anwendung der 10-Tage-Regelung und Sollbesteuerung

A) Betriebseinnahmen

laufende Einnahmen	12.000,00 €	
vereinnahmte Umsatzsteuer	2.280,00 €	
erstattete Umsatzsteuer	1.140,00 €	
	15.420,00 €	15.420,00 €

B) Betriebsausgaben

Wareneinkäufe	16.200,00 €	
abgeführte Umsatzsteuer	0,00 €	
an Lieferer gezahlte Umsatzsteuer	3.078,00 €	
	19.278,00 €	19.278,00 €
Verlust		3.858,00 €

Für die Umsatzsteuervoranmeldung gilt:

Erhaltene USt aus Verkäufen	2.280,00 €
gezahlte USt aus Einkäufen (Leistungen)	3.420,00 €
Vorsteuerüberhang	1.140,00 €

Die in Rechnung gestellten Umsatzsteuerbeträge sind in der Umsatzsteuervoranmeldung zu deklarieren, da die Leistung erbracht wurde und die Rechnung vorliegt. Die Erstattung durch das Finanzamt gehört zu den Betriebseinnahmen.

3.3 Ohne Anwendung der 10-Tage-Regelung und Istbesteuerung

A) Betriebseinnahmen

laufende Einnahmen	12.000,00 €	
vereinnahmte Umsatzsteuer	2.280,00 €	
erstattete Umsatzsteuer	0,00 €	
	14.280,00 €	14.280,00 €

B) Betriebsausgaben

Wareneinkäufe	16.200,00 €	
abgeführte Umsatzsteuer	0,00 €	
an Lieferer gezahlte Umsatzsteuer	3.078,00 €	
	19.278,00 €	19.278,00 €
Verlust		4.998,00 €

Für die Umsatzsteuervoranmeldung gilt:

Erhaltene USt aus Verkäufen	2.280,00 €
gezahlte USt aus Einkäufen (Leistungen)	3.078,00 €
Vorsteuerüberhang	798,00 €

Wird die 10-Tage-Regelung nicht angewendet, ist die Erstattung des Vorsteuerüberhangs erst im Jahr 2011 als Betriebseinnahme zu berücksichtigen. Auch in diesem Fall hätten bereits 3.420,00 € als Vorsteuer in der Umsatzsteuervoranmeldung angegeben werden können.

3.4 Ohne Anwendung der 10-Tage-Regelung und Sollbesteuerung

A)	**Betriebseinnahmen**		
	laufende Einnahmen	12.000,00 €	
	vereinnahmte Umsatzsteuer	2.280,00 €	
	erstattete Umsatzsteuer	0,00 €	
		14.280,00 €	14.280,00 €
B)	**Betriebsausgaben**		
	Wareneinkäufe	16.200,00 €	
	abgeführte Umsatzsteuer	0,00 €	
	an Lieferer gezahlte Umsatzsteuer	3.078,00 €	
		19.278,00 €	19.278,00 €
	Verlust		4.998,00 €

Für die Umsatzsteuervoranmeldung gilt:

Erhaltene USt aus Verkäufen	2.280,00 €
gezahlte USt aus Einkäufen (Leistungen)	3.420,00 €
Vorsteuerüberhang	1.140,00 €

Wird die 10-Tage-Regelung nicht angewendet, ist die Erstattung des Vorsteuerüberhangs erst im Jahr 2011 als Betriebseinnahme zu berücksichtigen.

6.5 Lösungen zu Kapitel 5

➤ Lösung zur Entnahme für private Zwecke

Zu Aufgabe 1:

Privatentnahme = 2.000,00 € + 380,00 € USt
Erhaltene USt = 5.700,00 € + 380,00 € = 6.080,00 €
Zahllast = 6.080,00 € – 4.750,00 € = 1.330,00 € = abgeführte USt

	A) **Betriebseinnahmen**		
	laufende Einnahmen	30.000,00 €	
	unentgeltliche Wertabgaben	2.000,00 €	
	erhaltene Umsatzsteuer	6.080,00 €	
		38.080,00 €	38.080,00 €
	B) **Betriebsausgaben**		
	Wareneinkäufe	25.000,00 €	
	abgeführte Umsatzsteuer	1.330,00 €	
	an Lieferer gezahlte Umsatzsteuer	4.750,00 €	
		31.080,00 €	31.080,00 €
	Gewinn		7.000,00 €

➤ Lösungen zur Privatnutzung von betrieblichen Pkws

Zu Aufgabe 1:

1.1 20.000,00 € Anschaffungskosten : 6 = 3.333,33 € (komplettes Jahr)

1.2 3.800,00 € (die gezahlte USt kann vollständig abgezogen werden)

1.3	1 % von 23.800,00 € · 12 Monate	2.856,00 €
	– 20 % Abschlag für nicht mit Vorsteuer belastete Kosten	571,20 €
	= Bemessungsgrundlage für die Umsatzsteuer	2.284,80 €
	→ 19 % Umsatzsteuer	434,11 €

Der Anteil der privaten Nutzung beträgt 2.856,00 €, darauf entfallen 434,11 € USt. Diese Werte sind als Betriebseinnahmen zu erfassen.

Zu Aufgabe 2:

2.1 Ein Vorsteuerabzug ist beim Erwerb von einer Privatperson nicht möglich.

2.2 Der private Anteil ist vom Listenneupreis + Zubehör (jeweils brutto) zu berechnen. Dabei ist es unerheblich, dass der Wagen gebraucht gekauft wurde.

20.000,00 € + 1.500,00 € = 21.500,00 € + 4.085,00 € = 25.585,00 €

1 % von 25.500,00 € (gerundet) · 12 Monate = 3.060,00 € (privater Nutzungsanteil)

177

12 Froemer - ISBN 978-3-8120-0649-1

Zu Aufgabe 3:

Bruttolistenneupreis 35.700,00 € = 119 %

35.700,00 € : 119 · 100 = 30.000,00 € Nettopreis (Anschaffungskosten)
35.700,00 € : 119 · 19 = 5.700,00 € Umsatzsteuer (Vorsteuer im Jahr 2009 abgezogen)

Fahrtenbuchmethode:

Gesamtfahrleistung   = 24.000 km
Private Fahrten   = 6.000 km = 25 %
Betriebliche Fahrten = 18.000 km = 75 %

	Ausgaben mit Vorsteuerabzug	Ausgaben ohne Vorsteuerabzug
AfA	5.000,00 €	
laufende Ausgaben	**4.500,00 €**	**816,00 €**
gesamt	9.500,00 €	816,00 €
davon 25 % Privatanteil	2.375,00 €	204,00 €
+ 19 %	451,25 €	0,00 €

Der gesamte Privatanteil beträgt 2.579,00 € (2.375,00 € + 204,00 €), darauf entfällt 451,25 € Umsatzsteuer. Diese Beträge sind als Betriebseinnahmen zu erfassen.

Gesamte Ausgaben für 24.000 km = 10.316,00 €
Nicht abziehbare Betriebsausgaben: 250 · 40 km = 10.000 km = 4.298,33 €
Abziehbare Betriebsausgaben = 10.316,00 € − 4.298,33 € = 6.017,67 €
Kilometerpauschale = 250 · 20 km · 0,30 € = 1.500,00 €

A) Betriebseinnahmen

laufende Einnahmen		.... €
private Pkw-Nutzung		2.579,00 €
vereinnahmte Umsatzsteuer		451,25 €
erstattete Umsatzsteuer		.... €
		.... €

B) Betriebsausgaben

Kraftfahrzeugkosten		
Laufende Ausgaben	5.316,00 €	
AfA	5.000,00 €	
gesamt	10.316,00 €	
nicht abziehbar	4.298,33 €	
verbleiben	6.017,67 €	6.017,67 €
Kilometerpauschale		1.500,00 €

1 %-Regelung:

1 % von 35.700,00 € · 12 Monate	4.284,00 €
− 20 % Abschlag für nicht mit Vorsteuer belastete Kosten	856,80 €
= Bemessungsgrundlage für die Umsatzsteuer	3.427,20 €
→ 19 % Umsatzsteuer	651,17 €

Nicht abziehbar:

0,03 % von 35.700,00 € · 20 (Kilometer) · 12 (Monate) = 2.570,40 €

A) Betriebseinnahmen

laufende Einnahmen	. . . . €
private Pkw-Nutzung	4.284,00 €
vereinnahmte Umsatzsteuer	651,17 €
erstattete Umsatzsteuer	. . . . €
	. . . . €

B) Betriebsausgaben

Kraftfahrzeugkosten

Laufende Ausgaben	5.316,00 €	
AfA	5.000,00 €	
gesamt	10.316,00 €	
nicht abziehbar	2.570,40 €	
verbleiben	7.745,60 €	7.745,60 €
Kilometerpauschale		1.500,00 €

Fahrtenbuch in der Anlage EÜR (Ausschnitt):

	1. Gewinnermittlung				99	20
	Betriebseinnahmen			EUR		Ct
8	Betriebseinnahmen als umsatzsteuerlicher **Kleinunternehmer** (nach § 19 Abs. 1 UStG)	111				,
9	davon aus Umsätzen, die in § 19 Abs. 3 Nr. 1 und 2 UStG bezeichnet sind	119		,	*(weiter ab Zeile 15)*	
10	Betriebseinnahmen als **Land- und Forstwirt**, soweit die Durchschnittssatzbesteuerung nach § 24 UStG angewandt wird	104				,
11	**Umsatzsteuerpflichtige Betriebseinnahmen**	112				,
12	Umsatzsteuerfreie, nicht umsatzsteuerbare Betriebseinnahmen sowie Betriebseinnahmen, für die der Leistungsempfänger die Umsatzsteuer nach § 13b UStG schuldet	103				,
13	davon Kapitalerträge	113			,	
14	Vereinnahmte Umsatzsteuer sowie Umsatzsteuer auf unentgeltliche Wertabgaben	140			4 5 1	, 2 5
15	Vom Finanzamt erstattete und ggf. verrechnete Umsatzsteuer	141				,
16	Veräußerung oder Entnahme von Anlagevermögen	102				,
17	Private Kfz-Nutzung	106			2.5 7 9	, 0 0
18	Sonstige Sach-, Nutzungs- und Leistungsentnahmen	108				,

	Absetzung für Abnutzung (AfA)					
26	AfA auf unbewegliche Wirtschaftsgüter (ohne AfA für das häusliche Arbeitszimmer)	136				,
27	AfA auf immaterielle Wirtschaftsgüter (z.B. erworbene Firmen-, Geschäfts- oder Praxiswerte)	131				,
28	AfA auf bewegliche Wirtschaftsgüter (z.B. Maschinen, Kfz)	130			5.0 0 0	, 0 0

	Kraftfahrzeugkosten und andere Fahrtkosten					
54	Tatsächliche Kraftfahrzeugkosten und andere Fahrtkosten (laufende und feste Kosten ohne AfA und Zinsen)	140			5.3 1 6	, 0 0
55	Kraftfahrzeugkosten für Wege zwischen Wohnung und Betriebsstätte; Familienheimfahrten (pauschaliert oder tatsächlich)	142 −			4.2 9 8	, 0 0
56	Mindestens abziehbare Kraftfahrzeugkosten für Wege zwischen Wohnung und Betriebsstätte (Pendlerpauschale); Familienheimfahrten	176 +			1.5 0 0	, 0 0

1 %-Regelung in der Anlage EÜR (Ausschnitt):

			EUR	Ct
1. Gewinnermittlung		99	20	

Betriebseinnahmen

			EUR	Ct
8	Betriebseinnahmen als umsatzsteuerlicher **Kleinunternehmer** (nach § 19 Abs. 1 UStG)	111		
9	davon aus Umsätzen, die in § 19 Abs. 3 Nr. 1 und 2 UStG bezeichnet sind	119		*(weiter ab Zeile 15)*
10	Betriebseinnahmen als **Land- und Forstwirt**, soweit die Durchschnittssatzbesteuerung nach § 24 UStG angewandt wird	104		
11	**Umsatzsteuerpflichtige Betriebseinnahmen**	112		
12	Umsatzsteuerfreie, nicht umsatzsteuerbare Betriebseinnahmen sowie Betriebseinnahmen, für die der Leistungsempfänger die Umsatzsteuer nach § 13b UStG schuldet	103		
13	davon Kapitalerträge 113			
14	Vereinnahmte Umsatzsteuer sowie Umsatzsteuer auf unentgeltliche Wertabgaben	140	651,17	
15	Vom Finanzamt erstattete und ggf. verrechnete Umsatzsteuer	141		
16	Veräußerung oder Entnahme von Anlagevermögen	102		
17	Private Kfz-Nutzung	106	4.284,00	
18	Sonstige Sach-, Nutzungs- und Leistungsentnahmen	108		

Absetzung für Abnutzung (AfA)

26	AfA auf unbewegliche Wirtschaftsgüter (ohne AfA für das häusliche Arbeitszimmer)	136		
27	AfA auf immaterielle Wirtschaftsgüter (z.B. erworbene Firmen-, Geschäfts- oder Praxiswerte)	131		
28	AfA auf bewegliche Wirtschaftsgüter (z.B. Maschinen, Kfz)	130	5.000,00	

Kraftfahrzeugkosten und andere Fahrtkosten

54	Tatsächliche Kraftfahrzeugkosten und andere Fahrtkosten (laufende und feste Kosten ohne AfA und Zinsen)	140	5.316,00	
55	Kraftfahrzeugkosten für Wege zwischen Wohnung und Betriebsstätte; Familienheimfahrten (pauschaliert oder tatsächlich)	142 –	2.570,40	
56	Mindestens abziehbare Kraftfahrzeugkosten für Wege zwischen Wohnung und Betriebsstätte (Pendlerpauschale); Familienheimfahrten	176 +	1.500,00	

In beiden Fällen ist der Bruttobetrag der Entnahme in der **Zeile 78** anzugeben, mit Abführung der Umsatzsteuer ist diese als Betriebsausgabe zu erfassen **(Zeile 45)**.

➤ Lösung zur degressiven Abschreibung

Zu Aufgabe 1:

```
    70.000,00 € Maschine
+    2.000,00 € Transport
+    3.000,00 € Montage
= 75.000,00 € Anschaffungskosten
```

	degressiv	linear
Anschaffungskosten 1. Jahr – Abschreibung (25 % v. 75.000,00 €)	75.000,00 € 18.750,00 €	75.000,00 € : 9 = 8.333,33 €
= Buchwert Ende 1. Jahr/Anfang 2. Jahr – Abschreibung (25 % v. 56.250,00 €)	56.250,00 € 14.062,50 €	56.250,00 € : 8 = 7.031,25 €
= Buchwert Ende 2. Jahr/Anfang 3. Jahr – Abschreibung (25 % v. 42.187,50 €)	42.187,50 € 10.546,88 €	42.187,50 € : 7 = 6.026,79 €
= Buchwert Ende 3. Jahr/Anfang 4. Jahr – Abschreibung (25 % v. 31.640,63 €)	31.640,63 € 7.910,16 €	31.640,63 € : 6 = 5.273,44 €
= Buchwert Ende 4. Jahr/Anfang 5. Jahr – Abschreibung (25 % v. 23.730,47 €)	23.730,47 € 5.932,62 €	23.730,47 € : 5 = 4.746,09 €
= Buchwert Ende 5. Jahr/Anfang 6. Jahr – Abschreibung (25 % v. 17.797,85 €)	17.797,85 € 4.449,46 €	17.797,85 € : 4 = 4.449,46 €

Im sechsten Jahr erfolgt der Wechsel zur linearen Abschreibung, in diesem und in den folgenden Jahren beträgt die Abschreibung jeweils 4.449,46 €.

Beträgt die degressive Abschreibung 25 %, sind im Jahr des Wechsels die degressive Abschreibung und der lineare Vergleichswert identisch. Zu diesem Zeitpunkt erfolgt der Wechsel.

Die Formel liefert dasselbe Ergebnis wie die Tabelle:

$$\text{Wechsel (Jahr)} = 9 - \frac{100}{25} + 1 = \underline{\underline{6}}$$

➤ Lösungen zum Investitionsabzugsbetrag

Zu Aufgabe 1:

1.1 Investitionsabzugsbeträge kommen für neue und gebrauchte bewegliche Wirtschaftsgüter des Anlagevermögens in Betracht. Herr Müller kann daher maximal einen Investitionsabzugsbetrag in Höhe von 11.200,00 € (40 % von 28.000,00 €) in Anspruch nehmen. Für die eigene Kanzlei ist der Abzug nicht möglich.

1.2 Durch den Investitionsabzugsbetrag sinkt der Gewinn und damit die Einkommensteuerlast. Der Unternehmer schont seine liquiden Mittel, um die geplante Anschaffung vornehmen zu können.

1.3 Herr Müller muss den Investitionsabzugsbetrag nach spätestens drei Jahren dem Gewinn hinzurechnen, wenn das geplante Anlagegut tatsächlich erworben wurde. Gleichzeitig kann er die Anschaffungskosten des Anlageguts um 40 % Gewinn mindernd herabsetzen. Wenn der Unternehmer innerhalb des dreijährigen Zeitraums kein Anlagegut erwirbt, bzw. wenn er das erworbene Wirtschaftsgut nicht fast ausschließlich betrieblich nutzt, ist der ursprünglich vorgenommene Abzug nachzuversteuern. Die sich ergebende Steuer ist ab Beginn des Zinslaufs zusätzlich mit 6 % pro Jahr zu verzinsen.

Zu Aufgabe 2:

2.1 40 % der Anschaffungskosten sind als Betriebseinnahme zu erfassen, gleichzeitig können 40 % der Anschaffungskosten gewinnmindernd abgesetzt werden, die PC-Anlage ist abzuschreiben.

4.800,00 € Betriebseinnahme

   12.000,00 € Anschaffungskosten
–   4.800,00 € Herabsetzung (Betriebsausgabe)

    7.200,00 € Bemessungsgrundlage für die Abschreibung

    2.400,00 € lineare Abschreibung
    1.440,00 € Sonderabschreibung
    2.280,00 € gezahlte Umsatzsatzsteuer (Vorsteuer)

  10.920,00 € gesamte Betriebsausgaben

2.2 40 % der Anschaffungskosten sind als Betriebseinnahme zu erfassen, maximal in Höhe des ursprünglich vorgenommenen Abzugsbetrags. Gleichzeitig können 40 % der Anschaffungskosten gewinnmindernd abgesetzt werden, maximal allerdings in Höhe der vorgenommenen Hinzurechnung. Die PC-Anlage ist abzuschreiben.

4.800,00 € Betriebseinnahme

   15.000,00 € Anschaffungskosten
–   4.800,00 € Herabsetzung (Betriebsausgabe)

  10.200,00 € Bemessungsgrundlage für die Abschreibung

   3.400,00 € lineare Abschreibung
   2.040,00 € Sonderabschreibung
   2.850,00 € gezahlte Umsatzsatzsteuer (Vorsteuer)

  13.090,00 € gesamte Betriebsausgaben

2.3 40 % der Anschaffungskosten sind als Betriebseinnahme zu erfassen, 40 % der Anschaffungskosten können gewinnmindernd abgesetzt werden, die PC-Anlage ist abzuschreiben.

3.200,00 € Betriebseinnahme

   8.000,00 € Anschaffungskosten
– 3.200,00 € Herabsetzung (Betriebsausgabe)

   4.800,00 € Bemessungsgrundlage für die Abschreibung

   1.600,00 € lineare Abschreibung
    960,00 € Sonderabschreibung
   1.520,00 € gezahlte Umsatzsatzsteuer (Vorsteuer)

   7.280,00 € gesamte Betriebsausgaben

Im Jahr 2009 wurde ein Investitionsabzugsbetrag in Höhe von 4.800,00 € in Anspruch genommen. Bei der Anschaffung der PC-Anlage konnten nur 3.200,00 € dem Gewinn hinzugerechnet werden. Die Differenz (1.600,00 €) ist für das Jahr 2009 nachzuversteuern. Die sich ergebende Steuer ist mit 6 % pro Jahr zu verzinsen (ab Beginn des Zinslaufs).

183

2.4 Es ergeben sich im Jahr 2012 keine Auswirkungen auf die Betriebseinnahmen und die Betriebsausgaben. Die in Anspruch genommenen 4.800,00 € sind für das Jahr 2009 nachzuversteuern. Zusätzlich muss die sich ergebende Steuer mit 6 % verzinst werden (ab Beginn des Zinslaufs).

> ➤ **Lösungen zu Rücklagen für Ersatzbeschaffung**

Zu Aufgabe 1:

60.000,00 € Buchwert 01.01.	85.000,00 € Entschädigung
− 3.750,00 € Abschreibung (3 Monate)	− 6.000,00 € Gewinn
= 56.250,00 € Buchwert bei Ausscheiden	= 79.000,00 € übertragungsfähig

79.000,00 €
− 56.250,00 €
= 22.750,00 €

Die Rücklage kann in Höhe von 22.750,00 € gebildet werden.

Zu Aufgabe 2:

2.1 90.000,00 € − 75.000,00 € = 15.000,00 € (Rücklage)

Erfassung in der Anlage EÜR 2010:

- **Zeile 12:** Die Entschädigung in Höhe von 90.000,00 € ist einzutragen.
- **Zeile 28:** Die planmäßige AfA bis zum 13. 10. 10 (9 Monate) wird hier erfasst.
- **Zeile 35:** Der Restbuchwert (75.000,00 €) stellt eine Betriebsausgabe dar (AfaA).
- **Zeile 73, Feld 187:** Die Rücklage für Ersatzbeschaffung wird als Betriebsausgabe (15.000,00 €) deklariert und in **die Zeilen 77 und 46** übernommen.

2.2 Die Anschaffungskosten liegen über der Entschädigung, die Rücklage kann komplett auf das neue Wirtschaftsgut übertragen werden.

100.000,00 € Anschaffungskosten
− 15.000,00 € Rücklage
= 85.000,00 € Bemessungsgrundlage für die Abschreibung

Erfassung in der Anlage EÜR 2011:

- **Zeile 28:** Die AfA ist in Höhe von 10.625,00 € vorzunehmen (linear).
- **Zeile 44:** Erfassung der gezahlten Umsatzsteuer (von 100.000,00 € = 19.000,00 €).
- **Zeile 73, Feld 120:** Die Rücklage ist aufzulösen (15.000,00 €) und in die **Zeilen 77 und 19** zu übertragen.
- **Zeile 74:** Die stille Reserve wird übertragen und in den **Zeilen 77 und 46** als Betriebsausgabe erfasst.

2.3 Die Anschaffungskosten liegen unter der Entschädigung, die Übertragung kann nur anteilig erfolgen.

$$\text{übertragbare Reserve} = \frac{15.000,00 \text{ €} \cdot 60.000,00 \text{ €}}{90.000,00 \text{ €}} = 10.000,00 \text{ €}$$

60.000,00 € Anschaffungskosten
− 10.000,00 € Rücklage
= 50.000,00 € Bemessungsgrundlage für die Abschreibung

Erfassung in der Anlage EÜR 2011:

- **Zeile 28:** Die AfA ist in Höhe von 6.250,00 € (linear) vorzunehmen.

- **Zeile 44:** Erfassung der gezahlten Umsatzsteuer (von 60.000,00 € = 11.400,00 €).

- **Zeile 73, Feld 120:** Der aufgelöste Betrag in Höhe von 15.000,00 € ist über die **Zeilen 77 und 19** als Betriebseinnahme zu erfassen.

- **Zeile 74:** Die stille Reserve wird übertragen (Übertrag in die **Zeilen 77 und 46**).

2.4 Die Rücklage muss gewinnerhöhend aufgelöst werden.

Erfassung in der Anlage EÜR 2011:

- **Zeile 73, Feld 120:** Der aufgelöste Betrag in Höhe von 15.000,00 € ist als Betriebseinnahme zu erfassen und in die **Zeilen 77 und 19** zu übernehmen.

Zu Aufgabe 3:

3.1 Das Grundstück befand sich mehr als sechs Jahre im Betriebsvermögen, die Voraussetzungen für eine Rücklage nach § 6 b EStG liegen vor.

$$\begin{array}{r} 240.000,00 \text{ € Verkaufspreis} \\ - \quad 150.000,00 \text{ € Buchwert} \\ \hline = \quad 90.000,00 \text{ € Rücklage nach § 6 b EStG} \end{array}$$

Erfassung in der Anlage EÜR 2010:

- **Zeile 16:** Der Verkaufspreis in Höhe von 240.000,00 € ist einzutragen.

- **Zeile 35:** Der Buchwert (150.000,00 €) stellt eine Betriebsausgabe dar.

- **Zeile 73, Feld 187:** Die Rücklage für Ersatzbeschaffung (90.000,00 €) wird in die **Zeilen 77 und 46** als Betriebsausgabe übernommen.

3.2
$$\begin{array}{r} 180.000,00 \text{ € Verkaufspreis} \\ - \quad 90.000,00 \text{ € Rücklage} \\ \hline = \quad 90.000,00 \text{ € Buchwert} \end{array}$$

Der Buchwert ist in das Anlageverzeichnis zu übernehmen.

Erfassung in der Anlage EÜR 2012:

- **Zeilen 73/74:** Die Rücklage ist aufzulösen (Übertrag als Betriebseinnahme in **Zeile 19**) und gleichzeitig als Betriebsausgabe (Übertrag in **Zeile 46**) zu erfassen.

3.3
$$\begin{array}{r} 50.000,00 \text{ € Kaufpreis} \\ - \quad 90.000,00 \text{ € Rücklage} \\ \hline = - 40.000,00 \text{ € zu viel gebildete Rücklage} \end{array}$$

0,00 € Buchwert des Grundstücks
40.000,00 € · 6 % · 2 = 4.800,00 € Gewinnzuschlag

Die übertragene stille Reserve wird erst mit dem Verkauf des neuen Grundstücks aufgelöst und versteuert.

Erfassung in der Anlage EÜR 2012:

- **Zeile 64:** Hier ist der Gewinnzuschlag in Höhe von 4.800,00 € zu erfassen.

- **Zeile 73, Feld 120:** Die Rücklage ist aufzulösen (90.000,00 €).

- **Zeile 74:** 50.000,00 € können übertragen werden. (Übertrag in **Zeile 46**)

3.4 Die Rücklage ist gewinnerhöhend aufzulösen. Für den gesamten Betrag ist der Gewinnzuschlag hinzuzurechnen (90.000,00 € · 6% · 2 = 10.800,00 €).

Erfassung in der Anlage EÜR 2012:

■ **Zeile 64:** Hier ist der Gewinnzuschlag in Höhe von 10.800,00 € zu erfassen.

■ **Zeile 73, Feld 120:** Der aufgelöste Betrag in Höhe von 90.000,00 € ist zu erfassen.

➤ Lösung zur Gewerbesteuer

Zu Aufgabe 1:

	Gewinn aus Gewerbebetrieb	25.540,00 €
–	Freibetrag für Einzelunternehmer	24.500,00 €
=	steuerpflichtiger Gewerbeertrag	1.040,00 €

→	steuerpflichtiger Gewerbeertrag (gerundet) (auf volle 100,00 € abgerundet)	1.000,00 €

Auf den gerundeten steuerpflichtigen Gewerbeertrag ist die Steuermesszahl in Höhe von 3,5% anzuwenden. Daraus ergibt sich ein Gewerbesteuermessbetrag in Höhe von 35,00 € (3,5% von 1.000,00 €).

Der Steuermessbetrag ist mit dem Hebesatz der Gemeinde zu multiplizieren, in diesem Fall mit 365% (Faktor für die Multiplikation = 3,65).
35,00 · 3,65 = 127,75 € = Gewerbesteuerschuld.

Zu Aufgabe 2:

Zuerst muss die Höhe der Hinzurechnungen bestimmt werden:

	100% der gezahlten Zinsen	22.000,00 €
+	20% der Leasingraten für die Maschine	3.100,00 €
+	50% der Miete für die Büroräume	18.000,00 €
=	Summe der anrechenbaren Finanzierungsausgaben	43.100,00 €
–	Freibetrag	100.000,00 €
=	**verbleibende Hinzurechnungssumme**	**0,00 €**

Die gesamten anrechenbaren Finanzierungsausgaben liegen unter dem Freibetrag von 100.000,00 €, daher ergibt sich in diesem Fall keine gewerbesteuererhöhende Wirkung.

	Gewinn aus Gewerbebetrieb	41.000,00 €
–	Freibetrag für Einzelunternehmer	24.500,00 €
	steuerpflichtiger Gewerbeertrag	16.500,00 €

Auf den steuerpflichtigen Gewerbeertrag ist die Steuermesszahl in Höhe von 3,5% anzuwenden. Daraus ergibt sich ein Gewerbesteuermessbetrag in Höhe von 577,50 € (3,5% von 16.500,00 €).

Der Steuermessbetrag ist mit dem Hebesatz der Gemeinde zu multiplizieren, in diesem Fall mit 440% (Faktor für die Multiplikation = 4,4).
577,50 · 4,4 = 2.541,00 € = Gewerbesteuerschuld.

> **Lösung zum nicht abnutzbaren Anlagevermögen**

Zu Aufgabe 1:

1.1 Wertveränderungen des nicht abnutzbaren Anlagevermögens werden bei der Einnahmen-Überschuss-Rechnung nicht berücksichtigt.

1.2 **Variante 1:**

	110.000,00 € Betriebseinnahme
−	80.000,00 € Betriebsausgabe (Buchwert)
=	30.000,00 € Gewinn

Variante 2:

	60.000,00 € Betriebseinnahme
−	80.000,00 € Betriebsausgabe (Buchwert)
=	− 20.000,00 € Verlust

> **Lösungen zu Löhnen und Gehältern**

Zu Aufgabe 1:

	2.150,00 € Bruttogehalt
−	301,50 € Lohnsteuer
−	16,58 € Soli
−	27,13 € KiSt
−	169,85 € Krankenversichung
−	(20,96 € + 5,38 €) Pflegeversicherung
−	213,93 € Rentenversicherung
−	30,10 € Arbeitslosenversicherung
=	1.364,57 € Nettogehalt

	2.150,00 € Bruttogehalt
+	415,49 € Arbeitgeberanteil
=	2.565,49 € Lohnkosten

Zu Aufgabe 2:

	2.120,00 € Bruttogehalt
−	262,50 € Lohnsteuer
−	0,00 € Soli
−	2,25 € KiSt
−	167,48 € Krankenversicherung
−	20,67 € Pflegeversicherung
−	210,94 € Rentenversicherung
−	29,68 € Arbeitslosenversicherung
=	1.426,48 € Nettogehalt

	2.120,00 € Bruttogehalt
+	409,69 € Arbeitgeberanteil
=	2.529,69 € Lohnkosten

Zu Aufgabe 3:

```
    2.140,00 € Bruttogehalt
–     608,83 € Lohnsteuer
–      33,48 € Soli
–       0,00 € KiSt
–     169,06 € Krankenversicherung
–      20,87 € Pflegeversicherung (20,87 € + 5,35 €)
–     212,93 € Rentenversicherung
–      29,96 € Arbeitslosenversicherung
=   1.059,52 € Nettogehalt
```

```
    2.140,00 € Bruttogehalt
+     413,56 € Arbeitgeberanteil
=   2.553,56 € Lohnkosten
```

Zu Aufgabe 4:

```
    2.297,00 € Bruttogehalt sozialversicherungspflichtig
–     150,00 € Steuerfreibetrag
=   2.147,00 € Bruttogehalt steuerpflichtig
```

```
    2.297,00 € Bruttogehalt
–     300,58 € Lohnsteuer
–      12,82 € Soli
–      20,98 € KiSt
–     181,46 € Krankenversicherung
–      22,40 € Pflegeversicherung
–     228,55 € Rentenversicherung
–      32,16 € Arbeitslosenversicherung
=   1.498,05 € Nettogehalt
```

```
    2.297,00 € Bruttogehalt
+     443,90 € Arbeitgeberanteil
=   2.740,90 € Lohnkosten
```

➤ Lösungen zu sonstigen Betriebseinnahmen und Betriebsausgaben

Zu Aufgabe 1:

```
     30.000,00 € Gewinn
+    20.000,00 € Einlage
–    80.000,00 € Entnahme
=  – 30.000,00 € Überentnahme
```

6 % von 30.000,00 € = 1.800,00 €

$$\begin{array}{rl} & 3.000,00 \ € \text{ gezahlte Zinsen} \\ - & 2.050,00 \ € \text{ unschädlicher Betrag} \\ \hline = & 950,00 \ € \text{ Höchstbetrag} \end{array}$$

Der Höchstbetrag von 950,00 € wird durch die fiktiven Zinsen auf die Überentnahme (1.800,00 €) überschritten, der nicht abziehbare Betrag ist daher mit 950,00 € anzusetzen.

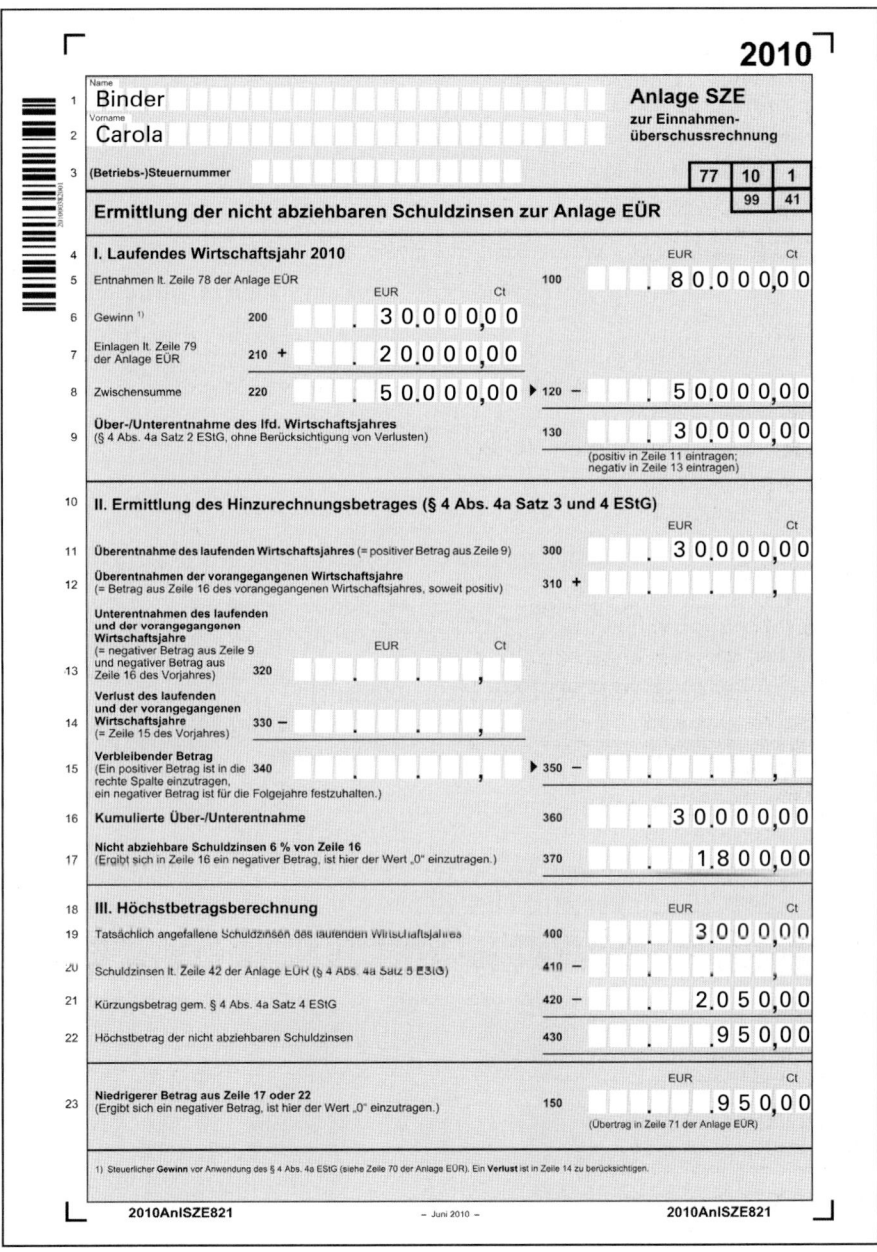

189

Zu Aufgabe 2:

abziehbar:	Kundin Schmidt	20,00 € +	3,80 € USt
nicht abziehbar:	Kunde Günther	500,00 € +	95,00 € USt
	Kunde Beier	15,00 € +	2,85 € USt
		30,00 € +	5,70 € USt
		545,00 € +	103,55 € USt

Die Gesamtausgaben für den Kunden Beier übersteigen 35,00 € netto, daher sind die Beträge nicht abziehbar.

Zu Aufgabe 3:

Die Hotelkosten (200,00 €) sind voll abzugsfähig, die gezahlte Umsatzsteuer in Höhe von 14,00 € (7 % USt) kann als Vorsteuer geltend gemacht werden.

Ausgaben für die Verpflegung sind nur in Höhe der Pauschalen möglich, eine Vorsteuerabzugsmöglichkeit besteht nicht.

03.03.10 Abwesenheit 15 Stunden (9.00 Uhr – 24.00 Uhr) = 12,00 €
04.03.10 Abwesenheit 24 Stunden (0.00 Uhr – 24.00 Uhr) = 24,00 €
05.03.10 Abwesenheit 24 Stunden (0.00 Uhr – 24.00 Uhr) = 24,00 €
06.03.10 Abwesenheit 19 Stunden (0.00 Uhr – 19.00 Uhr) = 12,00 €

Gesamtpauschale = 72,00 €

Zu Aufgabe 4:

70 % Betriebsausgabe = 63,00 € + 17,10 € USt
30 % nicht abziehbar = 27,00 € + 0,00 € USt

Der Nettobetrag der Rechnung ist nur zu 70 % abzugsfähig, die im Rechnungsbetrag enthaltene Umsatzsteuer kann komplett als Vorsteuer geltend gemacht werden. Mit der Bezahlung wird die komplette Steuer auch zur Betriebsausgabe.

Zu Aufgabe 5:

	1.800,00 €	Betriebseinnahmen
–	450,00 €	pauschale Betriebsausgaben (25 %)
=	1.350,00 €	Gewinn

> **Lösung zum Wechsel von der Einnahmen-Überschuss-Rechnung zur kaufmännischen Buchführung**

Zu Aufgabe 1:

1.1 + 15.000,00 €
    + 18.000,00 €
    – 8.000,00 €
    = 25.000,00 € (Gewinnerhöhung)

Begründung für die Gewinnkorrekturen:

Der Warenanfangsbestand wurde bei der Einnahmen-Überschuss-Rechnung bereits bei der Bezahlung als Betriebsausgabe berücksichtigt. Bei der kaufmännischen Buchführung entsteht der Aufwand erst mit dem Verkauf der Ware.

Der Forderungsanfangsbestand ist bei der Einnahmen-Überschuss-Rechnung noch nicht als Einnahme erfasst worden, es gilt das Zuflussprinzip. Bei buchführungspflichtigen Unternehmen entsteht der Ertrag bereits mit der Leistungserbringung unabhängig vom Geldzufluss.

Der Warenschuldenbestand wurde bei der Einnahmen-Überschuss-Rechnung noch nicht als Betriebsausgabe erfasst, es gilt das Abflussprinzip. Bei buchführungspflichtigen Unternehmen entsteht der Aufwand ebenfalls mit der Leistungserbringung unabhängig vom Geldabfluss.

1.2 In der Regel kommt es bei einem Wechsel von der Einnahmen-Überschuss-Rechnung zur kaufmännischen Buchführung zu einer Gewinnerhöhung und damit zu einer Erhöhung der Einkommensteuer. Um die mit der Steuererhöhung entstehenden besonderen Härten zu mildern, kann die **Gewinnerhöhung auf drei Jahre verteilt** werden (Wahlrecht).

➤ Lösungen zur Wiederholung und Vertiefung

Zu Aufgabe 1:

Einnahmen-Überschuss-Rechnung nach § 4 Abs. 3 EStG für das Jahr 2010:
Herbert Frings, Vertrieb von Haushaltswaren
Steuer-Nr. 153/4030/0570

A)	**Betriebseinnahmen**		
	laufende Einnahmen	76.000,00 €	
	Entnahme von Waren	2.000,00 €	
	private Pkw-Nutzung	3.132,00 €	
	erhaltene USt	15.296,06 €	
		96.428,06 €	96.428,06 €
B)	**Betriebsausgaben**		
	Wareneinkäufe	33.125,00 €	
	Miete	18.000,00 €	
	Benzin	2.900,00 €	
	Porto	375,00 €	
	gezahlte USt (Vorsteuer)	6.844,75 €	
	abgeführte USt	8.451,31 €	
	AfA Pkw	3.666,67 €	
	Investitionsabzugsbetrag	6.000,00 €	
		79.362,73 €	79.362,73 €
	Gewinn		17.065,33 €

Erstellt nach Aufzeichnungen und Belegen.

31.05.11

Erläuterungen:

Pkw-Nutzung: 26.180,00 € = 119 %
                           22.000,00 € = 100 %   Abschreibung = 3.666,67 €
                           4.180,00 € =   19 %   (im Jahr 2009 abgezogen)

1 %-Regelung:

1 % von 26.100,00 € · 12 Monate (gerundet)	3.132,00 €
− 20 % Abschlag für nicht mit Vorsteuer belastete Kosten	624,40 €
= Bemessungsgrundlage für die Umsatzsteuer	2.505,60 €

→ 19 % Umsatzsteuer	476,06 €

Betriebseinnahmen:

Betriebseinnahmen nach Zuflussprinzip	76.000,00 € + 14.440,00 € USt
Warenentnahme	2.000,00 € + 380,00 € USt
Pkw-Nutzung	3.132,00 € + 476,06 € USt
	81.132,00 € + 15.296,06 € USt

Betriebsausgaben:

Miete	18.000,00 € (10-Tage-Regelung)
Wareneinkauf	33.125,00 € + 6.293,75 € USt
Porto	375,00 €
Investitionsabzugsbetrag (40 % v. 15.000,00 €)	6.000,00 €
Benzin	2.900,00 € + 551,00 € USt
Abschreibung	3.666,67 €
	64.066,67 € + 6.844,75 € gezahlte USt

In jedem Quartal hat sich eine Zahllast ergeben, insgesamt ergibt sich:

	15.296,06 € erhaltene USt
–	6.844,75 € gezahlte USt (Vorsteuer)
=	8.451,31 € abgeführte USt/Zahllast/Betriebsausgabe

13 Froemer - ISBN 978-3-8120-0649-1

2010

<table>
<tr><td>1</td><td>Name/Gesellschaft/Gemeinschaft/Körperschaft
Frings</td><td rowspan="2">Anlage EÜR
Bitte für jeden Betrieb eine
gesonderte Anlage EÜR einreichen!</td></tr>
<tr><td>2</td><td>Vorname
Herbert</td></tr>
</table>

| 3 | (Betriebs-)Steuernummer | 153/4030/0570 | | 77 | 10 | 1 |

Einnahmenüberschussrechnung

| 99 | 15 |

nach § 4 Abs. 3 EStG für das Kalenderjahr 2010   Beginn   Ende

| 4 | davon abweichend **131** T T M M **2 0 1 0** **132** T T M M J J |

| 5 | Art des Betriebs **100** | Zuordnung zur Einkunfts-
art (siehe Anleitung) **105** 3 |

| 6 | Wurde im Kalenderjahr/Wirtschaftsjahr der Betrieb veräußert oder aufgegeben? (Bitte Zeile 67 beachten) **111** | Ja = 1 |
| 7 | Wurden im Kalenderjahr/Wirtschaftsjahr Grundstücke/grundstücksgleiche Rechte entnommen
oder veräußert? **120** 2 | Ja = 1 oder Nein = 2 |

1. Gewinnermittlung

| | | | 99 | 20 |

Betriebseinnahmen   EUR   Ct

8	Betriebseinnahmen als **Kleinunternehmer** (nach § 19 Abs. 1 UStG) **111**	. . ,
9	davon aus Umsätzen, die in § 19 Abs. 3 Nr. 1 und 2 UStG bezeichnet sind **119**	. . ,	(weiter ab Zeile 15)
10	Betriebseinnahmen als **Land- und Forstwirt**, soweit die Durchschnittssatz- besteuerung nach § 24 UStG angewandt wird **104**	. . ,
11	**Umsatzsteuerpflichtige Betriebseinnahmen** **112**	. 7 6.0 0 0,0 0
12	Umsatzsteuerfreie, nicht umsatzsteuerbare Betriebseinnahmen sowie Betriebsein- nahmen, für die der Leistungsempfänger die Umsatzsteuer nach § 13b UStG schuldet **103**	. . ,
13	davon Kapitalerträge **113**	. . ,
14	Vereinnahmte Umsatzsteuer sowie Umsatzsteuer auf unentgeltliche Wertabgaben **140**	. 1 5.2 9 6,0 6
15	Vom Finanzamt erstattete und ggf. verrechnete Umsatzsteuer **141**	. . ,
16	Veräußerung oder Entnahme von Anlagevermögen **102**	. . ,
17	Private Kfz-Nutzung **106**	. 3.1 3 2,0 0
18	Sonstige Sach-, Nutzungs- und Leistungsentnahmen **108**	. 2.0 0 0,0 0
19	Auflösung von Rücklagen, Ansparabschreibungen für Existenzgründer und/oder Ausgleichsposten (Übertrag aus Zeile 77)	. . ,
20	**Summe Betriebseinnahmen** **159**	. 9 6.4 2 8,0 6

| | | | 99 | 25 |

Betriebsausgaben   EUR   Ct

21	Betriebsausgabenpauschale **für bestimmte Berufsgruppen** und/oder Freibetrag nach § 3 Nr. 26 und 26a EStG **190**	. . ,
22	Sachliche Bebauungskostenpauschale (für Weinbaubetriebe)/ Betriebsausgabenpauschale für **Forstwirte** **191**	. . ,
23	**Waren, Rohstoffe und Hilfsstoffe einschl. der Nebenkosten** **100**	. 3 3.1 2 5,0 0
24	Bezogene Fremdleistungen **110**	. . ,
25	Ausgaben für eigenes Personal (z.B. Gehälter, Löhne und Versicherungsbeiträge) **120**	. . ,

Absetzung für Abnutzung (AfA)

26	AfA auf unbewegliche Wirtschaftsgüter (ohne AfA für das häusliche Arbeitszimmer) **136**	. . ,
27	AfA auf immaterielle Wirtschaftsgüter (z.B. erworbene Firmen-, Geschäfts- oder Praxiswerte) **131**	. . ,
28	AfA auf bewegliche Wirtschaftsgüter (z.B. Maschinen, Kfz) **130**	. 3.6 6 6,6 7
	Übertrag (Summe Zeilen 21 bis 28)	. 3 6.7 9 1,6 7

2010AnlEÜR801   – Juni 2010 –   2010AnlEÜR801

153/4030/0570

		EUR	Ct
	Übertrag (Summe Zeilen 21 bis 28)	3 6.7 9 1,	6 7
31	Sonderabschreibungen nach § 7g EStG	134	
32	Herabsetzungsbeträge nach § 7g Abs. 2 EStG (Erläuterung auf gesondertem Blatt)	138	
33	Aufwendungen für geringwertige Wirtschaftsgüter nach § 6 Abs. 2 EStG	132	
34	Auflösung Sammelposten nach § 6 Abs. 2a EStG	137	
35	Restbuchwert der ausgeschiedenen Anlagegüter	135	1 8.0 0 0, 0 0

Raumkosten und sonstige Grundstücksaufwendungen (ohne häusliches Arbeitszimmer)

36	Miete/Pacht für Geschäftsräume und betrieblich genutzte Grundstücke	150	
37	Aufwendungen für doppelte Haushaltsführung	152	
38	Sonstige Aufwendungen für betrieblich genutzte Grundstücke (ohne Schuldzinsen und AfA)	151	

Sonstige unbeschränkt abziehbare Betriebsausgaben

39	Aufwendungen für Telekommunikation (z.B. Telefon)	280	
40	Fortbildungskosten	281	
41	Rechts- und Steuerberatung, Buchführung	194	
42	Schuldzinsen zur Finanzierung von Anschaffungs- und Herstellungskosten von Wirtschaftsgütern des Anlagevermögens	232	
43	Übrige Schuldzinsen	234	
44	Gezahlte Vorsteuerbeträge	185	6.8 4 4, 7 5
45	An das Finanzamt gezahlte und ggf. verrechnete Umsatzsteuer	186	8.4 5 1, 3 1
46	Rücklagen, stille Reserven und/oder Ausgleichsposten (Übertrag aus Zeile 77)	183	
47	Übrige unbeschränkt abziehbare Betriebsausgaben		3 7 5, 0 0

Beschränkt abziehbare Betriebsausgaben und Gewerbesteuer (nicht abziehbar EUR Ct / abziehbar EUR Ct)

48	Geschenke	164	
49	Bewirtungsaufwendungen	165	
50	Verpflegungsmehraufwendungen	171	
51	Aufwendungen für ein häusliches Arbeitszimmer (einschl. AfA und Zinsen)	172	
52	Sonstige beschränkt abziehbare Betriebsausgaben	168	
53	Gewerbesteuer	217	

Kraftfahrzeugkosten und andere Fahrtkosten

54	Tatsächliche Kraftfahrzeugkosten und andere Fahrtkosten (laufende und feste Kosten ohne AfA und Zinsen)	140	2.9 0 0, 0 0
55	Kraftfahrzeugkosten für Wege zwischen Wohnung und Betriebsstätte; Familienheimfahrten (pauschaliert oder tatsächlich)	142 —	
56	Mindestens abziehbare Kraftfahrzeugkosten für Wege zwischen Wohnung und Betriebsstätte (Pendlerpauschale); Familienheimfahrten	176 +	
57	**Summe Betriebsausgaben**	199	7 3.3 6 2, 7 3

2010AnlEÜR802

153/4030/0570

Ermittlung des Gewinns

			EUR	Ct
61	Summe der Betriebseinnahmen (Übertrag aus Zeile 20)		9 6.4 2 8,	0 6
62	abzüglich Summe der Betriebsausgaben (Übertrag aus Zeile 57)	—	7 3.3 6 2,	7 3
	zuzüglich			
63	– Hinzurechnung der Investitionsabzugsbeträge nach § 7g Abs. 2 EStG (Erläuterung auf gesondertem Blatt)	188 +		
64	– Gewinnzuschlag nach § 6b Abs. 7 und 10 EStG	123 +		
	abzüglich			
65	– erwerbsbedingte Kinderbetreuungskosten nach § 9c EStG	184 —	6.0 0 0,	0 0
66	– Investitionsabzugsbeträge nach § 7g Abs. 1 EStG (Erläuterung auf gesondertem Blatt)	187 —		
67	Hinzurechnungen und Abrechnungen bei Wechsel der Gewinnermittlungsart	250		
68	Korrigierter Gewinn/Verlust	290	1 7.0 6 5,	3 3
	Korrekturbetrag			
69	Bereits berücksichtigte Beträge, für die das Teileinkünfteverfahren bzw. § 8b KStG gilt	261		
	Gesamtbetrag			
70	Steuerpflichtiger Gewinn/Verlust vor Anwendung des § 4 Abs. 4a EStG	293		
71	Hinzurechnungsbetrag nach § 4 Abs. 4a EStG	271 +		
72	**Steuerpflichtiger Gewinn/Verlust**	219	1 7.0 6 5,	3 3

99 | 27

2. Ergänzende Angaben

Rücklagen, stille Reserven und Ansparabschreibungen (Bildung/Übertragung EUR Ct / Auflösung EUR Ct)

73	Rücklagen nach § 6c i.V.m. § 6b EStG, R 6.6 EStR	187	120
74	Übertragung von stillen Reserven nach § 6c i.V.m. § 6b EStG, R 6.6 EStR	170	
75	Ansparabschreibungen für Existenzgründer nach § 7g Abs. 7 und 8 EStG a.F.		122
76	Ausgleichsposten nach § 4g EStG	191	125
77	Gesamtsumme	190	124

Übertrag in Zeile 46

Entnahmen und Einlagen

			EUR	Ct
78	Entnahmen einschl. Sach-, Leistungs- und Nutzungsentnahmen	122	5.9 8 8,	0 6*
79	Einlagen einschl. Sach-, Leistungs- und Nutzungseinlagen	123		

99 | 29 Übertrag in Zeile 19

2010AnlEÜR803

---

* Zeile 78 enthält den Bruttobetrag der entnommenen Waren und Leistungen: 2.000,00 € + 380,00 € + 3.132,00 € + 476,06 €

Zu Aufgabe 2:

Geschäftsfälle	Betriebseinnahmen	Betriebsausgaben
a)	0,00 €	0,00 €
b)	0,00 €	950,00 €
c)	5.000,00 €	555,56 € 4.000,00 € 3.800,00 €
d)	1.500,00 € 285,00 €	
e)	0,00 €	2.000,00 €
Gesamt	6.785,00 €	11.305,56 €

Gewinn = 7.479,44 €

zu a) Die Forderung wurde bisher nicht als Betriebseinnahme erfasst, es gilt das Zuflussprinzip (auch für die Umsatzsteuer). Daher kommt es bei einem Ausfall nicht zu einer Betriebsausgabe. Aufgrund der Istbesteuerung muss Herr Dünnwald auch keine Korrektur in der Umsatzsteuererklärung vornehmen.

zu b) Der Pkw wird erst im Zeitpunkt der Anschaffung abgeschrieben (Jahr 2011), der Geldabfluss netto ist daher unerheblich. Für die in der Anzahlung enthaltene Umsatzsteuer gilt das Abflussprinzip (Betriebsausgabe).

zu c) Die planmäßige Abschreibung für drei Monate beträgt 555,56 € (linear), hinzu kommt die 20 %ige Sonderabschreibung in Höhe von 4.000,00 €. Die gezahlte Umsatzsteuer ist als Betriebsausgabe zu erfassen. 40 % der Anschaffungskosten sind hinzuzurechnen, max. jedoch 5 000,00 € (Höhe des Investitionsabzugsbetrags). Auf die gewinnmindernde Herabsetzung wurde verzichtet.

zu d) Es gilt das Zuflussprinzip.

zu e) Die Waren inklusive der darauf entfallenden Umsatzsteuer sind bereits als Betriebsausgabe erfasst (Abflussprinzip). Das gestohlene Geld steht im engen betrieblichen Zusammenhang und führt daher zu einer Betriebsausgabe.

Zu Aufgabe 3:

Geschäftsfälle	Betriebseinnahmen	Betriebsausgaben
a)	1.500,00 € 285,00 €	0,00 €
b)	0,00 €	0,00 €
c)	0,00 €	0,00 €
d)	0,00 €	500,00 €
e)	0,00 €	10.000,00 €
Gesamt	1.785,00 €	10.500,00 €

Gewinn = 5.985,00 €

zu a) Für die Anzahlung gilt das Zuflussprinzip (auch für die Umsatzsteuer).

zu b) Das Geschenk ist teurer als 35,00 € netto und ist daher nicht als Betriebsausgabe abziehbar.

zu c) Die Ausgabe für die Ware wurde bereits beim Kauf mit der Bezahlung erfasst.

zu d) Das Disagio ist sofort bei Kreditaufnahme als Betriebsausgabe abziehbar, die Zinsen führen erst mit der Bezahlung Ende Januar 2011 zur Betriebsausgabe.

zu e) Für den Investitionsabzugsbetrag dürfen maximal 40 % der geplanten Anschaffungskosten angesetzt werden.

Abschreibungen waren nicht vorzunehmen.

Zu Aufgabe 4:

Geschäftsfälle	Betriebseinnahmen	Betriebsausgaben
a)	0,00 €	0,00 €
b)	0,00 €	4.560,00 € 1.000,00 €
c)	0,00 €	50,00 €
d)	0,00 €	0,00 €
e)	0,00 €	2.000,00 €
f)	0,00 €	33,33 €
Gesamt	0,00 €	7.643,33 €

Gewinn = 12.856,67 €

zu a) Die Spende ist nicht als Betriebsausgabe abziehbar. Die 500,00 € kann Herr Bullrich in seiner Einkommensteuererklärung als Sonderausgabe geltend machen.

zu b) Der Pkw wird für drei Monate linear abgeschrieben (1.000,00 €), weiterhin ist die gezahlte Umsatzsteuer (4.560,00 €) als Betriebsausgabe abziehbar.

zu c) Für die Versicherungsprämie gilt grundsätzlich das Abflussprinzip. Es handelt sich allerdings um eine regelmäßig wiederkehrende Ausgabe. Im Zuge der 10-Tage-Regelung gilt für den Dezemberanteil (50,00 €) die wirtschaftliche Zugehörigkeit.

zu d) Die Krankenversicherung stellt eine Sonderausgabe mit Vorsorgecharakter dar und findet bei der Einkommensteuererklärung Berücksichtigung. Ein Abzug als Betriebsausgabe ist nicht möglich.

zu e) Zum Zeitpunkt des Ausscheidens wird der Restbuchwert als Betriebsausgabe erfasst, für die Zahlung inklusive der Umsatzsteuer (Istbesteuerung) gilt das Zuflussprinzip.

zu f) Der PC kann unabhängig vom Geldabfluss ab dem Monat der Anschaffung abgeschrieben werden. Die gezahlte Umsatzsteuer führt erst zum Zeitpunkt der Bezahlung zu einer Betriebsausgabe.

Zu Aufgabe 5:

Geschäftsfälle	Betriebseinnahmen	Betriebsausgaben
a)	0,00 €	0,00 €
b)	0,00 €	0,00 €
c)	0,00 €	70,00 € 19,00 €
d)	0,00 €	150,00 €
e)	2.000,00 €	950,00 € (Vorsteuer) 1.000,00 € 312,50 €
Gesamt	2.000,00 €	2.501,50 €

Gewinn = 18.298,50 €

zu a) Die geschriebene Rechnung hat noch nicht zu einer Betriebseinnahme geführt, der Ausfall ist daher nicht als Betriebsausgabe abziehbar.

zu b) Die Darlehensgewährung ist erfolgsneutral, ebenso die im Februar 2011 beginnende Rückzahlung.

zu c) Die Bewirtungskosten netto sind zu 70 % abziehbar, die gezahlte Umsatzsteuer (Vorsteuer) ist komplett in Abzug zu bringen.

zu d) Der PC befindet sich im Sammelposten (Pool) und wird planmäßig für ein Jahr mit 20 % abgeschrieben. Trotz des Ausscheidens verbleibt der Rechner wertmäßig im Pool.

zu e) 40 % der Anschaffungskosten sind hinzuzurechnen, die Differenz (500,00 €) ist für das Jahr 2009 nachzuversteuern. Die lineare Abschreibung beträgt 312,50 €, die Sonderabschreibung 1.000,00 €. Auf die gewinnmindernde Herabsetzung wurde verzichtet.

Zu Aufgabe 6:

Geschäftsfälle	Betriebseinnahmen	Betriebsausgaben	
a)	0,00 €	95,00 €	
b)	0,00 €	306,25 € 1.862,00 €	
c)	0,00 €	60,00 € 57,00 €	(300,00 €)*
Gesamt	0,00 €	2.380,25 €	(2.620,25 €)*

Gewinn = 20.319,75 € (20.079,75 €)*

* Werte in Klammern mit 410,00-€-Wahlrecht

zu a) Geldabflüsse für nicht abnutzbare Anlagegüter führen nicht zu einer Betriebsausgabe, Abschreibungen können bei Grundstücken nicht vorgenommen werden. Die Grunderwerbsteuer, die Gerichts- und Notargebühren gehören zu den Anschaffungskosten. Das Grundstück ist mit 31.950,00 € in das Anlageverzeichnis zu übernehmen. Eine Betriebsausgabe entsteht erst mit dem Verkauf des Grundstücks. Lediglich die an den Notar gezahlte Umsatzsteuer (Vorsteuer) führt zu einer Betriebsausgabe.

zu b) Nach Skontoabzug betragen die Anschaffungskosten der Maschine 9.800,00 €. Die Abschreibung wird für drei Monate vorgenommen. Die Umsatzsteuer (Vorsteuer) reduziert sich ebenfalls um 2 % und ist mit 1.862,00 € als Betriebsausgabe abziehbar.

zu c) Das Faxgerät wird im Jahr der Anschaffung in den Sammelposten (Pool) eingestellt und mit 20 % abgeschrieben. Die gezahlte Umsatzsteuer (Vorsteuer) gehört ebenfalls zu den Betriebsausgaben. Alternativ hätte das Faxgerät im Jahr 2010 komplett abgeschrieben werden können (410,00-€-Regel).

Zu Aufgabe 7:

Geschäftsfälle	Betriebseinnahmen	Betriebsausgaben
a)	0,00 €	500,00 €
b)	0,00 €	250,00 €
c)	0,00 €	0,00 €
d)	0,00 €	0,00 €
e)	800,00 € 152,00 €	0,00 €
f)	2.568,00 € 390,34 €	0,00 €
g)	0,00 €	0,00 €
h)	0,00 €	0,00 €
Gesamt	3.910,34 €	750,00 €

Gewinn = 14.460,34 €

zu a) Das Disagio ist zum Zeitpunkt der Darlehensaufnahme als Betriebsausgabe zu berücksichtigen. Die Zinsen werden erst im Zeitpunkt der Bezahlung als Betriebsausgabe erfasst.

zu b) Der Restbuchwert der Büroausstattung ist zum Zeitpunkt des Verkaufs Betriebsausgabe. Für den Verkaufspreis inklusive Umsatzsteuer gilt das Zuflussprinzip. Bei der Umsatzsteuer entsteht die Schuld bereits mit der Leistungserbringung, die 76,00 € sind bereits im Jahr 2010 anzumelden. Für die im Januar 2011 abgeführte Umsatzsteuer findet die 10-Tage-Regelung keine Anwendung (siehe Aufgabenstellung).

zu c) Wertminderungen, die nicht zu einer Verkürzung der betriebsgewöhnlichen Nutzungsdauer führen, finden bei der Einnahmen-Überschuss-Rechnung keine Beachtung. Teilwertabschreibungen sind nur im Zuge einer kaufmännischen Buchführung möglich.

zu d) Für die Mietzahlung gilt die 10-Tage-Regelung. Die Überweisung im Jahr 2010 ist dem Zeitpunkt der wirtschaftlichen Zugehörigkeit zuzurechnen. Dieser liegt im Jahr 2011.

zu e) Relevant für die fiktive Betriebseinnahme ist der Nettoeinkaufspreis, zusätzlich ist auf diesen Betrag Umsatzsteuer zu entrichten. Diese ist ebenfalls als fiktive Betriebseinnahme zu deklarieren.

zu f) Die private Nutzung des Betriebs-Pkws ist mit der 1 %-Regelung zu ermitteln. Der Bruttopreis des Pkws betrug 18.000,00 € + 3.420,00 € = 21.420,00 €.

1 %-Regelung:

1 % von 21.400,00 € · 12 Monate	2.568,00 €
− 20 % Abschlag für nicht mit Vorsteuer belastete Kosten	513,60 €
= Bemessungsgrundlage für die Umsatzsteuer	2.054,40 €
→ 19 % Umsatzsteuer	390,34 €

zu g) Bei der Einnahmen-Überschuss-Rechnung gilt das Zuflussprinzip, die Betriebseinnahme wird erst im Jahr 2011 erfasst. In der Umsatzsteuervoranmeldung ist die Umsatzsteuer in Höhe von 760,00 € bereits im Jahr 2010 zu erklären (Sollbesteuerung).

zu h) Die Betriebsausgabe ist erst im Zeitpunkt des Abflusses im Jahr 2011 anzusetzen. In der Umsatzsteuervoranmeldung für das vierte Quartal 2010 ist die im Rechnungsbetrag enthaltene Umsatzsteuer bereits zu erklären, da die Leistung erbracht wurde und die Rechnung vorliegt.

Ihr Weg durch ElsterOnline am Beispiel der Lohnsteuer-Anmeldung

Mit dem Programm Elster-Online können bzw. müssen Sie Ihre Anmeldungen und Formulare online an das Finanzamt übermitteln.

Geben Sie hierfür **www.elsteronline.de** ein.

Sie gelangen auf den Startbildschirm (Abbildung 1).

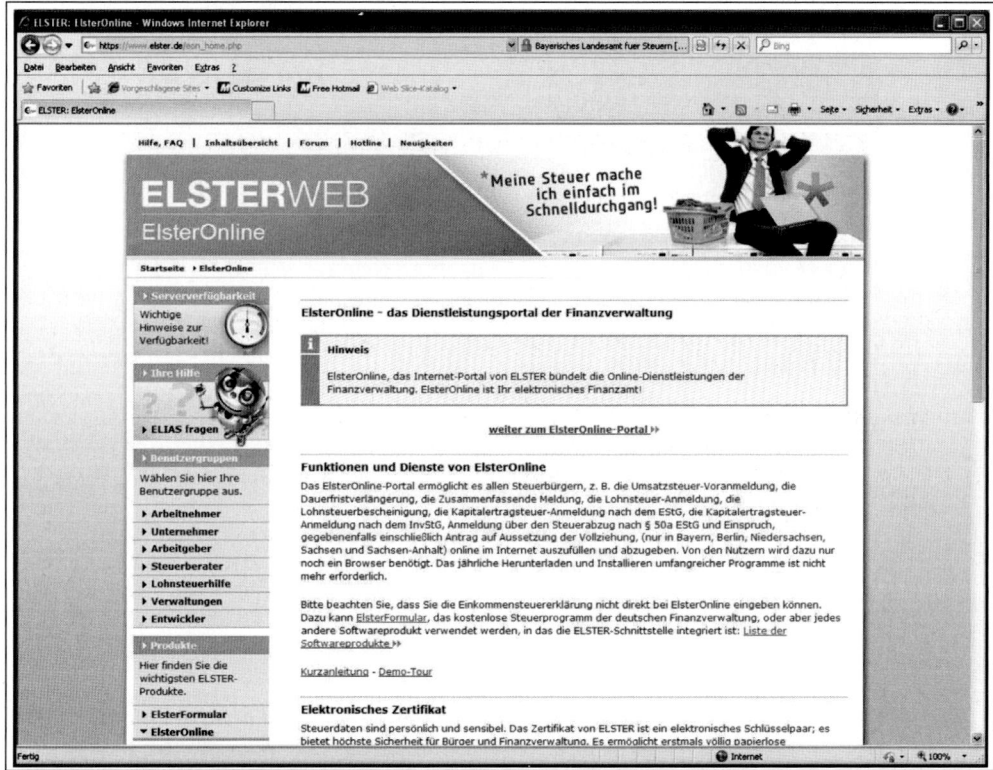

Abb. 1

Klicken Sie auf „weiter zum ElsterOnline-Portal".

Sie gelangen zum ElsterOnline-Portal (Abbildung 2).

Abb. 2

(Sofern Sie ElsterOnline zum ersten Mal besuchen, müssen Sie sich registrieren. Hierfür klicken Sie im „Öffentlichen Bereich" auf „Registrierung". Sie werden dann von ElsterOnline durch die Registrierungsprozedur geführt, die aus Sicherheitsgründen mit einem umfangreichen Mail- und Postaustausch verbunden ist [nicht abgebildet]. Am Ende der Registrierung erhalten Sie ein Sicherheitszertifikat in Form einer Datei von den Finanzbehörden. Diese Datei wird später beim Login benötigt.)

Markieren Sie im Bereich „Login" das Software-Zertifikat und klicken Sie anschließend auf „Login".

Sie gelangen zur ElsterOnline-Anmeldung (Abbildung 3).

Abb. 3

Hier öffnen Sie in der ersten Zeile ihr Zertifikat, das auf Ihrem Rechner hinterlegt sein muss. In der zweiten Zeile geben Sie Ihr Passwort ein und klicken anschließend auf „Login".

203

Sie gelangen in Ihren persönlichen Bereich (Abbildung 4).

Abb. 4

Klicken Sie in „Privater Bereich" auf „Formulare".

Sie gelangen zur Formularauswahl (Abbildung 5).

Abb. 5

Klicken Sie auf „Lohnsteuer".

Klicken Sie anschließend im folgenden Bildschirm (Abbildung 6) auf „Lohnsteuer-Anmeldung."

Abb. 6

Sie gelangen zur Lohnsteuer-Anmeldung (Abbildung 7), in der zuerst allgemeine Angaben zu machen sind.

Abb. 7

Klicken Sie anschließend auf „weiter".

Sie gelangen zur Auswahl der Formularseiten (Abbildung 8).

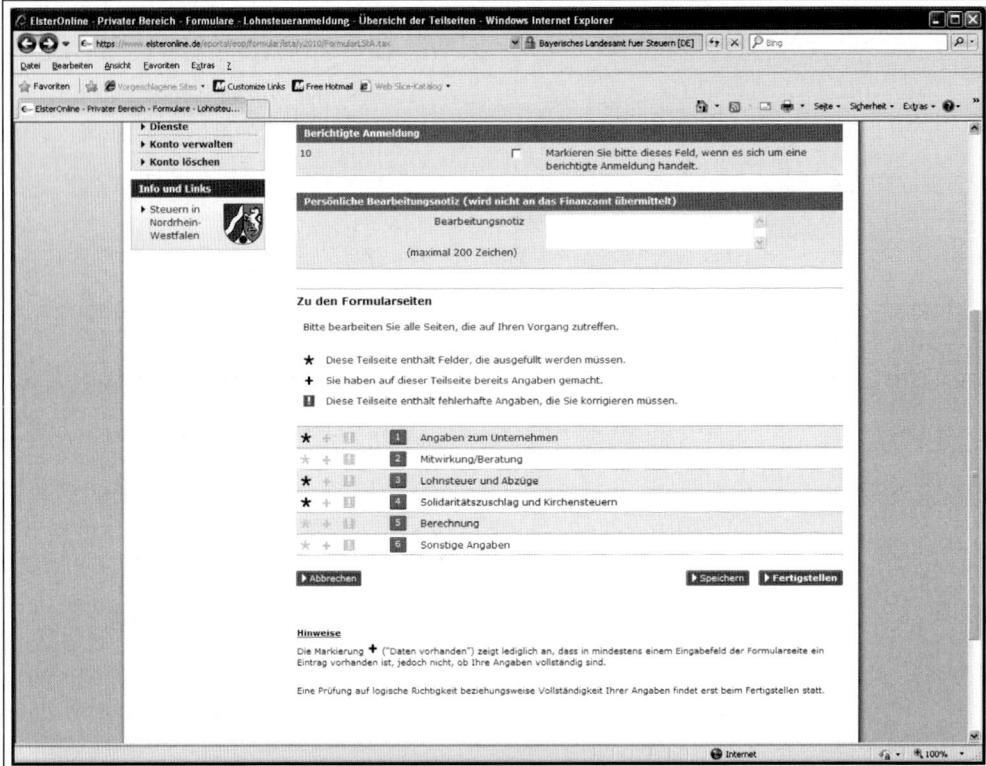

Abb. 8

Klicken Sie auf die „1", es öffnet sich die Seite, auf der Sie Angaben zum Unternehmen machen müssen (Abbildung 9), insbesondere zur Anzahl der Mitarbeiter.

Abb. 9

Klicken Sie auf „nächste Seite", es erscheint der Bildschirm, auf dem Sie Angaben zur steuerlichen Mitwirkung/Beratung machen können (Abbildung 10).

14 Froemer - ISBN 978-3-8120-0649-1

Da Sie nach dem Studium des Buches keine steuerliche Beratung mehr benötigen, bleibt diese Seite leer.

Abb. 10

Klicken Sie auf „nächste Seite", sie gelangen zum Bildschirm, auf dem die Lohnsteuer (und nur diese) einzutragen ist (Abbildung 11).

210

In diesem Fall wurden 1.240,00 eingetragen (siehe Beispiel auf der Seite 122).

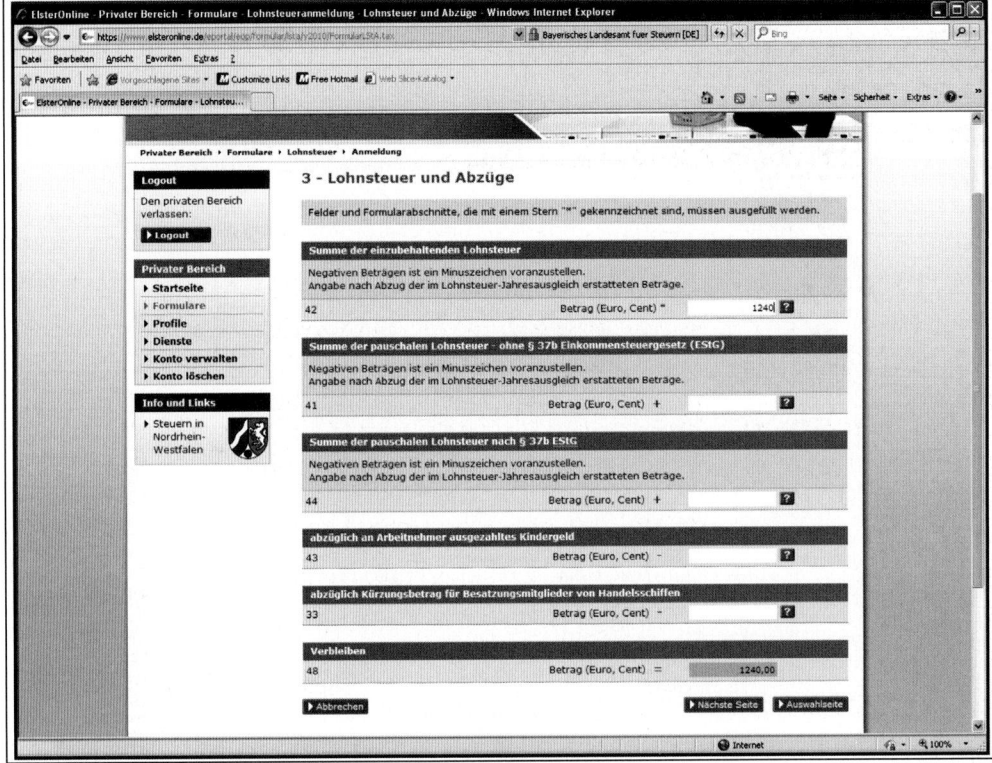

Abb. 11

Der Klick auf „nächste Seite" führt Sie zu dem Bildschirm, auf dem der Solidaritätszuschlag und die Kirchensteuer anzugeben sind (Abbildung 12).

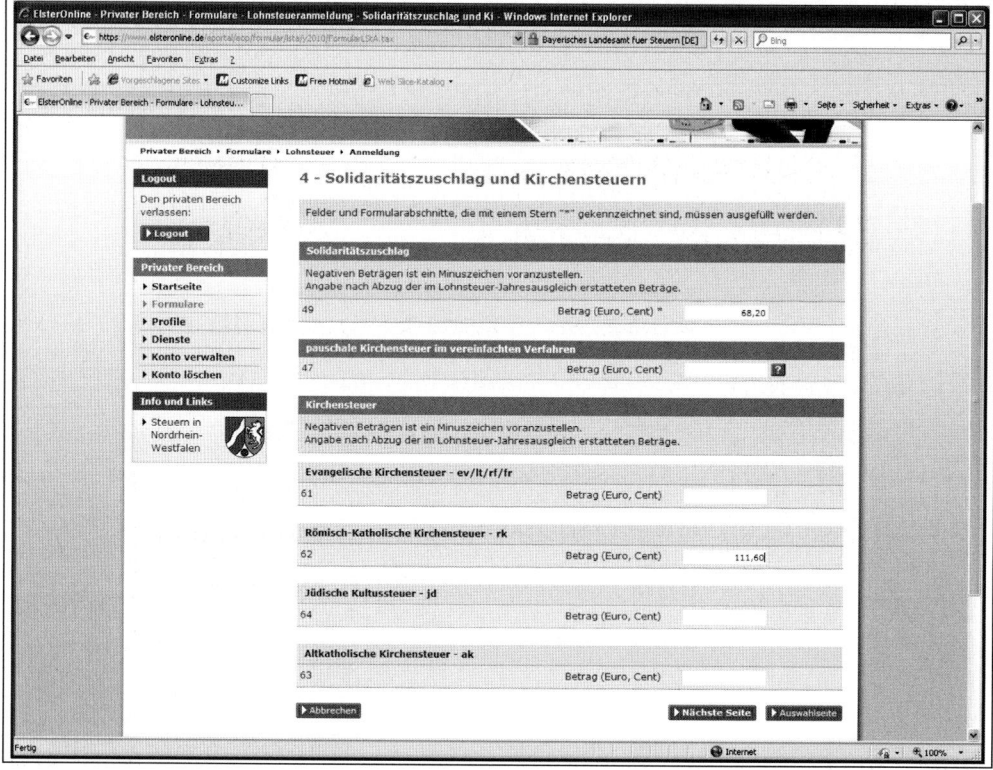

Abb. 12

Der erneute Klick auf „nächste Seite" führt Sie zu dem Bildschirm, auf dem die Gesamtsteuer berechnet wird, Eintragungen sind nicht vorzunehmen (Abbildung 13).

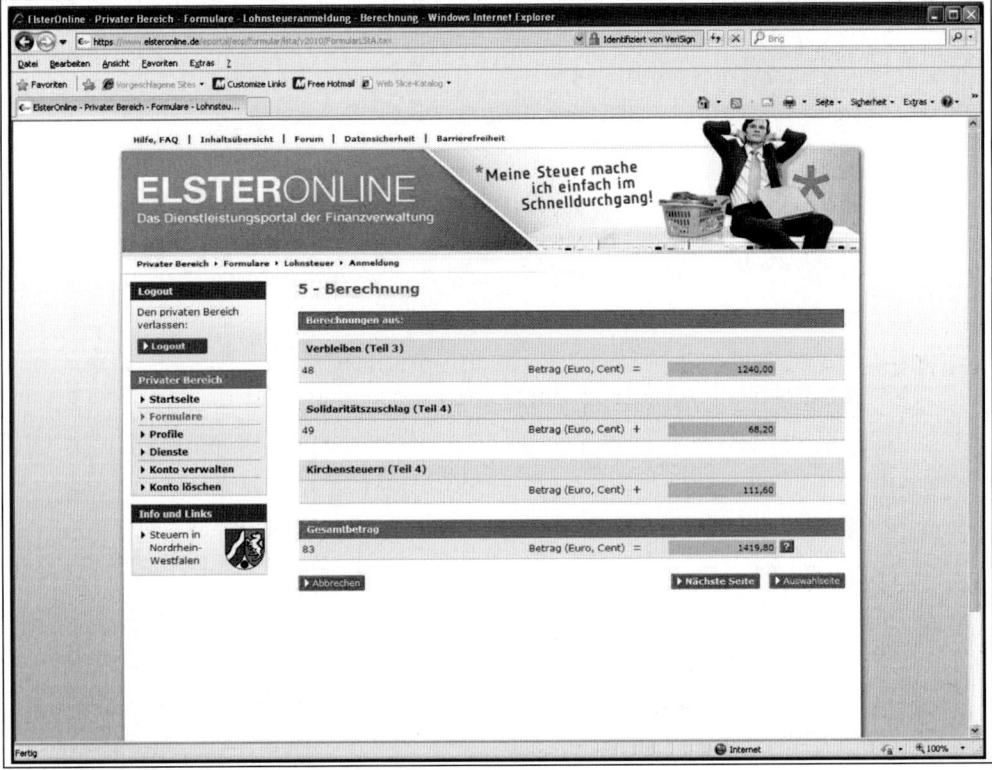

Abb. 13

Klicken Sie wiederum auf „nächste Seite", Sie gelangen in den Bereich, in dem sonstige Angaben zu machen sind.

Mit Klick auf „Auswahlseite" gelangen Sie zurück zur Auswahl der Formularseiten, die Sie bereits kennen (siehe Abbildung 8).

Wenn Sie jetzt auf „Fertigstellen" klicken, ist Ihre Arbeit beendet. Sie erhalten von ElsterOnline zuerst eine Versandbestätigung, zu einem späteren Zeitpunkt können Sie das bestätigte Anmelde-Formular ausdrucken (ähnlich Seite 122).

Anleitung zum Vordruck
„Einnahmenüberschussrechnung – Anlage EÜR" 2010
(Gewinnermittlung nach § 4 Abs. 3 EStG)

Liegen Ihre Betriebseinnahmen für diesen Betrieb unter der Grenze von 17.500 €, wird es nicht beanstandet, wenn Sie der Steuererklärung anstelle des Vordrucks eine formlose Gewinnermittlung beifügen.

Die Anleitung soll Ihnen das Ausfüllen des Vordrucks erleichtern.

Der Vordruck steht mit einer Berechnungsfunktion auch unter der Internetadresse www.elster.de für eine elektronische Übermittlung zur Verfügung. Weitere Hinweise entnehmen Sie bitte der Anleitung zur Einkommensteuer- oder Körperschaftsteuererklärung bzw. Erklärung zur gesonderten – und einheitlichen – Feststellung von Grundlagen für die Einkommensbesteuerung.

Abkürzungsverzeichnis

Abs.	Absatz	EStR	Einkommensteuer-Richtlinien
AfA	Absetzung für Abnutzung	GWG	Geringwertige Wirtschaftsgüter
AO	Abgabenordnung	H	Hinweise (im Amtlichen Einkommensteuer-Handbuch)
BFH	Bundesfinanzhof	Kj.	Kalenderjahr
BMF	Bundesministerium der Finanzen	KStG	Körperschaftsteuergesetz
BGBl	Bundesgesetzblatt	LStR	Lohnsteuer-Richtlinien
BStBl	Bundessteuerblatt	R	Richtlinien (im Amtlichen Einkommensteuer-Handbuch)
EStDV	Einkommensteuer-Durchführungsverordnung	UStDV	Umsatzsteuer-Durchführungsverordnung
EStG	Einkommensteuergesetz	UStG	Umsatzsteuergesetz
EStH	Amtliches Einkommensteuer-Handbuch	Wj.	Wirtschaftsjahr

Nach § 60 Abs. 4 EStDV ist der Steuererklärung eine Gewinnermittlung nach amtlich vorgeschriebenem Vordruck beizufügen, wenn der Gewinn nach § 4 Abs. 3 EStG durch den Überschuss der Betriebseinnahmen über die Betriebsausgaben ermittelt wird. Für jeden Betrieb ist eine separate Einnahmenüberschussrechnung abzugeben.

Nur bei Gesellschaften/Gemeinschaften:
Für die einzelnen Beteiligten sind die Ermittlungen der Sonderbetriebseinnahmen und -ausgaben sowie die Ergänzungsrechnungen und Schuldzinsenermittlungen nach § 4 Abs. 4a EStG gesondert einzureichen.

Die Abgabepflicht gilt auch für **Körperschaften** (§ 31 KStG), die nicht zur Buchführung verpflichtet sind. Steuerbegünstigte Körperschaften brauchen den Vordruck nur dann abzugeben, wenn die Einnahmen einschließlich der Umsatzsteuer aus steuerpflichtigen wirtschaftlichen Geschäftsbetrieben die Besteuerungsgrenze von insgesamt 35.000 € im Jahr übersteigen. Einzutragen sind die Daten des einheitlichen steuerpflichtigen wirtschaftlichen Geschäftsbetriebs (§ 64 Abs. 2 AO). Die Wahlmöglichkeiten des § 64 Abs. 5 AO (Ansatz des Gewinns mit dem branchenüblichen Reingewinn bei der Verwertung unentgeltlich erworbenen Altmaterials) und des § 64 Abs. 6 AO (Gewinnpauschalierung bei bestimmten wirtschaftlichen Geschäftsbetrieben, die eng mit der steuerbegünstigten Tätigkeit oder einem Zweckbetrieb verbunden sind) bleiben unberührt. Der mit dem Vordruck EÜR ermittelte Gewinn braucht deshalb nicht mit dem bei der Besteuerung anzusetzenden Gewinn übereinzustimmen.

Allgemeine Angaben (Zeilen 1 bis 7)

Tragen Sie die **Steuernummer**, unter der der Betrieb geführt wird, und die **Art des Betriebs** bzw. der Tätigkeit (Schwerpunkt) in die entsprechenden Felder ein.

Für die Zuordnung zur Einkunftsart und steuerpflichtigen Person (kann auch eine Gesellschaft Gemeinschaft sein) verwenden Sie bitte folgende Ziffern:

	Stpfl./ Ehemann	Ehefrau	Ehegatten- Mitunternehmerschaft
Einkünfte aus Land- und Forstwirtschaft	1	2	7
Einkünfte aus Gewerbe- betrieb	3	4	8
Einkünfte aus selbstän- diger Tätigkeit	5	6	9

Zeile 4

In der Zeile 4 sind nur Eintragungen vorzunehmen, wenn das Wj. vom Kj. abweicht. Für land- und forstwirtschaftliche Betriebe ist stets eine Eintragung erforderlich.

Zeile 7

Hier ist zwingend anzugeben, ob im Gewinnermittlungszeitraum Grundstücke oder grundstücksgleiche Rechte entnommen oder veräußert wurden.

Betriebseinnahmen (Zeilen 8 bis 20)

Betriebseinnahmen sind grundsätzlich im Zeitpunkt des Zuflusses zu erfassen. Ausnahmen ergeben sich aus § 11 Abs. 1 EStG.

Zeile 8

Hier tragen **umsatzsteuerliche Kleinunternehmer** ihre Betriebseinnahmen (ohne Beträge aus Zeilen 15 bis 18) mit dem Bruttobetrag ein.

Sie sind Kleinunternehmer, wenn Ihr Gesamtumsatz (§ 19 UStG) im vorangegangenen Kj. 17.500 € nicht überstiegen hat und im laufenden Kj. voraussichtlich 50.000 € nicht übersteigen wird und Sie nicht zur Umsatzsteuerpflicht optiert haben. Kleinunternehmer dürfen für ihre Umsätze, z.B. beim Verkauf von Waren oder der Erbringung von Dienstleistungen, keine Umsatzsteuer gesondert in Rechnung stellen.

Zeile 9

Die in § 19 Abs. 3 Satz 1 Nr. 1 und 2 UStG bezeichneten Umsätze sind nachrichtlich zu erfassen. Eintragungen zu den Zeilen 10 bis 14 entfallen.

Zeile 10

Diese Zeile ist **nur von Land- und Forstwirten** auszufüllen, deren Umsätze nicht nach den allgemeinen Vorschriften des UStG zu versteuern sind. Einzutragen sind die Bruttowerte (ohne Beträge aus Zeilen 16 bis 18). Umsätze, die nach den allgemeinen Vorschriften des UStG zu versteuern sind, sind in den Zeilen 11 bis 18 einzutragen.

Zeile 11

Tragen Sie hier sämtliche umsatzsteuerpflichtigen Betriebseinnahmen (ohne Beträge aus Zeilen 16 bis 18) jeweils ohne Umsatzsteuer (netto) ein. Die auf diese Betriebseinnahmen entfallende Umsatzsteuer ist in Zeile 14 zu erfassen.

Zeile 12

In dieser Zeile sind die nach § 4 UStG umsatzsteuerfreien (z.B. Zinsen) und die nicht umsatzsteuerbaren Betriebseinnahmen (z.B. Entschädigungen, öffentliche Zuschüsse wie Forstbeihilfen, Zuschüsse zur Flurbereinigung, Zinszuschüsse oder sonstige Subventionen) – ohne Beträge aus Zeilen 16 bis 18 – anzugeben. Außerdem sind in dieser Zeile die Betriebseinnahmen einzutragen, für die der Leistungsempfänger die Umsatzsteuer nach § 13b UStG schuldet.

Zeile 14

Die vereinnahmten Umsatzsteuerbeträge auf die Betriebseinnahmen der Zeilen 11 und 16 gehören im Zeitpunkt ihrer Vereinnahmung sowie die Umsatzsteuer auf unentgeltliche Wertabgaben der Zeilen 17 und 18 im Zeitpunkt ihrer Entstehung zu den Betriebseinnahmen und sind in dieser Zeile einzutragen.

Zeile 16

Tragen Sie hier bei Veräußerung von Wirtschaftsgütern des Anlagevermögens (z.B. Maschinen, Kfz) den Erlös jeweils ohne Umsatzsteuer ein. Pauschalierende **Land- und Forstwirte** (§ 24 UStG) tragen hier die Bruttowerte ein. Bei Entnahme ist in der Regel der Teilwert anzusetzen. Teilwert ist der Betrag, den ein Erwerber des ganzen Betriebs im Rahmen des Gesamtkaufpreises für das einzelne Wirtschaftsgut ansetzen würde; dabei ist davon auszugehen, dass der Erwerber den Betrieb fortführt.

Zeile 17

Nutzen Sie ein zum Betriebsvermögen gehörendes Fahrzeug auch zu privaten Zwecken, ist der private Nutzungswert als Betriebseinnahme zu erfassen.

Für Fahrzeuge, die zu mehr als 50 % betrieblich genutzt werden, ist grundsätzlich der Wert pauschal nach dem folgenden Beispiel (sog. 1 %-Regelung gem. § 6 Abs. 1 Nr. 4 EStG) zu ermitteln:

Bruttolistenpreis	x	Kalendermonate	x	1%	=	Nutzungswert
20.000 €	x	12	x	1%	=	2.400 €

Anleitung zu Anlage EÜR Juni 2010

Begrenzt wird dieser Betrag durch die sog. Kostendeckelung (vgl. Zeile 55). Für Umsatzsteuerzwecke kann aus Vereinfachungsgründen von dem Nutzungswert für die nicht mit Vorsteuern belasteten Kosten ein Abschlag von 20 % vorgenommen werden. Die auf den restlichen Betrag entfallende Umsatzsteuer ist in Zeile 14 mit zu berücksichtigen.

Alternativ hierzu können Sie den tatsächlichen privaten Nutzungsanteil an den Gesamtkosten des/der jeweiligen Kfz (vgl. Zeilen 28, 42 und 54) durch Führen eines Fahrtenbuches ermitteln. Der private Nutzungswert eines Fahrzeugs, das nicht zu mehr als 50 % betrieblich genutzt wird, ist mit dem auf die nicht betrieblichen Fahrten entfallenden Anteil an den Gesamtaufwendungen für das Kfz zu bewerten.

Weitere Erläuterungen finden Sie in dem BMF-Schreiben vom 18.11.2009, BStBl I S. 1326.

Bei **steuerbegünstigten Körperschaften** ist die Nutzung außerhalb des steuerpflichtigen wirtschaftlichen Geschäftsbetriebs anzugeben.

Zeile 18

In diese Zeile sind die Privatanteile (jeweils ohne Umsatzsteuer) einzutragen, die für Sach-, Nutzungs- oder Leistungsentnahmen anzusetzen sind (z.B. Warenentnahmen, private Telefonnutzung, private Nutzung von betrieblichen Maschinen oder die Ausführung von Arbeiten am Privatgrundstück durch Arbeitnehmer des Betriebs). Bei Aufwandsentnahmen sind die entstandenen Selbstkosten (Gesamtaufwendungen) anzusetzen. Die darauf entfallende Umsatzsteuer ist in Zeile 14 zu berücksichtigen.

Bei **Körperschaften** sind die Entnahmen für außerbetriebliche Zwecke bzw. verdeckte Gewinnausschüttungen einzutragen.

Betriebsausgaben (Zeilen 21 bis 57)

Betriebsausgaben sind grundsätzlich im Zeitpunkt des Abflusses zu erfassen. Ausnahmen ergeben sich aus § 11 Abs. 2 EStG.

Die nachstehend aufgeführten Betriebsausgaben sind grundsätzlich mit dem Nettobetrag anzusetzen. Die abziehbaren Vorsteuerbeträge sind in Zeile 44 einzutragen. Kleinunternehmer geben den Bruttobetrag an. Gleiches gilt für Steuerpflichtige, die den Vorsteuerabzug nach den §§ 23, 23a und 24 Abs. 1 UStG pauschal vornehmen. Damit entfällt insoweit eine Eintragung in Zeile 44.

Unterhält eine **steuerbegünstigte Körperschaft** ausschließlich steuerpflichtige wirtschaftliche Geschäftsbetriebe, bei denen der Gewinn mit dem branchenüblichen Reingewinn oder pauschal mit 15 % der Einnahmen angesetzt wird, sind keine Angaben zu Betriebsausgaben erforderlich.

Die Vorschriften der §§ 4h EStG, 8a KStG (Zinsschranke) sind zu beachten.

Zeile 21

Nach H 18.2 EStH können bei hauptberuflicher selbständiger schrift-

stellerischer oder journalistischer Tätigkeit pauschal 30 % der Betriebseinnahmen, maximal 2.455 € jährlich, aus wissenschaftlicher, künstlerischer und schriftstellerischer Nebentätigkeit sowie aus nebenamtlicher Lehr- und Prüfungstätigkeit pauschal 25 % der angefallenen Betriebseinnahmen, maximal 614 € jährlich, statt der tatsächlich angefallenen Betriebsausgaben geltend gemacht werden (weiter mit Zeile 57).

Die Freibeträge nach § 3 Nr. 26 EStG für bestimmte nebenberufliche Tätigkeiten in Höhe von 2.100 € (Übungsleiterfreibetrag) und nach § 3 Nr. 26a EStG für andere nebenberufliche Tätigkeiten im gemeinnützigen Bereich in Höhe von 500 € sind hier ebenfalls einzutragen, wenn keine höheren tatsächlichen Betriebsausgaben zu berücksichtigen sind.

Zeile 22

Die **sachlichen Bebauungskosten** umfassen im Falle der Pauschalierung die mit der Erzeugung landwirtschaftlicher Produkte in Zusammenhang stehenden Kosten wie zum Beispiel Düngung, Pflanzenschutz, Versicherungen, Beiträge, die Umsatzsteuer auf angeschaffte Anlagegüter und die Kosten für den Unterhalt/Betrieb von Wirtschaftsgebäuden, Maschinen und Geräten. Hierzu gehören auch weitere sachliche Kosten wie z.B. Ausbaukosten bei selbst ausbauenden Weinbaubetrieben oder die Kosten für Flaschenweinausbau.

Die AfA für angeschaffte oder hergestellte Wirtschaftsgüter kann nicht pauschaliert werden und ist in den Zeilen 26 bis 34 einzutragen.

Soweit Betriebsausgaben **nicht** zu den sachlichen Bebauungskosten gehören und in Zeile 23 ff. nicht aufgeführt sind, können diese in Zeile 47 eingetragen werden. Hierunter fallen z.B. Aufwendungen für Flurbereinigung und Wegebau, sonstige Grundbesitzabgaben, Aufwendungen für den Vertrieb der Erzeugnisse, Hagelversicherungsbeiträge u. ä.

Bei forstwirtschaftlichen Betrieben kann in Zeile 22 eine **Betriebsausgabenpauschale** von 65 % der Einnahmen aus der Holznutzung abgezogen werden (§ 51 EStDV). Die Pauschale beträgt 40 %, soweit das Holz auf dem Stamm verkauft wird. Durch die Anwendung der jeweiligen Pauschale sind die Betriebsausgaben einschließlich der Wiederaufforstungskosten unabhängig vom Wj. ihrer Entstehung abgegolten.

Zeile 23

Bitte beachten Sie, dass die Anschaffungs-/Herstellungskosten für bestimmte Wirtschaftsgüter des Umlaufvermögens (vor allem Anteile an Kapitalgesellschaften, Wertpapiere, Grund und Boden, Gebäude) erst im Zeitpunkt des Zuflusses des Veräußerungserlöses/der Entnahme aus dem Betriebsvermögen als Betriebsausgabe zu erfassen sind.

Zeile 24

Zu erfassen sind die von Dritten erbrachten Dienstleistungen, die in unmittelbarem Zusammenhang mit dem Betriebszweck stehen (z.B. Fremdleistungen für Erzeugnisse und andere Umsatzleistungen).

Zeile 25

Tragen Sie hier Betriebsausgaben für Gehälter, Löhne und Versicherungsbeiträge für Ihre Arbeitnehmer ein. Hierzu rechnen sämtliche Bruttolohn- und Gehaltsaufwendungen einschließlich der gezahlten Lohnsteuer (auch Pauschalsteuer nach § 37b EStG) und anderer Nebenkosten.

Absetzung für Abnutzung (Zeilen 26 bis 35)

Die nach dem 05.05.2006 angeschafften, hergestellten oder in das Betriebsvermögen eingelegten Wirtschaftsgüter des Anlage- sowie bestimmte Wirtschaftsgüter des Umlaufvermögens sind mit den Anschaffungs-/Herstellungsdatum den Anschaffungs-/Herstellungskosten und den vorgenommenen Abschreibungen in besondere, laufend zu führende Verzeichnisse aufzunehmen (§ 4 Abs. 3 Satz 5 EStG, R 4.5 Abs. 3 EStR). Bei Umlaufvermögen gilt diese Verpflichtung vor allem für Anteile an Kapitalgesellschaften, Wertpapiere, Grund und Boden sowie Gebäude.

Für zuvor angeschaffte, hergestellte oder in das Betriebsvermögen eingelegte Wirtschaftsgüter gilt dies nur für nicht abnutzbare Wirtschaftsgüter des Anlagevermögens.

Zeilen 26 bis 28

Die Anschaffungs-/Herstellungskosten von selbständigen, abnutzbaren Wirtschaftsgütern sind grundsätzlich im Wege der AfA über die betriebsgewöhnliche Nutzungsdauer zu verteilen. Wirtschaftsgüter sind abnutzbar, wenn sich deren Nutzbarkeit infolge wirtschaftlichen oder technischen Wertverzehrs erfahrungsgemäß auf einen beschränkten Zeitraum erstreckt. Grund und Boden gehört zu den nicht abnutzbaren Wirtschaftsgütern.

Immaterielle Wirtschaftsgüter sind z.B. erworbene Firmen- oder Praxiswerte.

Falls neben der normalen AfA weitere Abschreibungen (z.B. außergewöhnliche Abschreibungen) erforderlich werden, sind diese ebenfalls hier einzutragen.

Zeile 31

Bei beweglichen Wirtschaftsgütern, die ab dem 01.01.2008 angeschafft oder hergestellt werden, können neben der Abschreibung nach § 7 Abs. 1 oder 2 EStG im Jahr der Anschaffung/Herstellung und in den vier folgenden Jahren Sonderabschreibungen nach § 7g Abs. 5 EStG bis zu insgesamt 20 % der Anschaffungs-/Herstellungskosten in Anspruch genommen werden.

Die Sonderabschreibungen können nur in Anspruch genommen werden, wenn im Wj. vor Anschaffung oder Herstellung der Gewinn ohne Berücksichtigung des Investitionsabzugsbetrages 200.000 € nicht überschritten hat. Land- und Forstwirte überschreiten den Investitionsabzugsbetrag auch in Anspruch nehmen, wenn zwar die Gewinngrenze überschritten ist, der Wirtschaftswert bzw. Ersatzwirtschaftswert von 175.000 € aber nicht. Darüber hinaus muss das Wirtschaftsgut im Jahr der Anschaffung oder Herstellung und im darauffolgenden Wj. in einer inländischen Betriebsstät-

te Ihres Betriebs ausschließlich oder fast ausschließlich (mindestens zu 90 %) betrieblich genutzt werden (BMF-Schreiben vom 08.05.2009, BStBl I S. 633).

Für Wirtschaftsgüter, die vor dem 01.01.2008 angeschafft oder hergestellt wurden, gilt § 7g EStG in der Fassung vor dem Unternehmensteuerreformgesetz 2008 vom 14.08.2007, BGBl I S. 1912.

Zeile 32

Hier sind die Herabsetzungsbeträge nach § 7g Abs. 2 EStG einzutragen. Die Herabsetzungsbeträge nach § 7g Abs. 2 EStG sind auf gesondertem Blatt zu erläutern (vgl. Ausführungen zu Zeile 63).

Zeile 33

GWG sind selbständig nutzungsfähige, abnutzbare bewegliche Wirtschaftsgüter des Anlagevermögens, deren Anschaffungs-/Herstellungskosten, vermindert um die darin enthaltene Umsatzsteuer, bzw. deren Einlagewert 410 € nicht übersteigen. Die Anschaffungs-/Herstellungskosten dieser Wirtschaftsgüter können im Jahr der Anschaffung/Herstellung in voller Höhe als Betriebsausgaben abgezogen werden. Wenn die Anschaffungs-/Herstellungskosten 150 € übersteigen, kann stattdessen (Wahlrecht) ein Sammelposten (vgl. Zeile 34) gebildet werden.

Für diese Wirtschaftsgüter ist ein besonderes Verzeichnis laufend zu führen.

Zeile 34

Für selbständig nutzungsfähige, abnutzbare bewegliche Wirtschaftsgüter des Anlagevermögens kann im Wj. der Anschaffung, Herstellung oder Einlage ein Sammelposten gebildet werden, wenn die Anschaffungs- oder Herstellungskosten, vermindert um die darin enthaltene Umsatzsteuer, bzw. deren Einlagewert 150 € aber nicht 1.000 € übersteigen. Der Sammelposten ist im Wj. der Bildung und in den folgenden vier Wj. mit jeweils einem Fünftel gewinnmindernd aufzulösen.

Zeile 35

Scheiden Wirtschaftsgüter z.B. aufgrund Verkauf, Entnahme oder Verschrottung bei Zerstörung aus dem Betriebsvermögen aus, so ist hier der Restbuchwert als Betriebsausgabe zu berücksichtigen. Das gilt nicht für Wirtschaftsgüter des Sammelpostens. Der Restbuchwert ergibt sich regelmäßig aus den Anschaffungs-/Herstellungskosten bzw. dem Einlagewert, ggf. vermindert um die bis zum Zeitpunkt des Ausscheidens berücksichtigte AfA und ggf. Sonderabschreibungen. Für nicht abnutzbare Wirtschaftsgüter des Anlagevermögens ist der Zeitpunkt der Vereinnahmung des Veräußerungserlöses maßgebend.

Raumkosten und sonstige Grundstücksaufwendungen (Zeilen 36 bis 38)

Aufwendungen für ein häusliches Arbeitszimmer sind ausschließlich in Zeile 51 zu erfassen.

217

Zeile 37

Hier sind die Miete und sonstige Aufwendungen für eine betrieblich veranlasste doppelte Haushaltsführung einzutragen. Mehraufwendungen für Verpflegung sind nicht hier, sondern in Zeile 50 zu erfassen, Kosten für Familienheimfahrten in den Zeilen 54 bis 56.

Zeile 38

Tragen Sie hier die Aufwendungen (z.B. Grundsteuer, Instandhaltungsaufwendungen) für betrieblich genutzte Grundstücke ein. Die AfA ist in Zeile 26 zu berücksichtigen. Schuldzinsen sind in die Zeilen 42 f. einzutragen.

Sonstige unbeschränkt abziehbare Betriebsausgaben (Zeilen 39 bis 47)

Zeile 42

Tragen Sie hier die Schuldzinsen für gesondert aufgenommene Darlehen zur Finanzierung von Anschaffungs-/Herstellungskosten von Wirtschaftsgütern des Anlagevermögens ein (ohne Schuldzinsen im Zusammenhang mit dem häuslichen Arbeitszimmer – diese sind in Zeile 51 einzutragen). In diesen Fällen unterliegen die Schuldzinsen nicht der Abzugsbeschränkung. Die übrigen Schuldzinsen sind in Zeile 43 einzutragen. Diese sind bis zu einem Betrag von 2.050 € unbeschränkt abzugsfähig.

Darüber hinaus sind sie nur beschränkt abzugsfähig, wenn sog. Überentnahmen getätigt wurden.

Eine Überentnahme ist der Betrag, um den die Entnahmen die Summe aus Gewinn und Einlagen des Gewinnermittlungszeitraumes übersteigen. Die nicht abziehbaren Schuldzinsen werden dabei mit 6 % der Überentnahmen ermittelt.

Bei der Ermittlung der Überentnahmen ist vom Gewinn/Verlust vor Anwendung des § 4 Abs. 4a EStG (Zeile 70) auszugehen. Der Hinzurechnungsbetrag nach § 4 Abs. 4a EStG ist in Zeile 71 einzutragen.

Sie können die maßgebenden Beträge mit Hilfe der Anlage SZE ermitteln. Sie vermeiden Rückfragen, wenn Sie diese Berechnung dem Vordruck EÜR beifügen.

Bei Gesellschaften/Gemeinschaften sind die nicht abziehbaren Schuldzinsen gesellschafterbezogen zu ermitteln. Der nicht abziehbare Teil der Schuldzinsen ist deshalb für jeden Beteiligten gesondert zu berechnen. Der Betrag von 2.050 € ist auf die Mitunternehmer nach ihrer Schuldzinsenquote aufzuteilen. Weitere Erläuterungen dazu finden Sie im BMF-Schreiben vom 07.05.2008, BStBl I S. 588.

Die Entnahmen und Einlagen sind unabhängig von der Abzugsfähigkeit der Schuldzinsen gesondert aufzuzeichnen.

Zeile 44

Die in Eingangsrechnungen enthaltenen Vorsteuerbeträge auf die Betriebsausgaben gehören im Zeitpunkt ihrer Bezahlung zu den Betriebsausgaben und sind hier einzutragen. Dazu zählen nicht die nach Durchschnittssätzen ermittelten Vorsteuerbeträge.

Bei **steuerbegünstigten Körperschaften** sind nur die Vorsteuerbeträge für Leistungen an den steuerpflichtigen wirtschaftlichen Geschäftsbetrieb einzutragen.

Zeile 45

Die aufgrund der Umsatzsteuervoranmeldungen oder aufgrund der Umsatzsteuerjahreserklärung an das Finanzamt gezahlte und ggf. verrechnete Umsatzsteuer ist hier einzutragen. Bei mehreren Betrieben ist eine Aufteilung entsprechend der auf den einzelnen Betrieb entfallenden Zahlungen vorzunehmen.

Von **steuerbegünstigten Körperschaften** ist hier nur der Anteil einzutragen, der auf die Umsätze des steuerpflichtigen wirtschaftlichen Geschäftsbetriebs entfällt.

Zeile 47

Tragen Sie hier die übrigen unbeschränkt abziehbaren Betriebsausgaben ein, soweit diese nicht in den Zeilen 21 bis 46 berücksichtigt worden sind.

Beschränkt abziehbare Betriebsausgaben und Gewerbesteuer (Zeilen 48 bis 53)

Beschränkt abziehbare Betriebsausgaben sind in einen nicht abziehbaren und einen abziehbaren Teil aufzuteilen.

Aufwendungen für die in § 4 Abs. 7 EStG genannten Zwecke, insbesondere Geschenke und Bewirtungen, sind einzeln und getrennt von den sonstigen Betriebsausgaben aufzuzeichnen!

Zeile 48

Aufwendungen für Geschenke an Personen, die nicht Arbeitnehmer sind (z.B. an Geschäftspartner), und die ggf. darauf entfallende Pauschalsteuer nach § 37b EStG, sind nur dann abzugsfähig, wenn die Anschaffungs- oder Herstellungskosten der dem Empfänger im Gewinnermittlungszeitraum zugewendeten Gegenstände 35 € nicht übersteigen.

Die Aufwendungen dürfen nur berücksichtigt werden, wenn aus dem Beleg oder den Aufzeichnungen der Geschenkempfänger zu ersehen ist. Wenn im Hinblick auf die Art des zugewendeten Gegenstandes (z.B. Taschenkalender, Kugelschreiber) die Vermutung besteht, dass die Freigrenze von 35 € bei dem einzelnen Empfänger im Gewinnermittlungszeitraum nicht überschritten wird, ist eine Angabe der Namen der Empfänger nicht erforderlich.

Zeile 49

Aufwendungen für die Bewirtung von Personen aus geschäftlichem Anlass sind zu 70 % abziehbar und zu 30 % nicht abziehbar. Die in

Zeile 44 zu berücksichtigende hierauf entfallende Vorsteuer ist allerdings voll abziehbar.

Abziehbar zu 70 % sind nur Aufwendungen, die nach der allgemeinen Verkehrsauffassung als angemessen anzusehen und deren Höhe und betriebliche Veranlassung nachgewiesen wird. Zum Nachweis der Höhe und der betrieblichen Veranlassung sind schriftlich Angaben zu Ort, Tag, Teilnehmer und Anlass der Bewirtung sowie Höhe der Aufwendungen zu machen. Bei Bewirtung in einer Gaststätte genügen Angaben zu dem Anlass und den Teilnehmern der Bewirtung; die Rechnung über die Bewirtung ist beizufügen. Es werden grundsätzlich nur maschinell erstellte und maschinell registrierte Rechnungen anerkannt (vgl. BMF-Schreiben vom 21.11.1994, BStBl I S. 855).

Zeile 50

Verpflegungsmehraufwendungen anlässlich einer Geschäftsreise oder einer betrieblich veranlassten doppelten Haushaltsführung sind hier zu erfassen. Fahrtkosten sind in den Zeilen 54 bis 56 zu berücksichtigen. Sonstige Reise- und Reisenebenkosten tragen Sie bitte in Zeile 47 ein. Aufwendungen für die Verpflegung sind unabhängig vom tatsächlichen Aufwand nur in Höhe der Pauschbeträge abziehbar.

Pauschbeträge (für Reisen im Inland)

bei 24 Stunden Abwesenheit	24 €
bei mindestens 14 Stunden Abwesenheit	12 €
bei mindestens 8 Stunden Abwesenheit	6 €

Die Reisekosten für Ihre Arbeitnehmer tragen Sie bitte in Zeile 25 ein.

Zeile 51

Aufwendungen für ein häusliches Arbeitszimmer sowie die Kosten der Ausstattung sind zwar Betriebsausgaben, sie dürfen den Gewinn/Verlust aber dem Grundsatz nach nicht beeinflussen. Wenn das Arbeitszimmer den Mittelpunkt der gesamten betrieblichen und beruflichen Tätigkeit bildet, sind entsprechende Betriebsausgaben abziehbar.

Aufgrund des Beschlusses des BVerfG vom 06.07.2010 (2 BvL 13/09) ist eine gesetzliche Neuregelung zu erwarten. Diese stand zum Zeitpunkt des Redaktionsschlusses noch aus.

Zeile 52

In diese Zeile sind die sonstigen beschränkt abziehbaren Betriebsausgaben (z. B. Geldbußen) und die nicht abziehbaren Betriebsausgaben (z. B. Aufwendungen für Jagd oder Fischerei, für Segel- oder Motorjachten sowie für ähnliche Zwecke und die hiermit zusammenhängenden Bewirtungen) einzutragen.

Die Aufwendungen sind getrennt nach „nicht abziehbar" und „abziehbar" zu erfassen.

Aufwendungen für Wege zwischen Wohnung und Betriebsstätte sowie für Familienheimfahrten sind nicht hier, sondern in den Zeilen 54 bis 56 zu erklären.

Aufwendungen, die die Lebensführung des Steuerpflichtigen oder anderer Personen berühren, sind nicht abziehbar. Repräsentationsaufwendungen, die betrieblich veranlasst sind, sind abziehbar, soweit sie nach allgemeiner Verkehrsauffassung nicht als unangemessen anzusehen sind.

Von Gerichten oder Behörden im Inland oder von Organen der Europäischen Gemeinschaften festgesetzte Geldbußen, Ordnungsgelder oder Verwarnungsgelder sind nicht abziehbar. Von Gerichten oder Behörden anderer Staaten außerhalb der Europäischen Gemeinschaften festgesetzte Geldbußen fallen nicht unter das Abzugsverbot. In einem Strafverfahren festgesetzte Geldstrafen sind nicht abziehbar. Eine von einem ausländischen Gericht verhängte Geldstrafe kann bei Widerspruch zu wesentlichen Grundsätzen der deutschen Rechtsordnung Betriebsausgabe sein.

Zeile 53

Die Gewerbesteuer und die darauf entfallenden Nebenleistungen für Erhebungszeiträume, die nach dem 31.12.2007 enden, sind keine Betriebsausgaben. Diese Beträge sind als „nicht abziehbar" zu behandeln. Nachzahlungen für frühere Erhebungszeiträume können als Betriebsausgabe abgezogen werden. Erstattungsbeträge für Erhebungszeiträume, die nach dem 31.12.2007 enden, mindern die nicht abziehbaren Betriebsausgaben; Erstattungsbeträge für frühere Erhebungszeiträume mindern die abziehbaren Betriebsausgaben. Erstattungsüberhänge sind mit negativem Vorzeichen einzutragen.

Kraftfahrzeugkosten und andere Fahrtkosten (Zeilen 54 bis 56)

Zeile 54

Hierzu gehören alle festen und laufenden Kosten (z.B. Versicherungsbeiträge, Kraftstoffkosten, Reparaturkosten etc.) für zum Betriebsvermögen gehörende Kfz ohne AfA und Zinsen. Ebenso sind hier die Aufwendungen für alle weiteren betrieblich veranlassten Fahrten (z.B. Fahrten mit dem privaten Kfz und mit öffentlichen Verkehrsmitteln) einzutragen.

Zeile 55

Aufwendungen für Wege zwischen Wohnung und Betriebsstätte können nur eingeschränkt wie Betriebsausgaben abgezogen werden. Grundsätzlich darf nur die Entfernungspauschale wie Betriebsausgaben berücksichtigt werden (vgl. Zeile 56).

Deshalb werden hier zunächst die tatsächlichen Aufwendungen, die auf Wege zwischen Wohnung und Betriebsstätte entfallen, eingetragen. Sie mindern damit ihre tatsächlich ermittelten Gesamtaufwendungen (Betrag aus Zeile 54, zuzüglich AfA und Zinsen). Nutzen Sie ein Fahrzeug für Fahrten zwischen Wohnung und Betriebsstätte, für das die Privatnutzung nach der 1 %-Regelung ermittelt wird (vgl. Zeile 17 sowie BMF-Schreiben vom 18.11.2009, BStBl I S. 1326), ist der Kürzungsbetrag nach folgendem Muster zu berechnen:

0,03 % des Listenpreises

× Kalendermonate der Nutzung für Wege zwischen Wohnung und Betriebsstätte

× Einfache Entfernung (km) zwischen Wohnung und Betriebsstätte zuzüglich (nur bei doppelter Haushaltsführung)

0,002 % des Listenpreises

× Anzahl der Familienheimfahrten bei einer aus betrieblichem Anlass begründeten doppelten Haushaltsführung

× Einfache Entfernung (km) zwischen Beschäftigungsort und Ort des eigenen Hausstandes.

Es ist höchstens der Wert einzutragen, der sich aus der Differenz der tatsächlich ermittelten Gesamtaufwendungen (Betrag aus Zeile 54 zuzüglich AfA und Zinsen) und der Privatentnahme (Betrag aus Zeile 17) ergibt (sog. Kostendeckelung).

Führen Sie ein Fahrtenbuch, so sind die danach ermittelten tatsächlichen Aufwendungen einzutragen.

Nutzen Sie ein Fahrzeug für Fahrten zwischen Wohnung und Betriebsstätte, das nicht zu mehr als 50 % betrieblich genutzt wird, ist der Kürzungsbetrag durch sachgerechte Ermittlung nach folgendem Schema zu berechnen:

$$\text{Tatsächliche Aufwendungen} \times \frac{\text{Zurückgelegte Kilometer zwischen Wohnung und Betriebsstätte}}{\text{Insgesamt gefahrene Kilometer}}$$

Zeile 56

Unabhängig von der Art des benutzten Verkehrsmittels sind die Aufwendungen für die Wege zwischen Wohnung und Betriebsstätte und für Familienheimfahrten nur in Höhe der folgenden Pauschbeträge abziehbar (Entfernungspauschale):

Arbeitstage, an denen die Betriebsstätte aufgesucht wird, × 0,30 €/km der einfachen Entfernung zwischen Wohnung und Betriebsstätte.

Bei Familienheimfahrten beträgt die Entfernungspauschale gleichfalls 0,30 €/Entfernungskilometer.

Die Entfernungspauschale gilt nicht für Flugstrecken. Die Entfernungspauschale darf höchstens 4.500 € im Kalenderjahr betragen. Ein höherer Betrag als 4.500 € ist anzusetzen, soweit Sie ein Kfz benutzen oder bei Aufwendungen für die Benutzung öffentlicher Verkehrsmittel den als Entfernungspauschale abziehbaren Betrag übersteigen.

Tragen Sie den so ermittelten Betrag in Zeile 56 ein.

Ermittlung des Gewinns (Zeilen 61 bis 72)

Zeile 63

Wurde für ein Wirtschaftsgut der Investitionsabzugsbetrag nach § 7g Abs. 1 EStG in Anspruch genommen, so ist im Jahr der Anschaffung oder Herstellung der Investitionsabzugsbetrag (maximal 40 % der Anschaffungs-/Herstellungskosten) gewinnerhöhend hinzuzurechnen. Nach § 7g Abs. 2 Satz 2 EStG können die Anschaffungs-/Herstellungskosten des Wirtschaftsguts um bis zu 40 %, höchstens jedoch um die Hinzurechnung, gewinnmindernd herabgesetzt werden. Diese Herabsetzungsbeträge sind in Zeile 32 einzutragen. Die Bemessungsgrundlage für weitere Absetzungen und Abschreibungen verringert sich entsprechend.

Die Höhe der Beträge und die Ausübung des Wahlrechts sind für jedes einzelne Wirtschaftsgut auf gesondertem Blatt zu erläutern.

Zeile 64

Soweit die Auflösung der jeweiligen Rücklagen nicht auf der Übertragung des Veräußerungsgewinns (§§ 6b, 6c EStG) auf ein begünstigtes Wirtschaftsgut beruht, sind diese Beträge mit 6 % pro Jahr diese Bestehens zu verzinsen (Gewinnzuschlag).

Zeile 65

Ein Abzug von Kinderbetreuungskosten kommt in Betracht, wenn der Alleinerziehende einer Erwerbstätigkeit nachgeht oder bei zusammenlebenden Eltern sowohl die Mutter als auch der Vater erwerbstätig sind. Berücksichtigungsfähig sind bis zu 2/3 der Aufwendungen, höchstens 4.000 € je Kind.

Zeile 66

Steuerpflichtige können nach § 7g EStG in der Fassung des Unternehmensteuerreformgesetzes 2008 vom 14.08.2007 (BGBl. I S. 1912) für die künftige Anschaffung oder Herstellung von abnutzbaren beweglichen Wirtschaftsgütern des Anlagevermögens bis zu 40 % der voraussichtlichen Anschaffungs-/Herstellungskosten gewinnmindernd berücksichtigen (Investitionsabzugsbeträge).

Bei Einnahmenüberschussrechnung ist Voraussetzung, dass

1. der Gewinn (vor Berücksichtigung von Investitionsabzugsbeträgen) nicht mehr als 200.000 € oder der Wirtschaftswert bzw. der Ersatzwirtschaftswert bei Land- und Forstwirten nicht mehr als 175.000 € beträgt und

2. der Steuerpflichtige beabsichtigt, das Wirtschaftsgut in den folgenden drei Jahren anzuschaffen/herzustellen und

3. das Wirtschaftsgut im Jahr der Anschaffung/Herstellung und im darauf folgenden Jahr in einer inländischen Betriebsstätte dieses Betriebs ausschließlich oder fast ausschließlich (mindestens zu 90 %) betrieblich genutzt wird und

4. der Steuerpflichtige das Wirtschaftsgut seiner Funktion nach sowie die voraussichtlichen Anschaffungs-/Herstellungskosten angibt.

Die Summe der berücksichtigten Investitionsabzugsbeträge darf im Jahr des Abzugs und den drei vorangegangenen Jahren insgesamt nicht mehr als 200.000 € betragen.

Die Höhe der Beträge ist für jedes einzelne Wirtschaftsgut auf gesondertem Blatt zu erläutern. Dabei ist jedes Wirtschaftsgut einzeln seiner Funktion nach und mit den voraussichtlichen Anschaffungs-/Herstellungskosten zu benennen (vgl. BMF-Schreiben vom 08.05.2009, BStBl I S. 633).

Zeile 67

Beim Übergang von der Gewinnermittlung durch Betriebsvermögensvergleich bzw. nach Durchschnittssätzen zur Gewinnermittlung nach § 4 Abs. 3 EStG sind die durch den Wechsel der Gewinnermittlungsart bedingten Hinzurechnungen und Abrechnungen im ersten Jahr nach dem Übergang zur Gewinnermittlung nach § 4 Abs. 3 EStG vorzunehmen.

Bei Aufgabe oder Veräußerung des Betriebs ist eine Schlussbilanz nach den Grundsätzen des Betriebsvermögensvergleichs zu erstellen. Ein entsprechender Übergangsgewinn/-verlust ist ebenfalls hier einzutragen.

Zeile 69

Nach § 3 Nr. 40 EStG und § 8b KStG werden die dort aufgeführten Erträge (teilweise) steuerfrei gestellt. Damit in Zusammenhang stehende Aufwendungen werden nach § 3c Abs. 2 EStG und § 8b KStG (teilweise) nicht zum Abzug zugelassen. Der Saldo aus den Erträgen und den Aufwendungen ist als Gesamtbetrag zu erklären. Der steuerlich nicht zu berücksichtigende Teil ist mit entsprechendem Vorzeichen als Korrekturbetrag anzugeben.

Ergänzende Angaben (Zeilen 73 bis 79)

Rücklagen, stille Reserven und Ansparabschreibungen (Zeilen 73 bis 77)

Zeile 73

Rücklage nach § 6c i.V.m. § 6b EStG

Bei der Veräußerung von Anlagevermögen ist der Erlös in Zeile 16 als Einnahme zu erfassen. Sie haben dann die Möglichkeit, bei bestimmten Wirtschaftsgütern (z.B. Grund und Boden, Gebäude, Aufwuchs) den entstehenden Veräußerungsgewinn (sog. stille Reserven) von den Anschaffungs-/Herstellungskosten angeschaffter oder hergestellter Wirtschaftsgüter abzuziehen (vgl. Zeile 74). Soweit Sie diesen Abzug nicht im Gewinnermittlungszeitraum der Veräußerung vorgenommen haben, können Sie den Veräußerungsgewinn in eine steuerfreie Rücklage einstellen, die als Betriebsausgabe behandelt wird. Die Anschaffung/Herstellung muss innerhalb von vier (bei Gebäuden sechs) Jahren nach Veräußerung erfolgen. Ancernfalls ist eine Verzinsung der Rücklage vorzunehmen (vgl. Zeile 64). Die Rücklage ist in diesen Fällen gewinnerhöhend aufzulösen.

Rücklage für Ersatzbeschaffung nach R 6.6 EStR

Erhalten Sie Entschädigungszahlungen für Wirtschaftsgüter, die aufgrund höherer Gewalt (z.B. Brand, Sturm, Überschwemmung, Diebstahl, unverschuldeter Unfall) oder zur Vermeidung eines behördlichen Eingriffs (z.B. Enteignung) aus dem Betriebsvermögen ausgeschieden sind, können Sie den entstehenden Gewinn in eine Rücklage für Ersatzbeschaffung nach R 6.6 EStR gewinnmindernd einstellen. Die Frist zur Übertragung auf die Anschaffungs-/Herstellungskosten eines funktionsgleichen Wirtschaftsguts beträgt für bewegliche Wirtschaftsgüter grundsätzlich ein Jahr und für unbewegliche Wirtschaftsgüter zwei Jahre.

Zusatz für steuerbegünstigte Körperschaften:

Rücklagen, die steuerbegünstigte Körperschaften im ideellen Bereich gebildet haben (§ 58 Nr. 6 und 7 AO), mindern nicht den Gewinn und sind deshalb hier nicht einzutragen.

Zeile 75

Ansparabschreibungen für Existenzgründer, die vor dem Veranlagungszeitraum 2007 gebildet wurden, sind nach Maßgabe des § 7g EStG in der Fassung vor dem Unternehmensteuerreformgesetz 2008 vom 14.08.2007 (BGBl. I S. 1912) gewinnerhöhend aufzulösen. Tragen Sie hier bitte die Summe der nach § 7g Abs. 7 und 8 EStG a.F. aufgelösten Rücklagen für Existenzgründer ein.

Zeile 76

Wirtschaftsgüter, für die ein Ausgleichsposten nach § 4g EStG gebildet wurde, sind in ein laufend zu führendes Verzeichnis aufzunehmen. Dieses Verzeichnis ist der Steuererklärung beizufügen.

Entnahmen und Einlagen (Zeilen 78 und 79)

Hier sind die Entnahmen und Einlagen einzutragen, die nach § 4 Abs. 4a EStG gesondert aufzuzeichnen sind. Dazu zählen nicht nur die durch die private Nutzung betrieblicher Wirtschaftsgüter oder Leistungen entstandenen Entnahmen, sondern auch die Geldentnahmen und -einlagen (z.B. privat veranlasste Geldabhebung vom betrieblichen Bankkonto oder Auszahlung aus der Kasse). Entnahmen und Einlagen, die nicht in Geld bestehen, sind grundsätzlich mit dem Teilwert – ggf. zuzüglich Umsatzsteuer – anzusetzen (vgl. Erläuterungen zu Zeile 16).

Erläuterungen zur Anlage AVEÜR (Anlageverzeichnis)

In der Spalte Anschaffungs-/Herstellungskosten/Einlagewert sind die historischen Anschaffungs-/Herstellungskosten bzw. Einlagewerte der zu Beginn des Gewinnermittlungszeitraums vorhandenen Wirtschaftsgüter einzutragen.

In der Spalte „Zugänge" sind die Wirtschaftsgüter mit den Anschaffungs-/Herstellungskosten oder dem Einlagewert, ggf. vermindert um übertragene Rücklagen, Zuschüsse oder Herabsetzungsbeträge nach § 7g Abs. 2 EStG, einzutragen.

Die Minderung durch einen Zuschuss ist nicht im Jahr der Vereinnahmung, sondern im Jahr der Bewilligung zu berücksichtigen.

Stichwortverzeichnis